スパースモデリング

―基礎から動的システムへの応用―

博士（情報学）　永原　正章　著

コロナ社

ま　え　が　き

本書はスパースモデリング（sparse modeling）の基礎とその動的システムへの応用について，わかりやすく解説した専門書である。大学の初年度に習う線形代数の知識と数値計算ソフトウェア MATLAB の使い方を知っていれば，スパースモデリングの基本的な考え方から，最新の研究成果である動的スパースモデリングの計算まで，短期間で学ぶことができるだろう。特に動的スパースモデリングに関する書籍は，世界的に見ても本書が初である。

理工系で成功するための最も重要なスキルは，情報を受信するアンテナの感度をつねに高くして，国内外でどのような理論や技術が話題になりつつあるかを捉えることである。現在，データ科学や人工知能が全世界的なブームであることは，そのようなアンテナがなくても容易にわかるだろう。しかし，もっと注意深くこのブームの背景を見てみると，スパース性に関係する技術が大きく関与していることに気付く。スパースモデリングやスパースコーディング（sparse coding），スパース最適化（sparse optimization），圧縮センシング（compressed sensing）などがスパース性に関係する技術である。アンテナ感度の高い研究者やエンジニアたちは，ブームになる前にこのような技術に着目し，いち早く自分の研究開発分野に取り込んで，先取権を獲得する。世の中の科学技術の多くはこのようにして発展してきた。スパースモデリングの産業応用はまだ始まったばかりである。ぜひ本書でスパースモデリングを勉強して，あなたの分野に新しい研究・開発の風を吹かせてほしい。

最近の人工知能の発展（第 3 次ブーム）により，人工知能はたいへん身近な存在となった。特に，音声および画像の認識や分類，ビッグデータ解析，IoT（Internet of Things）の枠組みにおけるエッジコンピューティング，フォグコンピューティングなど，まさにわれわれの周りを取り巻く環境に人工知能の技術が自然に導入され始めている。そのような人工知能の多くは，「ものの理解」や「見える化」を目指している。いわば，超高機能なセンサを作ろうとしているといえる。一方，人工知能の分析結果を基に環境に働きかけ，スマートにものを動かすためには，超高機能なアクチュエータも欠かせない。そのための基礎理論は自動制御理論と呼ばれる。スマートなセンサ（人工知能）とスマートなアクチュエータ（自動制御）が組み合わさって初めて，スマートに動くものを作ることができる。

このような背景から，スパースモデリングと自動制御理論を組み合わせた研究が最近注目されており，これを動的スパースモデリングと呼ぶ。動的スパースモデリングでは，燃料や電力の消費，CO_2 の排出，騒音や振動の発生など環境に悪影響を及ぼす要因を制約条件とした最適化問題として制御問題を定式化する。これらを陽に考慮した制御系を設計することが可能となり，まさに，省エネルギーを達成するための環境にやさしい自動制御理論となっている。本書で学んだ動的スパースモデリングを活用して，さまざまな環境問題を解決するヒントをぜひ得ていただきたい。

本書のおもな目標は，スパースモデリングの技術を使うことにあるので，重要ではあるが幾分難しいスパースモデリングの理論的な側面，例えばランダム行列理論を用いたスパース最適解の特徴付けや各種アルゴリズムの収束性の議論などは大きく省略した。これらの理論的な側面に興味がある方は，各章の終わり（5 章を除く）の「さらに勉強するために」と題された節で挙げられている文献にチャレンジしてほしい。

本書の構成は下記のとおりである。

- スパース性とは何か（1 章）･･･ 最初の章では，スパース性の数学的な定義を述べる。本書を通じて大切な章である。
- 曲線フィッティングで学ぶスパースモデリング（2 章）･･･ データからの曲線フィッティングを題材に最小二乗法や正則化，ℓ^1 最適化などを学ぶ。また，これらの最適化問題を解くための MATLAB の使い方もここで解説する。

- 凸最適化アルゴリズム（3章）··· スパースモデリングで重要な技術である凸最適化のアルゴリズムを解説する。
- 貪欲アルゴリズム（4章）··· スパースモデリングで凸最適化と並んで重要な貪欲アルゴリズムについて解説する。
- スパースモデリングの歴史（5章）··· コーヒーブレイクとしてスパースモデリングの歴史について振り返る。省略可能。
- 動的システムと最適制御（6章）··· 動的スパースモデリングに必要な動的システムと最適制御の基礎について勉強する。
- 動的スパースモデリング（7章）··· 動的システムに対するスパースモデリング（動的スパースモデリング）の基礎を勉強する。
- 動的スパースモデリングのための数値最適化（8章）··· 動的スパースモデリングの最適化問題を解くための数値最適化手法について示す。

本書の一つの特徴は，スパースモデリングを実際に試してみるためのMATLABコードを掲載していることである。本書を読み進めるとともに，MATLABでいろいろな数値例題を試してみることで，スパースモデリングの深い理解が可能になる。

本書に掲載しているMATLABコードや追加情報については以下のサポートページを参照してほしい。

https://nagahara-masaaki.github.io/spm.html

本書の内容は，科研費新学術領域「スパースモデリングの深化と高次元データ駆動科学の創成」や計測自動制御学会（SICE）「モデルベースト制御における機械学習とダイナミクスの融合」調査研究会，ひびきのAI社会実装研究会などでのセミナーや交流会，また多くの研究者・エンジニアとのディスカッションで勉強させていただいた内容が多く含まれている。また，本書の内容の一部（特に6章以降）はJSPS科研費15H02668および16H01546の助成を受けた研究成果に基づいている。

九州工業大学名誉教授の石川真澄先生には，ニューラルネットワークについての先生のご研究に関する文献と貴重なコメントをいただいた。大阪大学工学研究科の林直樹先生と株式会社 IHI の濱口謙一氏，また京都大学情報学研究科の藤本悠介氏には，本書の草稿について詳細なコメントをいただいた。京都大学病院の藤本晃司先生からは MRI に関して貴重なコメントをいただいた。コロナ社には本書の出版にあたりたいへんお世話になった。本書の執筆・出版を支えていただいた多くの方々に感謝の意を表したい。

2017 年 9 月

著　　者

目　　　次

1.　スパース性とは何か

2.　曲線フィッティングで学ぶスパースモデリング

3.　凸最適化アルゴリズム

4. 貪欲アルゴリズム

5. スパースモデリングの歴史

6. 動的システムと最適制御

7. 動的スパースモデリング

1 スパース性とは何か

本章では，有限次元のベクトルのスパース性を数学的に定式化する。本書を通じて，本章で説明する概念が重要となるので，しっかり勉強していただきたい。

本書では，有限次元のベクトル（有限次元空間上に矢印として書けるベクトル）を太文字で $\boldsymbol{x}$ などと書くことにする。ただし，1 次元ベクトルはスカラと同一視し，太文字では書かない。有限次元のベクトルは列ベクトル（縦ベクトル）であり

$$\boldsymbol{x} = \begin{bmatrix} x_1 \\ x_2 \\ x_3 \end{bmatrix} \tag{1.1}$$

のように表現する。ただし，本文中で有限次元ベクトルを書くときは

$$\boldsymbol{x} = (x_1, x_2, x_3) \tag{1.2}$$

のように丸括弧で横書きする場合もあるが，これは縦ベクトル (1.1) に読み替えていただきたい。ベクトル $\boldsymbol{x}$ の転置を $\boldsymbol{x}^\top$ で表す。また，n 次元実ベクトル空間（n 次元の列ベクトルの空間）を $\mathbb{R}^n$ で表す。

1 章の要点

- スパースモデリングでは冗長な辞書（ベクトルの集合）を考える。
- スパースモデリングでは，冗長な辞書から最も少ないベクトルを選んで信号を表現する（ℓ^0 最適化）。
- ℓ^0 最適化問題の総当り法による解法は，問題のサイズが大きくなれば指数関数的に計算量が増大する。

1.1　冗長な辞書とスパース性

3 次元空間 $\mathbb{R}^3$ を考えよう。$\mathbb{R}^3$ の**標準基底**（standard basis）は

$$\boldsymbol{e}_1 = \begin{bmatrix} 1 \\ 0 \\ 0 \end{bmatrix}, \quad \boldsymbol{e}_2 = \begin{bmatrix} 0 \\ 1 \\ 0 \end{bmatrix}, \quad \boldsymbol{e}_3 = \begin{bmatrix} 0 \\ 0 \\ 1 \end{bmatrix} \tag{1.3}$$

である。この標準基底 $\{\boldsymbol{e}_1, \boldsymbol{e}_2, \boldsymbol{e}_3\}$ を用いて，任意の 3 次元ベクトル $\boldsymbol{y} \in \mathbb{R}^3$ は

$$\boldsymbol{y} = \begin{bmatrix} y_1 \\ y_2 \\ y_3 \end{bmatrix} = y_1\boldsymbol{e}_1 + y_2\boldsymbol{e}_2 + y_3\boldsymbol{e}_3 \tag{1.4}$$

と書くことができる。一般には，$\mathbb{R}^3$ から独立な 3 本のベクトル $\boldsymbol{\phi}_1$, $\boldsymbol{\phi}_2$, $\boldsymbol{\phi}_3$ を持ってくれば，それらは $\mathbb{R}^3$ の基底となる。すなわち，任意の $\boldsymbol{y} \in \mathbb{R}^3$ に対して，ある実数 $\beta_1, \beta_2, \beta_3$ が一意に存在して

$$\boldsymbol{y} = \beta_1\boldsymbol{\phi}_1 + \beta_2\boldsymbol{\phi}_2 + \beta_3\boldsymbol{\phi}_3 \tag{1.5}$$

と表現できる。もし，$\boldsymbol{\phi}_1$, $\boldsymbol{\phi}_2$, $\boldsymbol{\phi}_3$ が長さ 1 で互いに直交する**正規直交基底**（orthonormal basis）ならば，すなわち

$$\boldsymbol{\phi}_i^\top \boldsymbol{\phi}_j = \begin{cases} 1, & i = j \\ 0, & i \neq j \end{cases}, \quad i, j = 1, 2, 3 \tag{1.6}$$

が成り立てば

$$\beta_i = \boldsymbol{\phi}_i^\top \boldsymbol{y}, \quad i = 1, 2, 3 \tag{1.7}$$

として，係数 β_1, β_2, β_3 が求まる。

演習問題 1.1　ベクトル $\boldsymbol{y} \in \mathbb{R}^3$ と正規直交とは限らない基底 $\boldsymbol{\phi}_1$, $\boldsymbol{\phi}_2$, $\boldsymbol{\phi}_3$ が与えられたとき，表現 (1.5) の係数 β_1, β_2, β_3 を求めよ。

$\mathbb{R}^3$ の基底として

$$\boldsymbol{\phi}_1 = \boldsymbol{e}_1 + \boldsymbol{e}_2 = \begin{bmatrix} 1 \\ 1 \\ 0 \end{bmatrix}, \quad \boldsymbol{\phi}_2 = \boldsymbol{e}_2 + \boldsymbol{e}_3 = \begin{bmatrix} 0 \\ 1 \\ 1 \end{bmatrix}, \quad \boldsymbol{\phi}_3 = \boldsymbol{e}_3 + \boldsymbol{e}_1 = \begin{bmatrix} 1 \\ 0 \\ 1 \end{bmatrix} \tag{1.8}$$

を考えよう。これと標準基底 (1.3) とを合わせて，ベクトルの組 $\{\boldsymbol{e}_1, \boldsymbol{e}_2, \boldsymbol{e}_3, \boldsymbol{\phi}_1, \boldsymbol{\phi}_2, \boldsymbol{\phi}_3\}$ を作る。**図 1.1** にこれら 6 本のベクトルを示す。これら 6 本のベクトルを用いて，3 次元ベクトル $\boldsymbol{y} \in \mathbb{R}^3$ を

$$\boldsymbol{y} = \sum_{i=1}^{3} \alpha_i \boldsymbol{e}_i + \sum_{i=1}^{3} \beta_i \boldsymbol{\phi}_i \tag{1.9}$$

と表現したとしよう。これは明らかに冗長な表現であり，式 (1.9) を満たす係数 α_i, β_i $(i = 1, 2, 3)$ の組合せは無数に存在する。例えば，$\boldsymbol{y} = (y_1, y_2, y_3)$ のとき，自明な一つの解として

$$(\alpha_1, \alpha_2, \alpha_3) = (y_1, y_2, y_3), \quad (\beta_1, \beta_2, \beta_3) = (0, 0, 0) \tag{1.10}$$

がある。

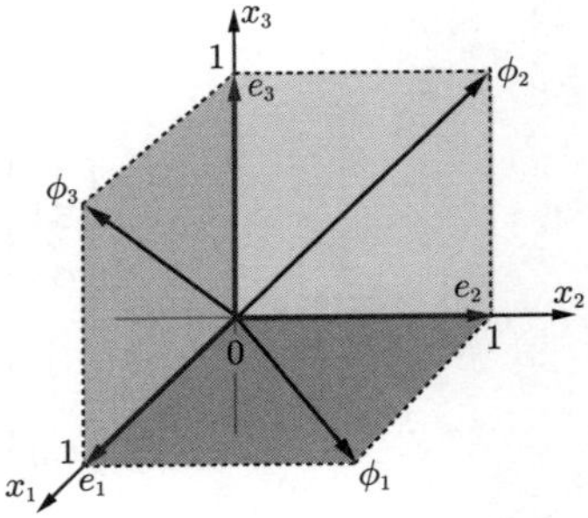

図 1.1 $\mathbb{R}^3$ の 6 本のベクトル $\boldsymbol{e}_1, \boldsymbol{e}_2, \boldsymbol{e}_3, \boldsymbol{\phi}_1, \boldsymbol{\phi}_2, \boldsymbol{\phi}_3$

いま，非ゼロの係数を記憶するためのメモリがきわめて高価で，なるべく多くの係数を 0 にしたいという状況を考えよう。この状況の下で，ベクトル $\boldsymbol{y} \in \mathbb{R}^3$ が二つのベクトル $\boldsymbol{e}_1$ と $\boldsymbol{\phi}_2$ の張る平面上にあるとしよう。すると，α_1 と β_2 以外の係数をすべて 0 にして

$$\boldsymbol{y} = \alpha_1 \boldsymbol{e}_1 + \beta_2 \boldsymbol{\phi}_2 \tag{1.11}$$

という表現が可能となる。すなわち自明な係数 (1.10) よりも非ゼロの係数が少ない表現が得られたことになる。三つの非ゼロ要素が二つに減っただけでは，あまりご利益はないと思われるかもしれない。しかし，例えば 10 万次元のベクトルが 100 本のベクトルだけで表現できたとすると，大幅なデータ圧縮が可能となる。

以上の考察を一般化してみよう。m 次元のベクトル空間 $\mathbb{R}^m$ を考える。そこに，次元よりも多いベクトル $\{\boldsymbol{\phi}_1, \boldsymbol{\phi}_2, \cdots, \boldsymbol{\phi}_n\}$ を導入し（ただし，$m < n$），ベクトル $\boldsymbol{y} \in \mathbb{R}^m$ に対して

$$\boldsymbol{y} = \sum_{i=1}^{n} \alpha_i \boldsymbol{\phi}_i \tag{1.12}$$

を満たす係数 $\alpha_1, \alpha_2, \cdots, \alpha_n$ を求めたいとしよう。ただし，ベクトル $\boldsymbol{\phi}_i$ のうち m 本は 1 次独立であるとする。このようなベクトルの組 $\{\boldsymbol{\phi}_1, \boldsymbol{\phi}_2, \cdots, \boldsymbol{\phi}_n\}$ を**辞書**（dictionary）と呼ぶ。いまの場合，辞書のサイズ n はベクトル $\boldsymbol{y}$ の次元 m よりも大きい。このような辞書を**冗長な辞書**（redundant dictionary）と呼ぶ。

行列 Φ とベクトル $\boldsymbol{x}$ を

$$\Phi \triangleq \begin{bmatrix} \boldsymbol{\phi}_1 & \boldsymbol{\phi}_2 & \ldots & \boldsymbol{\phi}_n \end{bmatrix} \in \mathbb{R}^{m \times n}, \quad \boldsymbol{x} \triangleq \begin{bmatrix} \alpha_1 \\ \alpha_2 \\ \vdots \\ \alpha_n \end{bmatrix} \in \mathbb{R}^n \tag{1.13}$$

と定義すると，式 (1.12) の等式は

$$\boldsymbol{y} = \Phi \boldsymbol{x} \tag{1.14}$$

と簡単に書くことができる。いま，冗長な辞書による表現を考えているため，行列 Φ は横長の行列となっていることに注意する。スパースモデリングでは，このような横長の行列による連立方程式が考察の対象となる。

ベクトル $\boldsymbol{\phi}_i \in \mathbb{R}^m$ のうち m 本は 1 次独立であると仮定したので，行列 Φ は**フルランク**（full rank）である。ここで，行列 $\Phi \in \mathbb{R}^{m\times n}$ がフルランクであるとは

$$\mathrm{rank}(\Phi) = \min(m, n) \tag{1.15}$$

が成り立つことである。このとき，任意の $\boldsymbol{y} \in \mathbb{R}^m$ に対して，線形方程式 (1.14) を満たす $\boldsymbol{x}$ は少なくとも一つ存在する。その解の一つを $\boldsymbol{x}_0$ としよう。つぎに行列 Φ の**零化空間**（null space）または**カーネル**（kernel）を

$$\ker(\Phi) \triangleq \{\boldsymbol{x} \in \mathbb{R}^n : \Phi\boldsymbol{x} = \boldsymbol{0}\} \tag{1.16}$$

で定義する。この $\ker(\Phi)$ は $\mathbb{R}^n$ の線形空間である。線形代数の次元定理†により，$\ker(\Phi)$ の次元は $n - m$ となり，$n > m$ であるので，$\ker(\Phi)$ の元は無数にある。その元 $\boldsymbol{z} \in \ker(\Phi)$ を用いれば，線形方程式 (1.14) の一般解は

$$\boldsymbol{x} = \boldsymbol{x}_0 + \boldsymbol{z}, \quad \boldsymbol{z} \in \ker(\Phi) \tag{1.17}$$

と表現できる。これより，方程式 (1.14) を満たす $\boldsymbol{x}$ は無数に存在することがわかる。

演習問題 1.2　式 (1.17) のベクトル $\boldsymbol{x}$ が方程式 (1.14) の解であることを示せ。

無数に存在する解の中から非ゼロの係数が最も少ないもの，言い換えれば**最もスパースなもの**を選ぶのがスパースモデリングの基本問題である。次節以降でこの問題を定式化しよう。

1.2 ℓ^0 ノルムの定義と意味

ここでは，有限次元ベクトルのノルムについて復習し，スパース性を定式化

† **次元定理**（dimension theorem）：行列 $\Phi \in \mathbb{R}^{m\times n}$ に対して，$\ker(\Phi)$ の次元と Φ の階数 $\mathrm{rank}(\Phi)$ を足すと n になる。

するために必要となる ℓ^0 ノルムを定義する。

まず，実ベクトル空間 $\mathbb{R}^n$ の**ノルム**（norm）は以下で定義される。

定義 1.1　$\mathbb{R}^n$ の任意のベクトル $\boldsymbol{x}$ に対して，つぎの条件を満たす非負の実数 $\|\boldsymbol{x}\|$ が対応するとき，$\|\boldsymbol{x}\|$ をベクトル $\boldsymbol{x}$ の**ノルム**という。

1. 任意の $\boldsymbol{x} \in \mathbb{R}^n$ と任意の実数 α に対して，$\|\alpha\boldsymbol{x}\| = |\alpha|\|\boldsymbol{x}\|$（**斉次性**）
2. 任意の $\boldsymbol{x}, \boldsymbol{y} \in \mathbb{R}^n$ に対して，$\|\boldsymbol{x}+\boldsymbol{y}\| \leqq \|\boldsymbol{x}\| + \|\boldsymbol{y}\|$（**三角不等式**）
3. $\|\boldsymbol{x}\| = 0 \iff \boldsymbol{x} = \boldsymbol{0}$（**独立性**）

実ベクトル空間 $\mathbb{R}^n$ で最もなじみのあるノルムは $\boldsymbol{\ell^2}$ **ノルム**または**ユークリッドノルム**（Euclidean norm）であろう。ベクトル $\boldsymbol{x} = (x_1, x_2, \cdots, x_n) \in \mathbb{R}^n$ に対して，その ℓ^2 ノルム $\|\boldsymbol{x}\|_2$ は

$$\|\boldsymbol{x}\|_2 \triangleq \sqrt{x_1^2 + x_2^2 + \cdots + x_n^2} \tag{1.18}$$

で定義される。式 (1.18) の ℓ^2 ノルムに関しては，$\mathbb{R}^n$ の $\boldsymbol{\ell^2}$ **内積**または**ユークリッド内積**（Euclidean inner product）

$$\langle \boldsymbol{x}, \boldsymbol{y} \rangle \triangleq \boldsymbol{y}^\top \boldsymbol{x} = \sum_{i=1}^{n} y_i x_i \tag{1.19}$$

を用いて

$$\|\boldsymbol{x}\|_2 = \sqrt{\langle \boldsymbol{x}, \boldsymbol{x} \rangle} \tag{1.20}$$

とも書けることに注意する。

演習問題 1.3　式 (1.18) の ℓ^2 ノルム $\|\boldsymbol{x}\|_2$ が定義 1.1 の三つの性質を満たすことを確かめよ。

$\mathbb{R}^n$ のノルムとしては，ℓ^2 ノルムだけではなく，さまざまなノルムが定義される。式 (1.18) の ℓ^2 ノルムを一般化した $\boldsymbol{\ell^p}$ **ノルム**（ただし，$1 \leqq p < \infty$ とする）は式 (1.21) で定義される。

$$\|\boldsymbol{x}\|_p \triangleq \left(\sum_{i=1}^{n} |x_i|^p\right)^{1/p} \tag{1.21}$$

式 (1.21) の ℓ^p ノルムでは，特に $p=2$ の場合の ℓ^2 ノルム，および $p=1$ の場合の **ℓ^1 ノルム**が本書では重要である。式 (1.21) より ℓ^1 ノルムは，ベクトルの要素の絶対値の和となる。すなわち

$$\|\boldsymbol{x}\|_1 = \sum_{i=1}^{n} |x_i| \tag{1.22}$$

である。さらに，式 (1.21) で $p \to \infty$ をとった極限として，以下の **ℓ^∞ ノルム**または**最大値ノルム**（maximum norm）

$$\|\boldsymbol{x}\|_\infty \triangleq \max_{i=1,2,\cdots,n} |x_i| \tag{1.23}$$

が定義される。**図 1.2** に，2 次元（すなわち，$n=2$）の場合の ℓ^1, ℓ^2 および ℓ^∞ ノルムそれぞれの等高線（$\|\boldsymbol{x}\|_p = 1$ となる線）を示す。ℓ^2 ノルムの等高線は中心が原点で半径が 1 の円になり，ℓ^∞ ノルムの等高線はその円に x_1 軸および x_2 軸上で外接する正方形となる。ℓ^1 ノルムの等高線の形は，本書で非常に重要であり，ℓ^2 ノルムの円に x_1 軸および x_2 軸上で内接する正方形（またはひし形）となる。ひし形の角が座標軸に位置することに注意しよう。この性質はスパース性と ℓ^1 ノルムの関係を考えるうえで重要である。

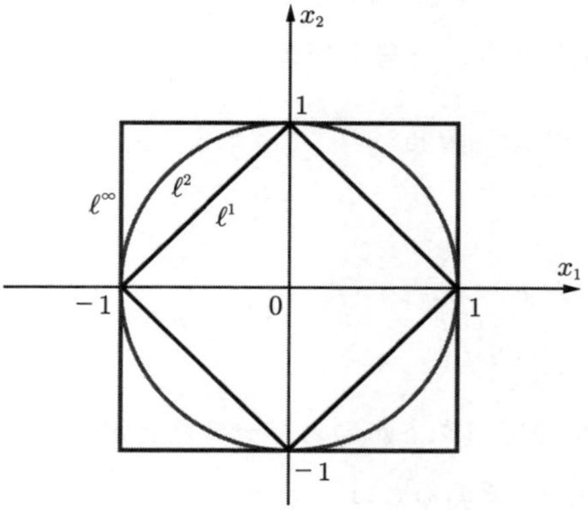

図 1.2　ℓ^1, ℓ^2, ℓ^∞ ノルムの等高線（$\|\boldsymbol{x}\|_p = 1$ となる線）

つぎに，スパース性に関連する ℓ^0 ノルムを定義しよう。ベクトル $\boldsymbol{x}=(x_1, x_2,\cdots,x_n)\in\mathbb{R}^n$ をインデックス集合 $\{1,2,\cdots,n\}$ 上の実数値関数（または有限時間区間上の離散時間信号）とみて，その**台**（support）を

$$\mathrm{supp}(\boldsymbol{x}) \triangleq \bigl\{i\in\{1,2,\ldots,n\} : x_i \neq 0\bigr\} \tag{1.24}$$

で定義する。すなわち，$\mathrm{supp}(\boldsymbol{x})$ はベクトル $\boldsymbol{x}$ の非ゼロ要素に対応するインデックスの集合である。ベクトルの台を用いて，$\boldsymbol{\ell^0}$ **ノルム**が以下のように定義される。

$$\|\boldsymbol{x}\|_0 \triangleq |\mathrm{supp}(\boldsymbol{x})| \tag{1.25}$$

ここで，$|\mathrm{supp}(\boldsymbol{x})|$ は有限集合 $\mathrm{supp}(\boldsymbol{x})$ の要素数を表す。ベクトル $\boldsymbol{x}$ の ℓ^0 ノルムは，ベクトル $\boldsymbol{x}$ の非ゼロ要素の個数を数えたものである。

数学的には ℓ^0 ノルムの定義 (1.25) では，ノルムの定義 1.1 の斉次性が成り立たない。例えば，ゼロでない任意の $\boldsymbol{x}\in\mathbb{R}^n$ に対して，そのベクトルを 2 倍しても ℓ^0 ノルムの値は変わらない。すなわち

$$\|2\boldsymbol{x}\|_0 = \|\boldsymbol{x}\|_0 \neq 2\|\boldsymbol{x}\|_0$$

となる。したがって，ℓ^0 ノルムは厳密にはノルムとは呼ばず，教科書や論文によっては，$\boldsymbol{\ell^0}$ **擬ノルム**（ℓ^0 pseudo-norm）または**濃度**（cardinality）などと呼ぶこともある。しかし，本書では慣例に従って ℓ^0 ノルムと呼ぶことにする。なお，ℓ^0 ノルムの定義より，三角不等式

$$\|\boldsymbol{x}+\boldsymbol{y}\|_0 \leqq \|\boldsymbol{x}\|_0 + \|\boldsymbol{y}\|_0 \tag{1.26}$$

および独立性

$$\|\boldsymbol{x}\|_0 = 0 \iff \boldsymbol{x} = \boldsymbol{0} \tag{1.27}$$

はつねに成り立つ。

この ℓ^0 ノルムを用いてベクトルのスパース性を定義しよう。$\mathbb{R}^n$ のベクトル $\boldsymbol{x}$ が**スパース**（sparse）であるとは，ベクトルのサイズ n に比べて $\boldsymbol{x}$ の ℓ^0 ノルム $\|\boldsymbol{x}\|_0$ が非常に小さいことをいう。ベクトルのスパース性は，本書を通じ

て中心となる概念である。

1.3 総当り法による解法

以上の準備の下で，線形方程式 (1.14) の無数の解の中から最もスパースなものを選ぶ問題を考えよう。これは，線形方程式 (1.14) を満たす解 $\boldsymbol{x}$ で，その ℓ^0 ノルム $\|\boldsymbol{x}\|_0$ が最も小さいものを選ぶ問題として定式化できる。すなわち，つぎの最適化問題として記述できる。

$$\underset{\boldsymbol{x}\in\mathbb{R}^n}{\text{minimize}}\ \|\boldsymbol{x}\|_0 \ \text{ subject to }\ \boldsymbol{y} = \Phi\boldsymbol{x} \tag{1.28}$$

この最適化問題を **$\boldsymbol{\ell^0}$ 最適化**（ℓ^0 optimization）と呼ぶ。

最適化問題 (1.28) の最も直接的な解き方は，以下に述べる**総当り法**（exhaustive search または brute-force search）である。まず，行列 Φ の第 i 列目のベクトルを $\boldsymbol{\phi}_i \in \mathbb{R}^m$, $i = 1, 2, \cdots, n$ とおく。すなわち行列 Φ を

$$\Phi \triangleq \begin{bmatrix} \boldsymbol{\phi}_1 & \boldsymbol{\phi}_2 & \ldots & \boldsymbol{\phi}_n \end{bmatrix} \in \mathbb{R}^{m\times n} \tag{1.29}$$

と表す。以下の手順で最適化問題 (1.28) の解を見つける。

1. $\boldsymbol{y} = \boldsymbol{0}$ なら $\boldsymbol{x}^* = \boldsymbol{0}$ を最適解として終了。そうでなければ，つぎのステップへ。
2. $\|\boldsymbol{x}\|_0 = 1$ であるようなベクトル $\boldsymbol{x}$ で方程式 $\boldsymbol{y} = \Phi\boldsymbol{x}$ を満たすものがあるかどうかを調べる。すなわち

$$\boldsymbol{x}_1 \triangleq \begin{bmatrix} x_1 \\ 0 \\ \vdots \\ 0 \end{bmatrix},\quad \boldsymbol{x}_2 \triangleq \begin{bmatrix} 0 \\ x_2 \\ 0 \\ \vdots \\ 0 \end{bmatrix}, \cdots,\quad \boldsymbol{x}_n \triangleq \begin{bmatrix} 0 \\ \vdots \\ 0 \\ x_n \end{bmatrix} \tag{1.30}$$

とおいて，方程式

$$\boldsymbol{y} = \Phi\boldsymbol{x}_i = x_i\boldsymbol{\phi}_i \tag{1.31}$$

を満たす x_i が存在するかどうかを $i=1,2,\cdots,n$ について確かめる。もし解が存在したならば $\boldsymbol{x}^*=\boldsymbol{x}_i$ を最適化問題 (1.28) の解として終了。すべての $i=1,2,\cdots,n$ について解が存在しなければ，つぎのステップへ。

3. $\|\boldsymbol{x}\|_0=2$ であるようなすべての $\boldsymbol{x}$，すなわち

$$\boldsymbol{x}_{1,2} \triangleq \begin{bmatrix} x_1 \\ x_2 \\ 0 \\ \vdots \\ 0 \end{bmatrix}, \quad \boldsymbol{x}_{1,3} \triangleq \begin{bmatrix} x_1 \\ 0 \\ x_3 \\ 0 \\ \vdots \\ 0 \end{bmatrix}, \cdots, \quad \boldsymbol{x}_{n-1,n} \triangleq \begin{bmatrix} 0 \\ \vdots \\ 0 \\ x_{n-1} \\ x_n \end{bmatrix} \tag{1.32}$$

の中で方程式 $\boldsymbol{y}=\Phi\boldsymbol{x}$ を満たすものが存在するかどうか調べる。存在すればそれを最適化問題 (1.28) の解として終了。存在しなければ，つぎのステップへ。

4. 以下同様に，$\|\boldsymbol{x}\|_0=3$ から $\|\boldsymbol{x}\|_0=m$ の場合まで調べる。

以上の手順により，最悪ケース（すなわち最適解が $\|\boldsymbol{x}\|_0=m$ となるとき）でも有限回のステップで最適化問題 (1.28) の解が得られる。以下，この手順を詳しく見ていこう。

ベクトル $\boldsymbol{x}=(x_1,x_2,\cdots,x_n)\in\mathbb{R}^n$ とインデックスの集合 $S\subset\{1,2,\cdots,n\}$ に対して，ベクトル $\boldsymbol{x}_S\in\mathbb{R}^{|S|}$ をベクトル $\boldsymbol{x}$ の要素のうち S に対応する要素を並べたベクトルと定義する。ただし，$|S|$ は有限集合 S の要素数である。例えば，$n=6$ で $S=\{1,2,5\}$ とすると

$$\boldsymbol{x}_S = \begin{bmatrix} x_1 \\ x_2 \\ x_5 \end{bmatrix} \in \mathbb{R}^3 \tag{1.33}$$

となる。より一般的に，インデックス集合 S を

$$S=\{i_1,i_2,\cdots,i_k\}, \quad k\in\{1,2,\cdots,n\} \tag{1.34}$$

とし，$1 \leqq i_1 < i_2 < \cdots < i_k \leqq n$ とすると

$$\boldsymbol{x}_S = \begin{bmatrix} x_{i_1} \\ x_{i_2} \\ \vdots \\ x_{i_k} \end{bmatrix} \in \mathbb{R}^k \tag{1.35}$$

となる。同様に，行列 $\Phi = [\boldsymbol{\phi}_1, \boldsymbol{\phi}_2, \cdots, \boldsymbol{\phi}_n] \in \mathbb{R}^{m \times n}$ ($\boldsymbol{\phi}_i \in \mathbb{R}^m$, $i = 1, 2, \cdots, n$) に対して

$$\Phi_S = [\boldsymbol{\phi}_{i_1}, \boldsymbol{\phi}_{i_2}, \cdots, \boldsymbol{\phi}_{i_k}] \in \mathbb{R}^{m \times k} \tag{1.36}$$

と定義する。これらの記法を用いれば，ℓ^0 最適化問題 (1.28) の解はつぎのように有限回の繰返しで求めることが可能である。すなわち，インデックス集合 $\{1, 2, \cdots, n\}$ のすべての部分集合 S について，$|S|$ の小さいほうから順に連立方程式

$$\boldsymbol{y} = \Phi_S \boldsymbol{x}_S \tag{1.37}$$

を解いていき，解が見つかれば，その解 $\boldsymbol{x}_S = (x_{i_1}, \cdots, x_{i_k})$ を用いて，$\boldsymbol{x}^* = (x_1^*, x_2^*, \cdots, x_n^*)$，ただし

$$x_i^* = \begin{cases} x_i, & i \in S \\ 0 & i \notin S \end{cases} \tag{1.38}$$

とすれば，最もスパースな解 $\boldsymbol{x}^*$ が得られ，$\|\boldsymbol{x}^*\|_0 = k$ となる。以下に ℓ^0 最適化問題 (1.28) を解く総当り法のアルゴリズムを示す。

$\boldsymbol{\ell^0}$ 最適化問題 (1.28) を解く総当り法アルゴリズム

1. もし $\boldsymbol{y} = \boldsymbol{0}$ なら $\boldsymbol{x}^* = \boldsymbol{0}$ として終了。
2. $k := 1$
3. $|S| = k$ となるすべてのインデックス集合 $S \subset \{1, 2, \cdots, n\}$ について，以下を繰り返す：

- 方程式 $\boldsymbol{y} = \Phi_S \boldsymbol{x}_S$ が解を持つか調べる。
- もし解が存在すれば，$\boldsymbol{x}^*$ を式 (1.38) で与えて終了。

4. $k := k + 1$ として，3. に戻る。

総当り法は m が大きくなれば指数関数的に計算量が増大し，例えば画像処理のデータのように m が数百万となった場合，この方法で解を求めることはまず不可能であることに注意する。

演習問題 1.4　サイズ n の最適化問題 (1.28) に対する総当り法の最悪ケース（すなわち $\|\boldsymbol{x}\|_0 = m$ まで調べた場合）の繰返し回数を求めよ。また，$m = 100$ として，仮に 1 ステップ当り 10^{-15} 秒しかかからないコンピュータを用いたときに，最悪ケースでどのくらい時間がかかるかを試算せよ。

このような性質がある最適化を**組合せ最適化**（combinatorial optimization）と呼び，多くの組合せ最適化問題には上記のような難しさが存在する。次章以降では，このような難しい問題を解きやすい問題に書き直し，スパースな解を計算機を用いて効率的に求める方法について述べる。

1.4　さらに勉強するために

冗長な辞書とそれによるベクトル（信号）のスパース表現はスパースモデリングの最も大切な概念である。信号のサイズよりも多いベクトルで信号を表現するという方法は，**フレーム**（frame）や**ウェーブレット**（wavelet）という概念で数学的に定式化される。これらについては，文献 50), 71) などを参照されたい。また，ベクトル空間のノルムや内積，正規直交基底などの基礎的な概念については，工学者向けに書かれた関数解析の教科書[77), 104), 105)†]がわかりやすい。

† 肩付き数字は，巻末の引用・参考文献番号を表す。

【コラム：ビッグデータ】

センサの高精度化と低価格化により，われわれの身の回りのさまざまなデータが容易に収集できるようになった。例えば，スマートフォンと呼ばれる携帯端末には以下のようなセンサが通常入っている。

- 地球上の位置を測定する GPS（global positioning system）
- 方角を測定する電子コンパス（地磁気センサ）
- 端末の傾きを計測するジャイロセンサ
- 端末の動きを計測する加速度センサ
- 温度センサ
- 照度センサ
- マイク
- カメラ

なお，マイクやカメラなども端末の周りの環境をセンシングするという意味では立派なセンサである。

これらセンサからのデータが，スマートフォンのアプリを通して，時々刻々サーバに送られてくるとしよう。例えば，端末の GPS データが 1 秒ごとにサーバに送られてくるとする。このようなデータを多くのユーザから大量に集め，例えば広告に役立てるのがビッグデータである。

ビッグデータの技術的な課題は，その名のとおりデータが大きすぎることである。個人の GPS データはそれほど大きくないが，それが何万人，何百万人のデータとなるとかなり膨大となり，処理や保存が難しくなる。また，GPS のデータにはデータの欠損や位置推定誤差などさまざまなノイズも混入している。

このような問題を解決する一つの手段がスパースモデリングである。1 章で見たように，うまく辞書を選べばデータの表現が簡易化される。これを**データ圧縮**（data compression），または**次元縮約**（dimension reduction）と呼ぶ。データ圧縮の最も身近な例は，ディジタル画像で使われる JPEG 圧縮[76)]である。JPEG では辞書として正弦波（コサイン波）を用いる。このときの変換 Φ を離散コサイン変換と呼び，画像のデータを離散コサイン変換すれば，データのほとんどが低周波領域に集中し，高周波成分をゼロとおいて（スパース化して）データを圧縮しても見た目はほとんど変わらない。

JPEG での正弦波のようなうまい辞書を見つけられれば，2 章以降の最適化のテクニックを使って，効率的なデータ圧縮が可能となる。上記のさまざまなセンサデータに有効な辞書をうまく見つけることがビッグデータでの大きな課題となる。このためには，例えばデータの発生源の物理特性などを用いて数理的に辞書を導いたり，さらにはデータ自体から辞書を自動抽出する**辞書学習**（dictionary learning）[74] という技術を使う必要がある。

2 曲線フィッティングで学ぶスパースモデリング

本章では，データから曲線を求める**曲線フィッティング**（curve fitting）を題材にスパースモデリングの考え方を勉強する。

2 章の要点

- 曲線フィッティングにおいて解を一意に定めるには，問題を最適化問題として定式化する必要がある。
- 過学習を避ける方法として正則化が有効である。
- ℓ^1 ノルムを用いた最適化問題としてスパースモデリングを記述すれば，数値最適化により容易に解が得られる。

2.1 最小二乗法と正則化

まずはじめに，曲線フィッティングにおいて重要な最小二乗法と正則化について，簡単な例題を用いて復習する。

2.1.1 劣決定系と最小ノルム解

未知数を x_1, x_2, x_3 とするつぎの連立方程式を考える。

$$\begin{aligned} x_1 + x_2 + x_3 &= 3 \\ x_1 - x_3 &= 0 \end{aligned} \tag{2.1}$$

未知数は三つであるが，方程式の数は二つであるので，この連立方程式は一意に解けない。もう少し詳しくいうと，この方程式は無数の解を持ち，一般解

は $t \in \mathbb{R}$ をパラメータとして

$$x_1 = t, \quad x_2 = -2t + 3, \quad x_3 = t \tag{2.2}$$

と書ける。このような連立方程式を**劣決定系**（underdetermined system）という。

劣決定系である連立方程式は，探偵の例えを考えればイメージしやすい。式(2.1) の 2 本の連立方程式は犯人を絞り込むための証拠であるが，証拠が足りなく容疑者（解の候補）のなかから犯人（連立方程式の解）を 1 人に絞り込めない。犯人を特定するためには，もう一つ決定的な証拠が必要である（**図 2.1** 参照）。ここで，懸命な捜査により「犯人（解）は容疑者（解の候補）の中で一番小さい」という情報が新たに得られたとする。この情報は犯人の特定に役立つだろうか。実は，これはきわめて有力な情報で，解を一意に定めることができる。実際，解の候補の中から，ベクトル $\boldsymbol{x} = (x_1, x_2, x_3)$ の ℓ^2 ノルム（ユークリッドノルム）が一番小さいものを選んでみよう。

$$\begin{aligned} \|\boldsymbol{x}\|_2^2 &= x_1^2 + x_2^2 + x_3^2 \\ &= t^2 + (-2t+3)^2 + t^2 \\ &= 6(t-1)^2 + 3 \end{aligned} \tag{2.3}$$

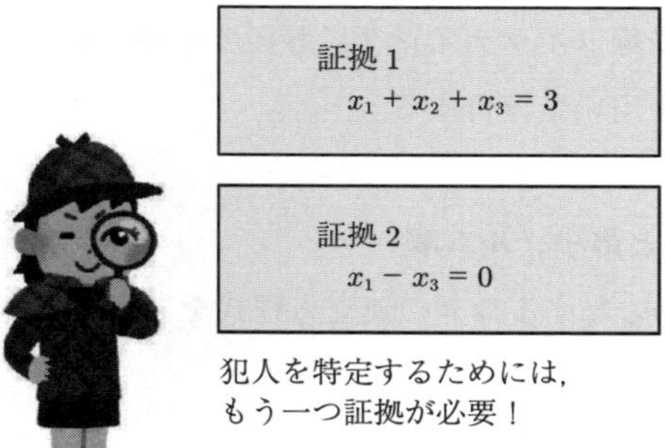

図 2.1　容疑者（解の候補）のなかから犯人（連立方程式の解）を特定するためには，もう一つ決定的な証拠が必要

これを最小化する t は $t=1$ であるので，式 (2.2) から解は $(x_1, x_2, x_3) = (1, 1, 1)$ と一意に求まる。

以上のアイデアを一般化してみよう。行列とベクトルを使い，連立方程式を

$$\Phi \boldsymbol{x} = \boldsymbol{y} \tag{2.4}$$

と書く。式 (2.1) の例では

$$\Phi = \begin{bmatrix} 1 & 1 & 1 \\ 1 & 0 & -1 \end{bmatrix}, \quad \boldsymbol{x} = \begin{bmatrix} x_1 \\ x_2 \\ x_3 \end{bmatrix}, \quad \boldsymbol{y} = \begin{bmatrix} 3 \\ 0 \end{bmatrix} \tag{2.5}$$

である。行列 Φ のサイズは $m \times n$ とし，劣決定系を考え $m < n$ と仮定する。また，行列 Φ は**行フルランク**（full row rank）であると仮定する。ここで行フルランクとは，行列 Φ のすべての行ベクトルが一次独立であることであり，言い換えると

$$\mathrm{rank}(\Phi) = m \tag{2.6}$$

が成り立つことである。もし行フルランクでない場合は，連立方程式のなかに冗長な方程式が含まれているということであり，このような冗長性はあらかじめ排除されていると仮定する。

以上の仮定の下で，連立方程式 (2.4) には解が無数に存在する。そのうち，最も ℓ^2 ノルムが小さい解を求めよう。これはつぎの最適化問題として定式化される（最適化問題の詳細は 3.1 節を参照）。

$$\underset{\boldsymbol{x} \in \mathbb{R}^n}{\mathrm{minimize}} \ \frac{1}{2}\|\boldsymbol{x}\|_2^2 \ \text{ subject to } \ \Phi \boldsymbol{x} = \boldsymbol{y} \tag{2.7}$$

この最適化問題の解を**最小ノルム解**（minimum norm solution）と呼ぶ。**ラグランジュの未定乗数法**（method of Lagrange multipliers）を用いて，最適化問題 (2.7) の解を求めてみよう。まず，最適化問題 (2.7) の**ラグランジュ関数**（Lagrange function または Lagrangian）は

$$L(\boldsymbol{x}, \boldsymbol{\lambda}) = \frac{1}{2}\boldsymbol{x}^\top \boldsymbol{x} + \boldsymbol{\lambda}^\top (\Phi \boldsymbol{x} - \boldsymbol{y}) \tag{2.8}$$

で与えられる。変数 $\boldsymbol{\lambda}$ を**ラグランジュ未定乗数**（Lagrange multiplier）と呼ぶ。このラグランジュ関数 L の $\boldsymbol{x}$ と $\boldsymbol{\lambda}$ に対する停留点（微分がゼロとなる点）を求めれば最適解が得られる。まず，変数 $\boldsymbol{x}$ に関して

$$\frac{\partial L}{\partial \boldsymbol{x}} = \frac{\partial}{\partial \boldsymbol{x}}\left(\frac{1}{2}\boldsymbol{x}^\top \boldsymbol{x} + \boldsymbol{\lambda}^\top \Phi \boldsymbol{x}\right) = \boldsymbol{x} + \Phi^\top \boldsymbol{\lambda} \tag{2.9}$$

であるので，停留点では

$$\boldsymbol{x} + \Phi^\top \boldsymbol{\lambda} = \boldsymbol{0} \tag{2.10}$$

を満たす。つぎに変数 $\boldsymbol{\lambda}$ に関しては

$$\frac{\partial L}{\partial \boldsymbol{\lambda}} = \Phi \boldsymbol{x} - \boldsymbol{y} \tag{2.11}$$

であるので

$$\Phi \boldsymbol{x} - \boldsymbol{y} = \boldsymbol{0} \tag{2.12}$$

となる。これと式 (2.10) より

$$-\Phi\Phi^\top \boldsymbol{\lambda} = \boldsymbol{y} \tag{2.13}$$

いま，行列 Φ は行フルランクであるので，$\Phi\Phi^\top$ は正則であり（演習問題 2.2 を参照），逆行列を持つ。したがって，式 (2.13) より

$$\boldsymbol{\lambda} = -(\Phi\Phi^\top)^{-1}\boldsymbol{y} \tag{2.14}$$

これを式 (2.10) に代入すれば，最小ノルム解 $\boldsymbol{x}^*$ は

$$\boldsymbol{x}^* = \Phi^\top(\Phi\Phi^\top)^{-1}\boldsymbol{y} \tag{2.15}$$

となることがわかる。これより，行列 Φ とベクトル $\boldsymbol{y}$ が与えられれば，この公式により最小ノルム解を容易に求めることができる。

演習問題 2.1　未知数を x_1, x_2 とするつぎの方程式の最小ノルム解を求めよ。

$$a_1 x_1 + a_2 x_2 = 1 \tag{2.16}$$

ただし，a_1, a_2 は実数の定数であり，$a_1 a_2 \neq 0$ とする。

2.1.2 回帰問題と最小二乗法

2 次元データ (t_i, y_i) から成るデータ集合

$$\mathcal{D} = \{(t_1, y_1), (t_2, y_2), \cdots, (t_m, y_m)\} \tag{2.17}$$

が与えられたとする。この m 点のデータを表現する $(n-1)$ 次多項式

$$y = f(t) = a_{n-1}t^{n-1} + a_{n-2}t^{n-2} + \cdots + a_1 t + a_0 \tag{2.18}$$

を求める問題を考える（**図 2.2** 参照）。例えば，サンプリング時刻 $t_1, t_2, \cdots, t_m$ において，ある地点の温度が m 回計測され，温度データ $y_1, y_2, \cdots, y_m$ が得られたとしよう。このデータを基に，温度の時間変化を表す曲線を描きたい。このようなデータ処理を**回帰分析**（regression analysis）または**多項式曲線フィッティング**（polynomial curve fitting）と呼ぶ。

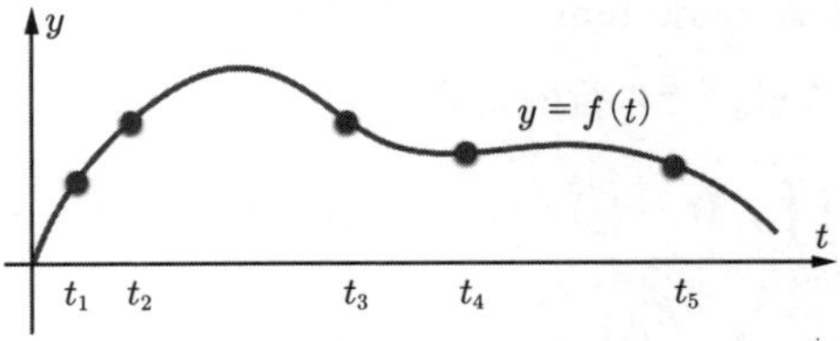

図 2.2 補間多項式

まず初めに，図 2.2 のように，データ点の上を確実に通る**補間多項式**（interpolation polynomial）を求めてみよう。多項式 (2.18) が 2 次元データ (2.17) のすべての点の上を通ることより，係数 $a_{n-1}, a_{n-2}, \cdots, a_1, a_0$ に関する m 本の連立方程式が得られる。

$$\left.\begin{array}{l} a_{n-1}t_1^{n-1} + a_{n-2}t_1^{n-2} + \cdots + a_1 t_1 + a_0 = y_1 \\ a_{n-1}t_2^{n-1} + a_{n-2}t_2^{n-2} + \cdots + a_1 t_2 + a_0 = y_2 \\ \qquad\qquad\qquad \vdots \\ a_{n-1}t_m^{n-1} + a_{n-2}t_m^{n-2} + \cdots + a_1 t_m + a_0 = y_m \end{array}\right\} \tag{2.19}$$

ここで，つぎの行列

$$\Phi = \begin{bmatrix} t_1^{n-1} & t_1^{n-2} & \ldots & t_1 & 1 \\ t_2^{n-1} & t_2^{n-2} & \ldots & t_2 & 1 \\ \vdots & \vdots & \ddots & \vdots & \\ t_m^{n-1} & t_m^{n-2} & \ldots & t_m & 1 \end{bmatrix} \in \mathbb{R}^{m\times n} \tag{2.20}$$

とつぎのベクトル

$$\boldsymbol{x} = \begin{bmatrix} a_{n-1} \\ a_{n-2} \\ \vdots \\ a_1 \\ a_0 \end{bmatrix} \in \mathbb{R}^n, \quad \boldsymbol{y} = \begin{bmatrix} y_1 \\ y_2 \\ \vdots \\ y_m \end{bmatrix} \in \mathbb{R}^m \tag{2.21}$$

を定義すると，線形方程式 $\Phi\boldsymbol{x} = \boldsymbol{y}$ が得られる。ここで，行列 Φ は**ヴァンデルモンド行列**（Vandermonde matrix）と呼ばれる。いま，$m = n$ とすれば，行列 Φ は正方行列となり，その行列式は

$$\det(\Phi) = \prod_{1\leqq i<j\leqq m} (t_i - t_j) = (t_1 - t_2)(t_1 - t_3)\cdots(t_{m-1} - t_m) \tag{2.22}$$

で与えられる。これより，もし $t_i \neq t_j$ $(i \neq j)$ ならば，行列 Φ は正則となり，逆行列を持つ。したがって，連立方程式 (2.19) の解 $\boldsymbol{x}^*$ は，行列 Φ の逆行列を用いて

$$\boldsymbol{x}^* = \Phi^{-1}\boldsymbol{y} \tag{2.23}$$

で与えられる。すなわち，データのサイズ m に対して $(m-1)$ 次多項式を選べば，すべてのデータ点の上を通る補間多項式（の係数）が得られる。

例題 2.1　具体的な例題で補間多項式を求めてみよう。いま，**表 2.1** のデータが与えられているとする。

表 2.1

t	1	2	3	...	14	15
y	2	4	6	...	28	30

見て明らかなように，このデータは直線 $y = 2t$ から生成されたものである。この 15 組のデータに対して上の方法で 14 次の補間多項式を求めてみよう。MATLAB を使用すれば，以下のように計算できる。

補間多項式の係数を求める MATLAB プログラム

```
t = 1:15;
y = 2 * t;
Phi = vander(t);
x = inv(Phi) * y';
```

なお，上のプログラムで，vander はヴァンデルモンド行列 (2.20) を計算する関数である。また，2 行目で計算される y は横ベクトルになるので，4 行目では転置 y' としている。このプログラムを実行すると

```
x =
     2.274746684520826e-24
    -5.565271161256770e-21
     9.137367918505765e-19
    -9.452887691357992e-18
    -3.658098129966092e-16
    -1.608088662230500e-15
     3.569367024169878e-14
    -6.021849685566849e-13
     5.346834086594754e-13
    -1.267963511963899e-11
     4.878586423728848e-11
     2.088995643134695e-12
     1.366515789413825e-10
     1.999999999995282e+00
    -4.014566457044566e-12
```

となり，下から二つめだけがほぼ 2 で，それ以外はほぼ 0 という答えが得られる。すなわち，$a_1 = 2$, $a_i = 0$ $(i \neq 1)$ という答えが得られ，補間多項式は $y = 2t$ となる。これは確かにすべてのデータの上を通る多項式である。　□

データにはノイズがつきものである。例題 2.1 のデータ y に平均 0，標準偏差 0.5 の正規分布に従うガウスノイズを加え，このデータを基に補間多項式を求めてみる。得られた曲線を図 **2.3** に示す。14 次補間多項式の曲線はデータ点の

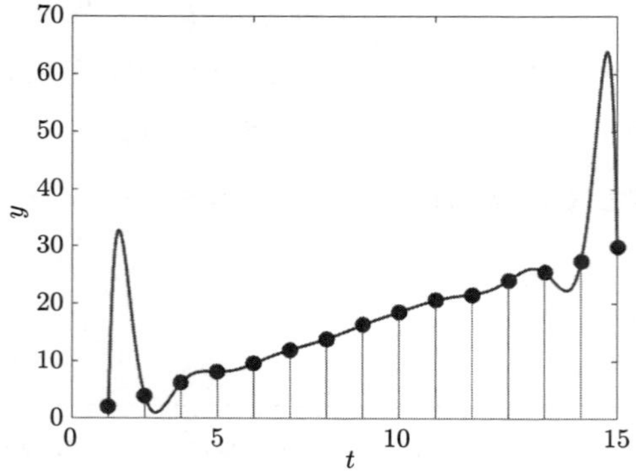

図 2.3　データにノイズが加わったときの
14 次補間多項式

上を確かに通ってはいるものの，ノイズが影響して大きく振動し，線形の関係 $y = 2t$ は失われている。このような現象を**過学習**または**過適合**（overfitting）と呼ぶ。

過学習は，多項式の次数がデータ数に比べて大きすぎることが原因である。データの背景に線形性があるということがあらかじめわかっていれば，多項式を 1 次と仮定し，$y = a_1 t + a_0$ としたうえで，データに最も近くなる係数 a_0 と a_1 を求めるべきであろう。この場合，すべてのデータ点の真上を多項式が通ることは不可能となる。しかし，データにノイズが乗っていることを考えると，すべてのデータ点の真上を多項式が通る必要はない。

以上の観点から，多項式曲線フィッティングの問題を定式化し直す。多項式とデータとの距離を ℓ^2 ノルム（ユークリッドノルム）で測るとし，必ずしもデータの真上を曲線が通る必要はないとすると，多項式曲線フィッティングの問題は以下の最小化問題として定式化できる。

$$\underset{\boldsymbol{x}\in\mathbb{R}^n}{\text{minimize}}\ \frac{1}{2}\|\Phi\boldsymbol{x} - \boldsymbol{y}\|_2^2 \tag{2.24}$$

これを**最小二乗法**（least squares method）と呼ぶ。ここで，Φ は式 (2.20) のヴァンデルモンド行列である。いま，$n < m$，すなわち多項式の次数を $m-2$ 以下と仮定すると，方程式の数のほうが未知数よりも多くなり，一般に連立方

程式 $\Phi\boldsymbol{x} = \boldsymbol{y}$ には解が存在しなくなる。しかし，このような状況でも，$t_i \neq t_j$ $(i \neq j)$ が満たされていれば，最適化問題 (2.24) の解は一意に定まる。実際，ヴァンデルモンド行列の性質より，$t_i \neq t_j$ $(i \neq j)$ が満たされれば，行列 Φ は**列フルランク**(full column rank)†となる。そして，最適化問題 (2.24) の最適解は

$$\boldsymbol{x}^* = (\Phi^\top \Phi)^{-1}\Phi^\top \boldsymbol{y} \tag{2.25}$$

と一意に求まる。これを**最小二乗解**（least squares solution）と呼ぶ。最小ノルム解 (2.15) と同様に最小二乗解も閉形式で得られる。

演習問題 2.2 行列 Φ が列フルランクのとき，$\Phi^\top\Phi$ は正則となることを示し，最適化問題 (2.24) の解が式 (2.25) で与えられることを示せ。

演習問題 2.3 行列 Φ の第 i 列目のベクトルを $\boldsymbol{\phi}_i$ とおく。すなわち

$$\Phi = \begin{bmatrix} \boldsymbol{\phi}_1 & \boldsymbol{\phi}_2 & \ldots & \boldsymbol{\phi}_n \end{bmatrix} \tag{2.26}$$

とする。このとき，最小二乗解 (2.25) の残差

$$\boldsymbol{r} \triangleq \boldsymbol{y} - \Phi\boldsymbol{x}^* \tag{2.27}$$

に対して

$$\langle \boldsymbol{\phi}_i, \boldsymbol{r} \rangle = 0, \quad \forall i \in \{1, 2, \cdots, n\} \tag{2.28}$$

が成り立つことを示せ。これより，$\Phi\boldsymbol{x}^*$ と $\boldsymbol{r}$ は直交することを示せ。

例題 2.2 例題 2.1 のデータに平均 0，標準偏差 0.5 の正規分布に従うガウスノイズを加え，多項式を 1 次式 $y = a_1 t + a_0$ としたうえで，最小二乗法により近似直線を求める。MATLAB で以下のプログラムを実行する。

---

† 行列 $\Phi \in \mathbb{R}^{m\times n}$ が列フルランクであるとは，行列 Φ の n 本の列ベクトルが 1 次独立であることであり，$\mathrm{rank}(\Phi) = n$ となることである。

最小二乗法の MATLAB プログラム

```
t = 1:15;
y = 2 * t + randn(1,15)*0.5;
Phi15 = vander(t);
Phi = Phi15(:,14:15);
x = inv(Phi' * Phi) * Phi' * y';
```

ここで，randn はガウス分布に従う乱数を発生させる関数である。Phi15 は 15×15 のヴァンデルモンド行列であり，4 行目で行列 Phi15 の 14 列目と 15 列目（係数 a_1 と a_0 に対応）を抜き出して，15×2 の行列 Phi を生成している。このプログラムを実行した結果は以下のとおりである。

```
x =
      1.985404378030957e+00
      1.359049380398556e-01
```

図 2.4 にこの係数を持つ最小二乗法で得られた直線を示す。すべてのデータ点の上を通ってはいないが，過学習は起きていないことがわかる。　□

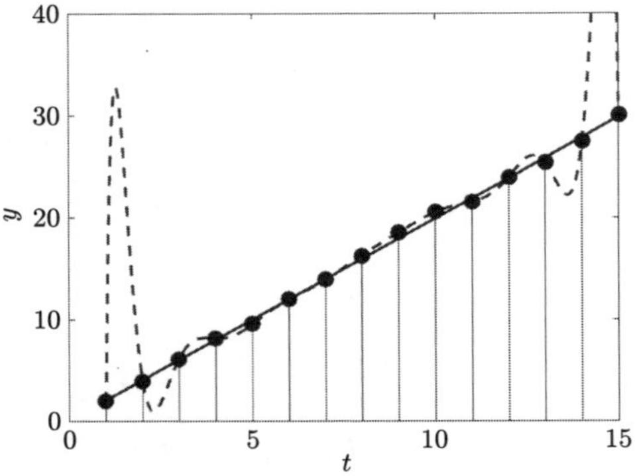

図 2.4　最小二乗法による近似直線（実線）と 14 次補間多項式（破線）

2.1.3 正 則 化 法

前節で見たように，多項式曲線フィッティングでは，多項式の次数をデータ数よりもはるかに小さくし，最小二乗法を用いることで過学習を避けることができる。しかし，どの程度次数を小さくすべきかがわからない場合はどうすればよいであろうか。これを解決する方法をここで説明する。まず，例題から考えてみよう。

例題 2.3　2 次元のデータ $\mathcal{D} = \{(t_1, y_1), (t_2, y_2), \cdots, (t_m, y_m)\}$ を正弦波から生成する。具体的には，サンプリング時刻を

$$t_1 = 0,\ t_2 = 1,\ t_3 = 2, \cdots, t_{11} = 10 \tag{2.29}$$

とし，$y_i\ (i = 1, 2, \cdots, 11)$ を

$$y_i = \sin(t_i) + \epsilon \tag{2.30}$$

としてデータを生成する。ただし，ϵ は平均 0，標準偏差 0.2 の正規分布に従う確率変数（ガウスノイズ）とする。生成された 11 点のデータは**表 2.2** のとおりである。

図 2.5 にこれら 11 点のデータを示す。

表 2.2　生成された 11 点のデータ

t_i	0	1	2	3	4	5
y_i	−0.034 3	1.008 1	0.832 6	0.404 7	−0.758 5	−0.928 5
t_i	6	7	8	9	10	
y_i	−0.211 0	0.662 6	0.849 2	0.276 1	−0.696 2	

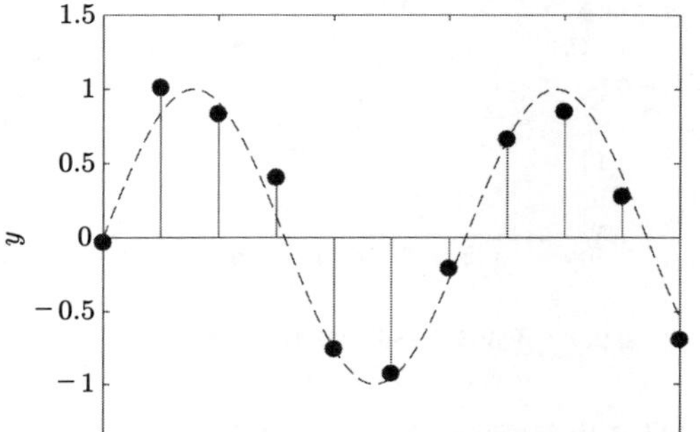

図 2.5　正弦波（破線）から生成された 11 点のデータ

このデータに対して，式 (2.23) を用いて 10 次の補間多項式を求めてみる。図 **2.6** に補間多項式を示す。ノイズの影響で大きく振動しており，過学習となっていることがわかる。一方，多項式を 6 次として，式 (2.25) により最小二乗解を求めると**図 2.7** の曲線が得られる。図 2.6 の補間多項式では過学習が見られるが，6 次の多項式はうまくフィッティングできていることがわかる。　□

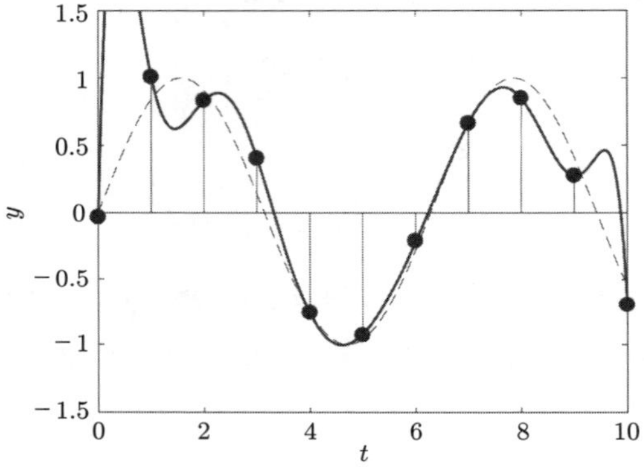

図 2.6　正弦波データの補間多項式（10 次），破線は元の正弦波

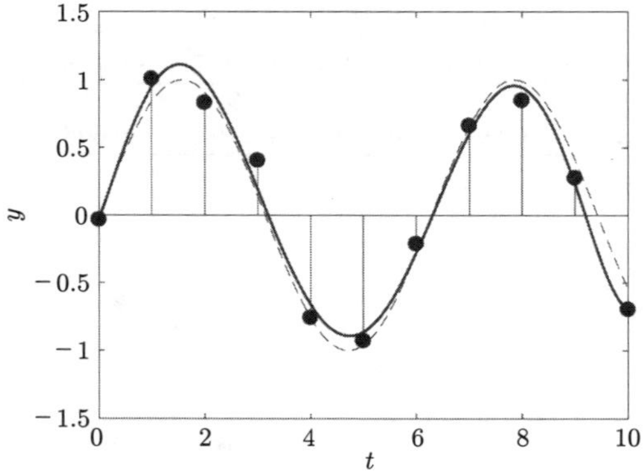

図 2.7　正弦波データの最小二乗多項式（6 次），破線は元の正弦波

上の例題 2.3 では 6 次多項式により良い曲線フィッティングが得られることがわかった。しかし，6 次多項式が良いというのは，元の正弦波の曲線が見えているからわかることであり，データだけからは最良の次数はわからない。10

次の補間多項式と 6 次の最小二乗多項式では何が違うのだろうか。それを調べるために，10 次多項式と 6 次多項式の係数ベクトル $\boldsymbol{x}_{10}$ と $\boldsymbol{x}_6$ を見てみよう。

$$\boldsymbol{x}_{10} = \begin{bmatrix} -0.0343 \\ 16.2400 \\ \mathbf{-38.0984} \\ \mathbf{37.8369} \\ \mathbf{-20.2842} \\ 6.5035 \\ -1.3100 \\ 0.1677 \\ -0.0133 \\ 0.0006 \\ -0.0000 \end{bmatrix}, \quad \boldsymbol{x}_6 = \begin{bmatrix} -0.0260 \\ \mathbf{1.0636} \\ \mathbf{0.3067} \\ \mathbf{-0.5225} \\ 0.1426 \\ -0.0146 \\ 0.0005 \end{bmatrix} \tag{2.31}$$

ここで，各ベクトルにおいて絶対値の大きい要素を順に三つ選び，太文字で示している。過学習を示した 10 次補間多項式の係数は，6 次多項式の係数に比べてかなり大きいことがわかる。これが過学習の原因であると考えられる。

以上の観察より，二乗誤差 $\frac{1}{2}\|\Phi\boldsymbol{x} - \boldsymbol{y}\|_2^2$ を小さくするとともに，係数そのものも小さくすればよいのではないかと思い付く。それを実現するために以下の最適化問題を考える。

$$\underset{\boldsymbol{x}\in\mathbb{R}^n}{\text{minimize}} \ \ \frac{1}{2}\|\Phi\boldsymbol{x} - \boldsymbol{y}\|_2^2 + \frac{\lambda}{2}\|\boldsymbol{x}\|_2^2 \tag{2.32}$$

これを**正則化最小二乗法**（regularized least squares）または**リッジ回帰**（ridge regression）と呼び，加えられた $\frac{\lambda}{2}\|\boldsymbol{x}\|_2^2$ の項を**正則化項**（regularization term）と呼ぶ。係数 λ は**正則化パラメータ**（regularization parameter）と呼ばれ，誤差と解の大きさとのバランスを調整する重要なパラメータである。

最適化問題 (2.32) の解 $\boldsymbol{x}^*$ は最小二乗解と同じく容易に計算でき，以下のような閉形式で解が得られる。

$$\boldsymbol{x}^* = (\lambda I + \Phi^\top\Phi)^{-1}\Phi^\top\boldsymbol{y} \tag{2.33}$$

演習問題 2.4　最適化問題 (2.32) の解が式 (2.33) で与えられることを示せ。

例題 2.4　例題 2.3 のデータを用い，10 次の多項式による正則化最小二乗法により曲線フィッティングを行う。正則化パラメータを $\lambda = 1$ として，式 (2.33) により係数ベクトル $\boldsymbol{x}^*$ を求める。得られた係数は

$$\boldsymbol{x}^* = \begin{bmatrix} \mathbf{0.1448} \\ \mathbf{0.2691} \\ \mathbf{0.1865} \\ 0.0769 \\ -0.0334 \\ -0.0674 \\ 0.0386 \\ -0.0085 \\ 0.0010 \\ -0.0001 \\ 0.0000 \end{bmatrix} \tag{2.34}$$

となった。なお絶対値の大きい要素を順に三つ選び，太文字で示している。式

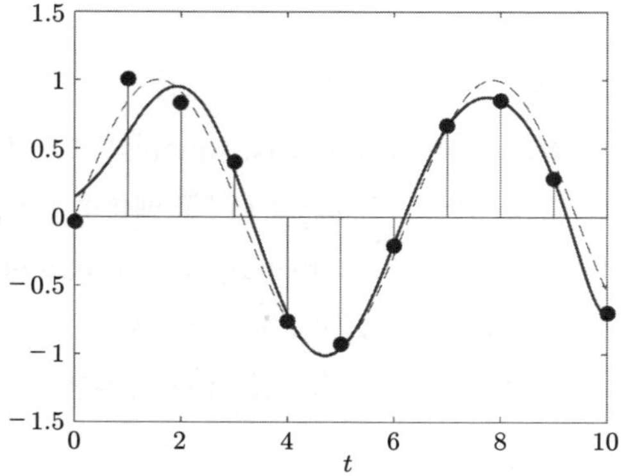

図 2.8　正則化最小二乗法で求まった多項式（10 次）

(2.31) の 10 次補間多項式 $\boldsymbol{x}_{10}$ と比較すると，係数がかなり小さくなっていることがわかる。正則化最小二乗法により求めた多項式を図 **2.8** に示す。10 次多項式であるが，6 次の最小二乗解とほぼ同等のフィッティングが達成されていることがわかる。　□

2.2　スパースモデリングと ℓ^1 ノルム最適化

曲線フィッティングとして，別の例を考えてみよう。つぎの 80 次多項式

$$y = -t^{80} + t \tag{2.35}$$

を考える。この多項式から

$$t_1 = 0,\ t_2 = 0.1,\ t_3 = 0.2, \cdots,\ t_{11} = 1 \tag{2.36}$$

として 11 点のデータ

$$\mathcal{D} = \{(t_1, y_1), (t_2, y_2), \cdots, (t_{11}, y_{11})\}, \quad y_i = -t_i^{80} + t_i \tag{2.37}$$

を生成する。図 **2.9** に式 (2.35) の多項式曲線と式 (2.37) のデータを示す。多項式の次数は 80 次以下ということはわかっているものとし，与えられたデー

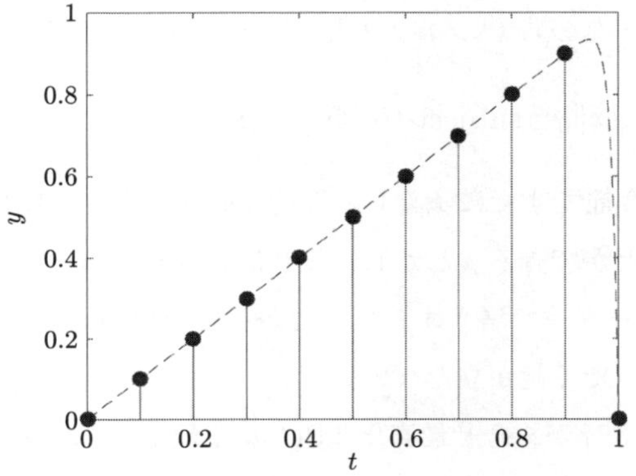

図 **2.9**　スパースな多項式 $y = -t^{80} + t$ と
そのサンプルデータ

タ $\mathcal{D}$ から，元の 80 次多項式 (2.35) を復元することは可能であろうか？　いまの場合，データ $\mathcal{D}$ のすべての点を通る 80 次（以下の）多項式は無数に存在し，補間多項式でさえ一意に定めることはできない。実際，式 (2.20) で与えられるヴァンデルモンド行列 Φ は，いまの場合 11×81 のサイズの横長の行列となり，方程式 $\Phi \boldsymbol{x} = \boldsymbol{y}$ の解は無数に存在することになる。ただし，$\boldsymbol{x}$ は求める 80 次の係数を縦に並べた 81 次元ベクトル，$\boldsymbol{y}$ はデータ $y_1, y_2, \cdots, y_{11}$ を縦に並べた 11 次元ベクトルである。解を一意に定めるためには，また別の「証拠」が必要となる。

元の 80 次多項式 (2.35) を見てみよう。この多項式の係数は，80 次と 1 次の項以外，すべてゼロである。すなわち，係数を要素とするベクトル $\boldsymbol{x} = (a_{80}, a_{79}, \cdots, a_0)$ のほとんどの要素はゼロである。ベクトルのこのような性質を**スパース性**（sparsity）と呼ぶ。この情報が使えると仮定しよう。すなわち

元の多項式は係数がスパースである

という「証拠」が使えると仮定して，11 個のデータだけから元の 80 次多項式を復元することを考える。なお，係数がスパースであるという情報は使えるが，非ゼロの係数の個数（いまの場合は 2）まではわからないものとする。

前節までの最適化のアイデアを導入し，目的関数として係数ベクトル $\boldsymbol{x}$ の非ゼロ要素の数，すなわち ℓ^0 ノルムを用いたつぎの最適化問題を考えよう。

$$\underset{\boldsymbol{x} \in \mathbb{R}^n}{\text{minimize}} \ \|\boldsymbol{x}\|_0 \quad \text{subject to} \quad \Phi \boldsymbol{x} = \boldsymbol{y} \tag{2.38}$$

これは前章の 1.3 節ですでに議論した最適化問題であり，総当り法を使えば原理的には解くことができる。しかし，これは組合せ最適化であり，その計算回数は n の指数オーダーで増大する。したがって規模の大きな問題に対しては，総当り法ではまったく歯が立たない。

最適化問題 (2.38) が組合せ最適化問題となる理由は，ℓ^0 ノルムを用いているからである。スパースモデリングの主要なアイデアの一つは，この ℓ^0 ノルムを ℓ^1 ノルム

$$\|\boldsymbol{x}\|_1 = \sum_{i=1}^{n} |x_i| \tag{2.39}$$

で近似することである。これを用いて，式 (2.38) の ℓ^0 最適化を次の **$\boldsymbol{\ell^1}$ 最適化**（ℓ^1 optimization）で近似する。

$$\underset{\boldsymbol{x}\in\mathbb{R}^n}{\text{minimize}}\ \|\boldsymbol{x}\|_1 \quad \text{subject to}\ \ \Phi\boldsymbol{x} = \boldsymbol{y} \tag{2.40}$$

このように ℓ^1 ノルムを最小化することでスパースな解を求める方法を**基底追跡**（basis pursuit）と呼ぶ。基底追跡の直感的な説明は以下のとおりである。

最適化問題 (2.40) は n 次元空間内の（超）平面 $\Phi\boldsymbol{x} = \boldsymbol{y}$ 上の点のうち ℓ^1 ノルムが最小の点を求める問題である。前章の図 1.2（7 ページ）を見ればわかるように，ℓ^1 ノルムが一定の等高線 ($\|\boldsymbol{x}\|_1 = c$) は頂点が座標軸の上にあるひし形となる。式 (2.40) の最適解は，等高線 $\|\boldsymbol{x}\|_1 = c$ を $c = 0$ から少しずつ大きくしていって，平面 $\Phi\boldsymbol{x} = \boldsymbol{y}$ とぶつかる点である。**図 2.10** に示すように，平面 $\Phi\boldsymbol{x} = \boldsymbol{y}$ は，ほとんどの場合，ℓ^1 ノルムの等高線の頂点で接する。この頂点では，どちらかの座標は必ずゼロであり，スパースとなることがわかる。これが ℓ^1 最適化でスパースな解が求まる直感的な説明である。

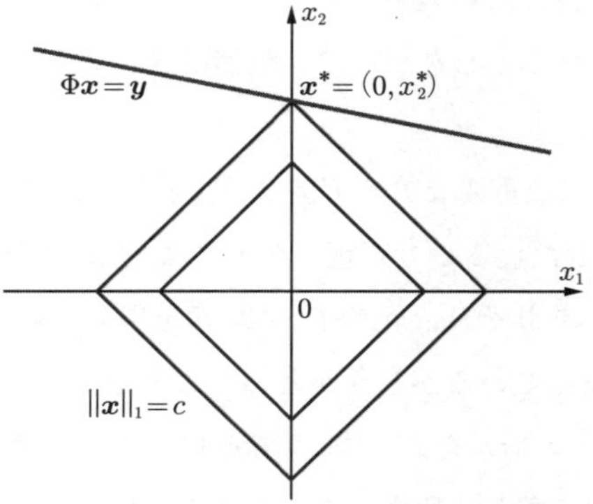

図 2.10　$\mathbb{R}^2$ の場合の ℓ^1 最適化：直線 $\Phi\boldsymbol{x} = \boldsymbol{y}$ は $\|\boldsymbol{x}\|_1 = c$ の等高線と頂点で接する。

最適化問題 (2.40) は，目的関数 $\|\boldsymbol{x}\|_1$ が変数 $\boldsymbol{x}$ について凸関数であり，また制約条件 $\Phi\boldsymbol{x} = \boldsymbol{y}$ を満たす $\boldsymbol{x}$ の集合は凸集合であるので，**凸最適化問題**

(convex optimization problem) となる。計算機を用いた**数値最適化** (numerical optimization) により，式 (2.40) の凸最適化問題は，式 (2.38) の組合せ最適化問題よりもはるかに高速に解を求めることができる。

スパースな多項式を復元するために，正則化のアイデアを用いることも可能である。特にデータに雑音が混入している場合には，曲線フィッティングの問題を以下の **ℓ^0 正則化** (ℓ^0 regularization) として定式化すべきである。

$$\underset{\boldsymbol{x}\in\mathbb{R}^n}{\text{minimize}}\ \frac{1}{2}\|\Phi\boldsymbol{x}-\boldsymbol{y}\|_2^2+\lambda\|\boldsymbol{x}\|_0 \tag{2.41}$$

この最適化問題も，総当り法を用いれば，有限回の最小二乗法を解くことにより厳密解を求めることが可能である。しかし，ℓ^0 最適化問題 (2.38) と同様に，計算回数は n の指数オーダーで増大し，規模の大きな問題に対しては，この方法ではまったく歯が立たない。そこで，ℓ^0 ノルムを ℓ^1 ノルムで近似したつぎの最適化問題を考える。

$$\underset{\boldsymbol{x}\in\mathbb{R}^n}{\text{minimize}}\ \frac{1}{2}\|\Phi\boldsymbol{x}-\boldsymbol{y}\|_2^2+\lambda\|\boldsymbol{x}\|_1 \tag{2.42}$$

この最適化問題を **ℓ^1 正則化** (ℓ^1 regularization) または **LASSO** (「ラッソ」と読む) と呼ぶ†。式 (2.42) の目的関数は $\boldsymbol{x}$ についての凸関数であり，ℓ^1 正則化も凸最適化問題となる。したがって，数値計算により効率的に近似解を求めることが可能である。

スパースモデリングの重要なアイデアの一つとして，ℓ^0 ノルムを ℓ^1 ノルムで近似することを紹介した。ここで問題となるのは，凸最適化問題である式 (2.40) または式 (2.42) が，それぞれ，元の ℓ^0 ノルムを用いた最適化問題 (2.38) または式 (2.41) の解となっているかどうかということである。非常に興味深いことに，多くの応用で ℓ^0 ノルムを ℓ^1 ノルムで近似した凸最適化問題の解が，元の ℓ^0 ノルム最適化問題の解と一致することが知られている。実際，ℓ^0 最適化問題 (2.38) または式 (2.41) が，その凸緩和である式 (2.40) または式 (2.42) の解と一致する条件 (十分条件) がさまざまに知られている。これらの事実から，スパー

† LASSO は least absolute shrinkage and selection operator の略である。

スモデリングといえば ℓ^1 ノルムを用いた最適化を指すことがあるほど，ポピュラーな手法になっている。もちろん，スパースモデリングには，ℓ^1 ノルムを用いた凸最適化に帰着する方法以外に，例えば貪欲法を用いたもの（4 章で詳しく調べる）や ℓ^p ノルム（ただし，$0 < p < 1$）を用いたものなど，さまざまな方法がある。以下では，式 (2.40) や式 (2.42) といった凸最適化問題を MATLAB で簡単に解く方法について解説する。

2.3 CVX による数値最適化

前節で定式化した最適化問題 (2.40) や式 (2.42) は凸最適化問題と呼ばれ，コンピュータによる数値計算により，最適解が容易に求まる（凸最適化については次章で詳しく調べる）。本節では，MATLAB 上で動作する CVX† というフリーのソフトウェアを使って，最適化問題を解いてみる。

式 (2.35) の 80 次多項式 $y = -t^{80} + t$ を 11 点のデータ (2.37) だけから復元する問題を考える。まず，多項式の係数ベクトルを以下のように定義する。

```
x_orig = [-1,zeros(1,78),1,0]';
```

ここで `orig` の添字は “original” の略で，元の多項式の係数を意味する。つぎに係数から多項式の値を計算する MATLAB 関数 `polyval` を用いて，データ (2.37) をつぎのように準備する。

```
t = 0:0.1:1;
y = polyval(x_orig,t);
```

この 11 点のデータに対して，10 次の補間多項式を求めてみよう。式 (2.20) のヴァンデルモンド行列を以下のように求める。

```
Phi = vander(t);
```

これを用いて，10 次の補間多項式の係数ベクトルを式 (2.23) により求める。

† `http://cvxr.com/cvx/`

```
x = inv(Phi) * y';
```

ここで，ベクトル y は MATLAB では横ベクトルとなるので，転置をしている。多項式の係数 x から曲線を描いてみよう。横軸（t 軸）を細かくグリッドに分けてから，多項式曲線を描くには以下のようにする。

```
time = 0:0.01:1;
plot(time, polyval(x, time));
```

得られた 10 次補間多項式を図 **2.11** に示す。ノイズがない状況を考えているので過学習特有の振動現象は見られないが，$t = 0.9$ から $t = 1$ のあたりで元の曲線と大きくずれていることがわかる。

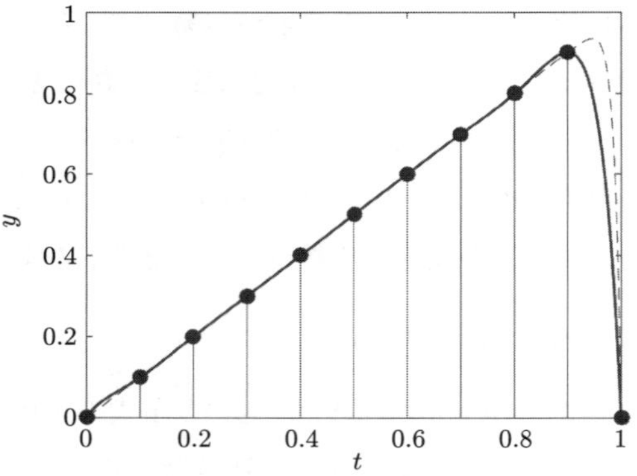

図 2.11　10 次の補間多項式。破線は元の曲線 $y = -t^{80} + t$

つぎに，ℓ^2 正則化 (2.32) を用いて 10 次多項式曲線を求めてみる。正則化パラメータを $\lambda = 0.2$ として，公式 (2.33) により多項式の係数を求める。MATLAB のコードは以下となる。

```
lambda = 0.2;
x = inv(lambda * eye(11) + Phi' * Phi) * Phi' * y';
```

得られた ℓ^2 正則化による曲線を図 **2.12** に示す。元の曲線 $y = -t^{80} + t$ から大きく外れていることがわかる。

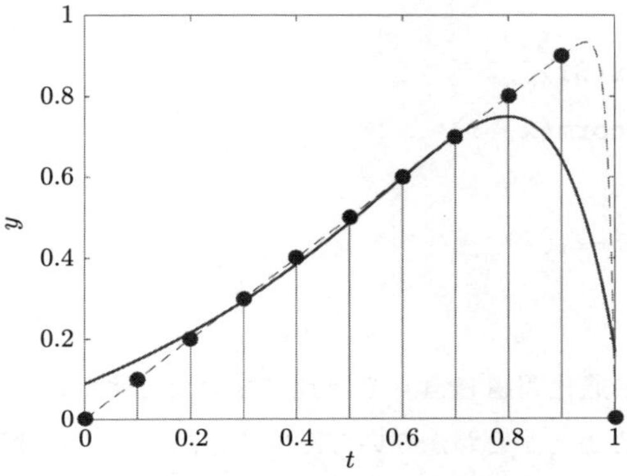

図 **2.12** ℓ^2 正則化による曲線 $y=-t^{80}+t$ の復元

さて，多項式曲線フィッティングの問題をスパースモデリングを使って解いてみよう。多項式を 80 次と仮定し，式 (2.20) のヴァンデルモンド行列は 11×81 の横長行列とする。この行列 Φ は MATLAB コードを用いて，以下で求められる。

```
Phi = [ ];
for m = 0:80
  Phi = [t'.^m, Phi];
end
```

係数ベクトル $\boldsymbol{x}$ およびデータベクトル $\boldsymbol{y}$ をそれぞれ式 (2.21) のように定義すると，補間条件は

$$\boldsymbol{\Phi x} = \boldsymbol{y} \tag{2.43}$$

で与えられる。この補間条件を満たす係数のうち最もスパースなものを求める。すなわち，式 (2.38) の ℓ^0 最適化を緩和した式 (2.40) の ℓ^1 最適化により解を求める。

最適化問題 (2.40) を解くために，MATLAB のツールボックスである CVX を用いる。CVX を使えば，ℓ^1 最適化問題を解く MATLAB コードは以下のように記述される。

```
cvx_begin
  variable x(81)
  minimize norm(x, 1)
  subject to
    Phi * x == y'
cvx_end
```

上のコードと最適化問題 (2.40) を見比べていただきたい。自然な形で最適化問題を記述できることがおわかりいただけると思う。これは他のツールボックスにはない，CVX の最も強力な機能の一つである。上記のような ℓ^1 最適化に限らず，一般の凸最適化問題に対しても，きわめて簡単にコードが書けるので，本書では，特に初学者には CVX をお勧めしたい。

さて，スパースモデリングで得られた係数を持つ多項式をプロットしてみよう。**図 2.13** に得られた曲線を示す。元の曲線 $y = -t^{80} + t$ とぴったり一致し，正確な復元ができていることがわかる。本章の最後に ℓ^1 最適化により係数を求める MATLAB プログラムを掲載しているので，ぜひ実行して試してほしい。

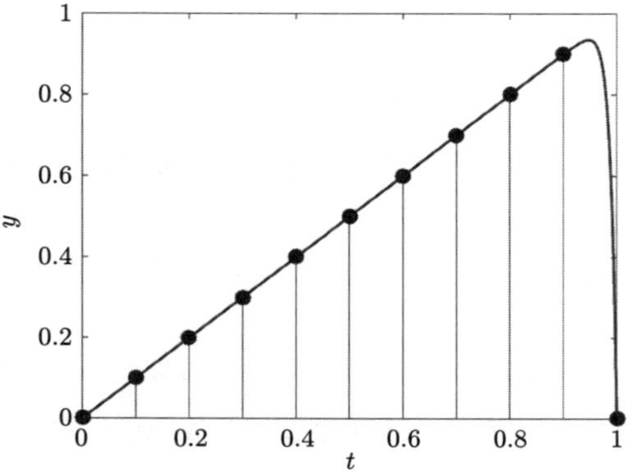

図 2.13　スパースモデリング：ℓ^1 最適化による曲線 $y = -t^{80} + t$ の復元

2.4　さらに勉強するために

曲線フィッティングにおける最小二乗法や正則化, 過学習などについては, 機械学習の標準的な教科書である文献 9), 35) を参考にした。特に最小二乗法は射影や一般化逆行列と関連が深く，これらについては，文献 34), 103) が参考になる。LASSO についての数学理論およびその拡張については，文献 13), 33), 35), 36) を参照せよ。スパースモデリングにおける ℓ^0 最適化と ℓ^1 最適化の数理的な関係については，多くの研究や書籍があるが，例えば文献 15), 29), 31), 97) などを参照していただきたい。

CVX を用いて ℓ^1 最適化により係数を求める MATLAB プログラム

```
clear
%% polynomial coefficients
x_orig = [-1,zeros(1,78),1,0]';
%% sampling
t = 0:0.1:1;
y = polyval(x_orig,t);
%% data size
N = length(t);
M = N-1;
%% Vandermonde matrix
Phi_v = vander(t);
%% Interpolation polynomial with order 10
x_i = inv(Phi_v)*y';
%% LASSO
% Order of polynomial
M_l = 80;
% Design matrix
Phi_l=[];
for m=0:M_l
 Phi_l = [t'.^m,Phi_l];
end
% CVX
cvx_begin
 variable x(M_l+1)
 minimize norm(x,1)
 subject to
   Phi_l*x == y'
```

```
cvx_end
%% Plot
tt = 0:0.01:1;
figure;
stem(t,y); hold on
plot(tt,polyval(x_orig,tt),'--');
plot(tt,polyval(x,tt));
```

【コラム：深層学習】

ニューラルネットワークの層を多層にした**深層ニューラルネットワーク**または**ディープニューラルネットワーク**（deep neural network）を用いた機械学習が近年注目を集めており，**深層学習**または**ディープラーニング**（deep learning）と呼ばれる。第 3 次人工知能ブームの火付け役となった技術であり，画像認識や音声認識の性能を大きく向上させ，また囲碁などのゲームで人間のプロに勝利するなど，華々しい成果が報告されている。

本書の 2 章で学んだ過学習は，深層学習においても問題となる。それを避けるために考えられた方法に**ドロップアウト**（dropout）がある。深層ニューラルネットワークの入力層や中間層のユニット（ノード）をランダムに選択し，選択されたユニットは無視して（ドロップアウトして）残ったユニットだけで学習する（重みを更新する）ということを繰り返す手法である（ドロップアウトするユニットは重みを更新するたびに選択し直す）。この結果，2 章で学んだ正則化と同じ効果が得られ，過学習を防ぐことができる。また，自己符号化器と呼ばれる特殊なニューラルネットワークにドロップアウトを用いると，自動的にスパースな特徴が学習できる（すなわち，多くのユニットが非活性化される）ことも知られている[70),90)]。スパースモデリングの考え方が深層学習にも有効であることを示す良い例である。

3 凸最適化アルゴリズム

MATLAB の CVX というツールを使えば，スパースモデリングの最適化問題が簡単に解けることを前章で示した。このような汎用的な数値最適化ツールは，小規模から中規模程度の問題を解くときにたいへん使いやすい。しかし，規模が非常に大きい問題，例えば画像処理のようにサイズが数百万となるケースでは，このような汎用アルゴリズムでは計算に膨大な時間がかかってしまう。また，本書の後半で説明する動的システムに対するスパースモデリング（スパース最適制御）ではリアルタイム処理が必要であり，その場合もきわめて高速に解を求める必要がある。そのような場合には，最適化問題に合わせて，いわばオーダーメイドの高速アルゴリズムを自分で導かなければならない。本章では，凸最適化の基礎を勉強し，スパースモデリングに現れる最適化問題に特化した高速アルゴリズムを導出する。

3 章の要点

- 凸最適化問題では局所最適解が大域的最適解に一致する。
- スパースモデリングに現れる ℓ^1 ノルム最適化問題は凸最適化問題である。
- 凸最適化問題に対して近接作用素を用いた高速アルゴリズムが導出される。

3.1 凸最適化問題への準備

ここでは，凸最適化に必要な基礎概念を復習する。

まず，凸集合を定義しよう。

定義 3.1 $\mathbb{R}^n$ の部分集合 $\mathcal{C}$ を考える。任意の二つのベクトル $\boldsymbol{x}, \boldsymbol{y} \in \mathcal{C}$ と任意の実数 $\lambda \in [0,1]$ に対して

$$\lambda \boldsymbol{x} + (1-\lambda)\boldsymbol{y} \in \mathcal{C} \tag{3.1}$$

が成り立つとき，集合 $\mathcal{C}$ は**凸集合**（convex set）であるという。

凸集合の定義を図で説明しよう。**図 3.1**(a) は凸集合を表している。集合 $\mathcal{C}$ の上のどのような位置に二つの点 $\boldsymbol{x}, \boldsymbol{y}$ をとっても，それらを結ぶ線分がすべて集合 $\mathcal{C}$ に入っているとき，その集合は凸集合と呼ばれる。逆に図 3.1(b) のように，集合 $\mathcal{C}$ 上のある二つの点 $\boldsymbol{x}, \boldsymbol{y}$ があって，それらを結ぶ線分が領域からはみ出るときは，凸集合ではなく，**非凸集合**（non-convex set）と呼ばれる。この定義から容易にわかるように，二つの凸集合の共通部分はかならず凸集合となる。

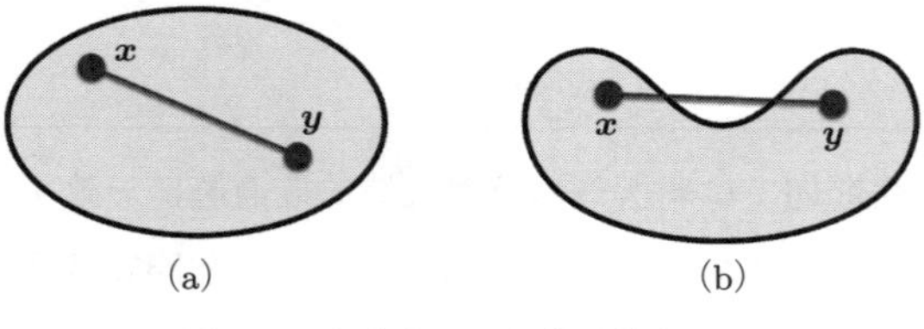

図 3.1　凸集合 (a) と非凸集合 (b)

演習問題 3.1 $\mathcal{C}$ と $\mathcal{D}$ を凸集合とするとき，$\mathcal{C} \cap \mathcal{D}$ も凸集合となることを示せ。

つぎに凸関数を定義しよう。ここでは，関数 $f : \mathbb{R}^n \to \mathbb{R} \cup \{\infty\}$ を考える。すなわち，関数 $f(\boldsymbol{x})$ はベクトル $\boldsymbol{x} \in \mathbb{R}^n$ を引数にとり，実数値だけでなく ∞

をとることも許される関数である。このような関数には，例えば，つぎのような関数がある。

$$f(\boldsymbol{x}) = \begin{cases} 0, & \|\boldsymbol{x}\|_2 \leqq 1 \\ \infty, & \|\boldsymbol{x}\|_2 > 1 \end{cases} \tag{3.2}$$

この関数は指示関数と呼ばれるもので，凸最適化において重要な役割を果たす。指示関数については，後ほど詳しく説明する。関数 f の**実効定義域**（effective domain）を以下で定義する。

$$\mathrm{dom}(f) \triangleq \{\boldsymbol{x} \in \mathbb{R}^n : f(\boldsymbol{x}) < \infty\} \tag{3.3}$$

関数 $f : \mathbb{R}^n \to \mathbb{R} \cup \{\infty\}$ の実効定義域とは，関数 f の定義域のうち $f(\boldsymbol{x})$ が実数値をとるような $\boldsymbol{x}$ の集合である。例えば，式 (3.2) の関数の実効定義域は

$$\mathrm{dom}(f) = \{\boldsymbol{x} \in \mathbb{R}^n : \|\boldsymbol{x}\|_2 \leqq 1\} \tag{3.4}$$

となる。実効定義域が空でないとき，すなわち $f(\boldsymbol{x}) < \infty$ となる $\boldsymbol{x}$ が少なくとも一つ存在するとき，関数 f は**プロパー**（proper）であるという。以上の準備のもとで，凸関数を定義しよう。

定義 3.2　プロパーな関数 $f : \mathbb{R}^n \to \mathbb{R} \cup \{\infty\}$ を考える。任意の二つのベクトル $\boldsymbol{x}, \boldsymbol{y} \in \mathrm{dom}(f)$ と任意の実数 $\lambda \in [0, 1]$ に対して

$$f\bigl(\lambda \boldsymbol{x} + (1-\lambda)\boldsymbol{y}\bigr) \leqq \lambda f(\boldsymbol{x}) + (1-\lambda) f(\boldsymbol{y}) \tag{3.5}$$

が成り立つとき，関数 f は**凸関数**（convex function）であるという。

実効定義域 $\mathrm{dom}(f)$ 上の二点 $\boldsymbol{x}, \boldsymbol{y}$ をどのように選んでも，それらを結ぶ線分上の点では，必ず関数 f の値が $f(\boldsymbol{x})$ と $f(\boldsymbol{y})$ を結ぶ線分の下に来るとき，その関数は凸関数と呼ばれる。

凸関数の性質を図で説明しよう。**図 3.2**(a) の関数は凸関数を表している。関数のグラフが $f(\boldsymbol{x})$ と $f(\boldsymbol{y})$ を結ぶ線分の下にあることがわかるだろう。逆に図 3.2(b) のように，$f(\boldsymbol{x})$ と $f(\boldsymbol{y})$ を結ぶ線分がグラフの下を通るときは凸関数で

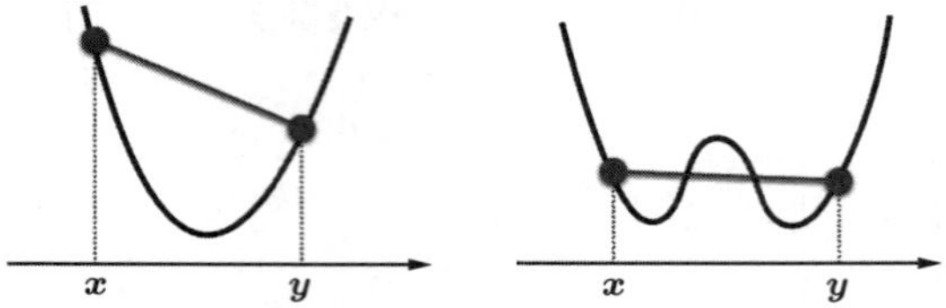

図 **3.2**　凸関数 (a) と非凸関数 (b)

はない。このような関数を**非凸関数**（non-convex function）と呼ぶ。二つの凸関数の和はまた凸関数となる。

演習問題 3.2　関数 f と g を実数値をとる凸関数とするとき，$f+g$ も凸関数となることを示せ。

凸関数を凸集合を用いて特徴付けるためには，以下のエピグラフが有用である。関数 $f:\mathbb{R}^n \to \mathbb{R}\cup\{\infty\}$ の**エピグラフ**（epigraph）を

$$\mathrm{epi}(f) \triangleq \left\{(\boldsymbol{x}, t) \in \mathbb{R}^n \times \mathbb{R} : \boldsymbol{x} \in \mathrm{dom}(f), f(\boldsymbol{x}) \leqq t\right\} \tag{3.6}$$

で定義する。エピグラフは**図 3.3** のように関数 $f(\boldsymbol{x})$ の上側の領域となる。関数 $f:\mathbb{R}^n \to \mathbb{R}\cup\{\infty\}$ のエピグラフ $\mathrm{epi}(f)$ が閉集合となるとき，関数 f は**閉関数**（closed function）であるという。関数 f が凸関数であることとエピグラフ $\mathrm{epi}(f)$ が凸集合であることとは等価である。また，関数 f がプロパーであることと $\mathrm{epi}(f)$ が空集合でないこととは等価である。以上をまとめると，**表 3.1** となる。

以上の準備の下で，本書で考察する標準的な凸最適化問題を定式化しよう。

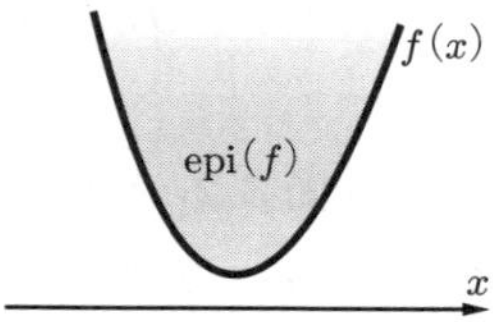

図 **3.3**　エピグラフ

表 3.1 関数とエピグラフの関係

関数 f	エピグラフ epi(f)
凸	凸集合
閉	閉集合
プロパー	空でない

凸最適化問題　関数 $f : \mathbb{R}^n \to \mathbb{R} \cup \{\infty\}$ をプロパーな閉凸関数，集合 $\mathcal{C} \subset \mathbb{R}^n$ を閉凸集合とする。このとき，$\mathbb{R}^n$ の部分集合 $\mathcal{C}$ に属する要素 $\boldsymbol{x}$ の中で関数 $f(\boldsymbol{x})$ を最小にする n 次元ベクトル $\boldsymbol{x}$ を求める問題を**凸最適化問題**（convex optimization problem）と呼ぶ。関数 $f(\boldsymbol{x})$ を**目的関数**（objective function）または**コスト関数**（cost function）と呼び，集合 $\mathcal{C}$ を**制約集合**（constraint set）または**許容集合**（feasible set）と呼ぶ。また，上の最適化問題に対して，集合 $\mathrm{dom}(f) \cap \mathcal{C}$ を**実行可能領域**（feasible region）と呼び，$\boldsymbol{x} \in \mathrm{dom}(f) \cap \mathcal{C}$ を満たす $\boldsymbol{x}$ を**実行可能解**（feasible solution）と呼ぶ。

上記の最適化問題を数式で表すことがよくあり，以下のように書く。

$$\underset{\boldsymbol{x} \in \mathbb{R}^n}{\text{minimize}} \ f(\boldsymbol{x}) \ \text{ subject to } \ \boldsymbol{x} \in \mathcal{C} \tag{3.7}$$

数式の読み方は，以下のとおりである。minimize の下に最適化するための変数 $\boldsymbol{x}$ とその範囲を書く。minimize のつぎに来る関数が目的関数である。subject to 以下は，最小化する $\boldsymbol{x}$ が制約集合 $\mathcal{C}$ に入っていることを要請しており，この条件 $\boldsymbol{x} \in \mathcal{C}$ を**制約条件**（constraint）と呼ぶ。なお，式 (3.7) の minimize は min と，また subject to は s.t. と略記され，つぎのように書かれることもある。

$$\min_{\boldsymbol{x} \in \mathbb{R}^n} f(\boldsymbol{x}) \ \text{ s.t. } \ \boldsymbol{x} \in \mathcal{C} \tag{3.8}$$

また，minimize（または min）の下に制約条件を書くこともある。すなわち

$$\min_{\boldsymbol{x} \in \mathcal{C}} f(\boldsymbol{x}) \tag{3.9}$$

と書くこともある。ただし，上記の式は，最適化問題 (3.7) の意味ではなく，最適化問題 (3.7) の最小値を意味することのほうが多い。また，凸最適化問題 (3.7) の最小値を与える $\boldsymbol{x}$（すなわち最適化問題の解）の集合をつぎの arg の記号で表す。

$$\mathop{\arg\min}_{\boldsymbol{x}\in\mathcal{C}} f(\boldsymbol{x}) \triangleq \left\{\boldsymbol{x}\in\mathcal{C} : f(\boldsymbol{x}) \leqq f(\boldsymbol{y}),\quad \forall \boldsymbol{y}\in\mathcal{C}\cap\mathrm{dom}(f)\right\} \tag{3.10}$$

もし凸最適化問題 (3.7) の解がただ一つであれば，式 (3.10) は集合ではなく，その解そのものを表すこともある。なお，arg は argument（引数）の略である。以上の定義を**図 3.4** にまとめる。

$$\mathop{\mathrm{minimize}}_{\boldsymbol{x}\in\mathbb{R}^n} \underbrace{f(\boldsymbol{x})}_{\text{目的関数}} \qquad \text{subject to} \quad \underbrace{\boldsymbol{x}\in\mathcal{C}}_{\text{制約条件}}$$

$\min_{\boldsymbol{x}\in\mathcal{C}} f(\boldsymbol{x})$　最小値

$\mathop{\arg\min}_{\boldsymbol{x}\in\mathcal{C}} f(\boldsymbol{x})$　最適解　（集合）

図 3.4　最適化問題の記述法

さて，最適化問題 (3.7) には局所的な解と大域的な解の 2 種類の最適解がある。実行可能解 $\bar{\boldsymbol{x}}\in\mathcal{C}$ を含む開集合 $\mathcal{B}$ が存在して

$$f(\boldsymbol{x}) \geqq f(\bar{\boldsymbol{x}}),\quad \forall \boldsymbol{x}\in\mathcal{B}\cap\mathcal{C} \tag{3.11}$$

が成り立つとき，$\bar{\boldsymbol{x}}$ を最適化問題 (3.7) の**局所最適解**と呼ぶ。また実行可能解 $\boldsymbol{x}^*\in\mathcal{C}$ が

$$f(\boldsymbol{x}) \geqq f(\boldsymbol{x}^*),\quad \forall \boldsymbol{x}\in\mathcal{C} \tag{3.12}$$

を満たすとき，$\boldsymbol{x}^*$ を最適化問題 (3.7) の**大域的最適解**と呼ぶ。

凸最適化問題の最も重要な性質は，局所最適解が大域的最適解に一致することである（**図 3.5** を参照）。すなわち，つぎの定理が成り立つ[98)]。

定理 3.1　最適化問題 (3.7) は凸最適化問題であるとする。このとき，任意の局所的最適解は大域的最適解であり，最適解全体は凸集合となる。

この定理より，凸最適化問題に関しては局所最適解を求めるアルゴリズムを導出すれば，それは自動的に大域的最適解を求めるアルゴリズムになっている。例えば，制約なしの最適化問題でコスト関数 $f(\boldsymbol{x})$ が微分可能であるとすると，

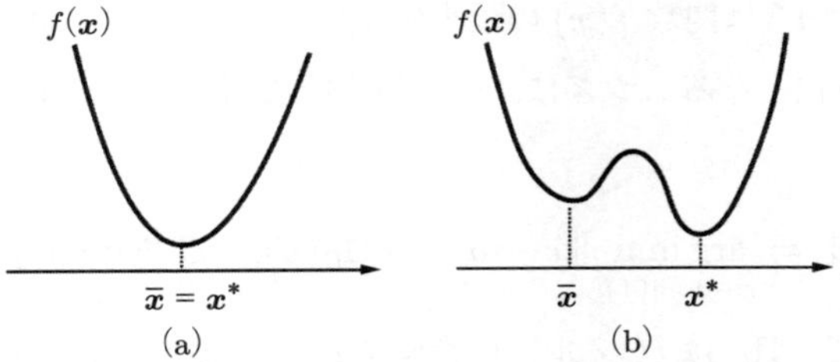

図 3.5 局所最適解 $\bar{\boldsymbol{x}}$ と大域的最適解 $\boldsymbol{x}^*$。図 (a) は凸関数で局所最適解と大域的最適解は一致する。図 (b) は凸関数ではなく，局所最適解が大域的最適解に一致するとは限らない。

微分（勾配）がゼロとなる点は局所最適解となるが，$f(\boldsymbol{x})$ が凸関数であれば，それは大域的最適解に一致する。したがって，凸最適化問題に対して勾配がゼロになる点を探すアルゴリズムは自動的に大域的最適解を求めるアルゴリズムとなっているのである。以下で紹介するアルゴリズムもこのようなアイデアが基本となっている。

3.2 近 接 作 用 素

ここでは，凸最適化問題を解く際の重要なツールである近接作用素について勉強する。

3.2.1 近接作用素の定義

プロパーな閉凸関数 $f : \mathbb{R}^n \to \mathbb{R} \cup \{\infty\}$ と実数 $\gamma > 0$ に対して，パラメータ γ を持つ**近接作用素**（proximal operator）$\mathrm{prox}_{\gamma f}$ は以下で定義される。

$$\mathrm{prox}_{\gamma f}(\boldsymbol{v}) \triangleq \mathop{\arg\min}_{\boldsymbol{x} \in \mathrm{dom}(f)} \left\{ f(\boldsymbol{x}) + \frac{1}{2\gamma} \|\boldsymbol{x} - \boldsymbol{v}\|_2^2 \right\} \tag{3.13}$$

この近接作用素の意味を考えてみよう。まず，$\gamma \to \infty$ とした場合，式 (3.13) の右辺第 2 項が消えて

$$\mathrm{prox}_{\infty f}(\boldsymbol{v}) = \mathop{\arg\min}_{\boldsymbol{x} \in \mathrm{dom}(f)} \ f(\boldsymbol{x}) = \boldsymbol{x}^* \tag{3.14}$$

となる。ここで $\boldsymbol{x}^*$ は関数 $f(\boldsymbol{x})$ の最小値を与える点であり，近接作用素は単なる $f(\boldsymbol{x})$ の最小化となる。つぎに，$\gamma \to 0$ とした場合は，式 (3.13) の右辺第 1 項が消えて

$$\mathrm{prox}_{0f}(\boldsymbol{v}) = \underset{\boldsymbol{x}\in\mathrm{dom}(f)}{\arg\min}\ \|\boldsymbol{x}-\boldsymbol{v}\|_2^2 = \Pi_{\mathcal{C}}(\boldsymbol{v}), \quad \mathcal{C} \triangleq \mathrm{dom}(f) \tag{3.15}$$

となる。ここで，$\Pi_{\mathcal{C}}$ は ℓ^2 ノルムの意味で点 $\boldsymbol{v}$ に最も近い集合 $\mathcal{C}$ 上の点を与える作用素で，**射影作用素**（projection operator）と呼ばれる。パラメータ γ が $0 < \gamma < \infty$ を満たすときは，式 (3.13) の近接作用素は最小値 (3.14) と射影 (3.15) をミックスさせた作用素であることがわかる。すなわち，**図 3.6** に示すように，近接作用素は点 $\boldsymbol{v} \in \mathbb{R}^n$ から関数 f の実効定義域 $\mathrm{dom}(f)$ 内の点への写像であり，最小値と射影の役割を γ の数値によって重み付けして混ぜ合わせたものと理解できる。

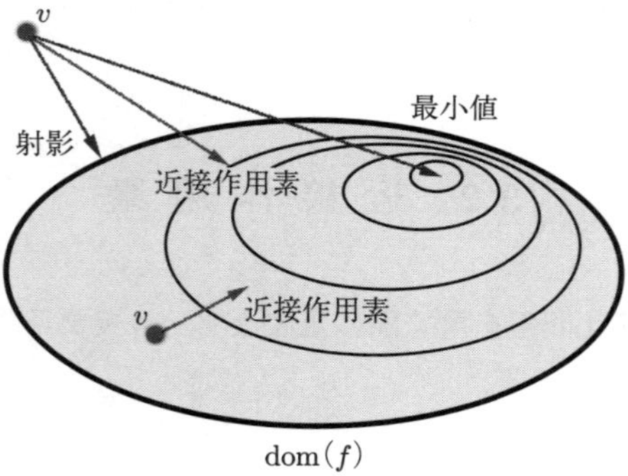

図 3.6　近接作用素の説明

なお，近接作用素の定義から，もし点 $\boldsymbol{v}$ が実効定義域 $\mathrm{dom}(f)$ の中にある場合は，近接作用素によって必ず $\mathrm{dom}(f)$ 内の点に移り，γ の値に従って，$f(\boldsymbol{x})$ を最小化する $\boldsymbol{x}^*$ に近付く。これより，関数 f の実効定義域 $\mathrm{dom}(f)$ は近接作用素 $\mathrm{prox}_{\gamma f}$ に対する**不変集合**（invariant set）となることがわかる。ここで集合 $\mathcal{C}$ が写像 T に対する不変集合であるとは

$$\boldsymbol{x} \in \mathcal{C} \quad \Rightarrow \quad T(\boldsymbol{x}) \in \mathcal{C} \tag{3.16}$$

が成り立つことである。

演習問題 3.3 関数 f の実効定義域 $\mathrm{dom}(f)$ は近接作用素 $\mathrm{prox}_{\gamma f}$ に対する不変集合となることを示せ。

また，図 3.6 に示してあるように，もし $\boldsymbol{v} \in \mathrm{dom}(f)$ ならば，写像 $\mathrm{prox}_{\gamma f}$ により，ベクトル $\boldsymbol{v}$ が領域 $\mathrm{dom}(f)$ 内で最適解 $\boldsymbol{x}^*$ に近付いていくことがわかる。この性質から，関数 f の近接作用素は，実効定義域の中では勾配のような役割を果たしていることがわかる。ただし，勾配は微分可能な関数にしか定義できないのに対し，近接作用素は一般のプロパーな閉凸関数に関して定義されることに注意しよう。

3.2.2 近接アルゴリズム

以上の考察から，初期値 $\boldsymbol{x}[0] = \boldsymbol{v} \in \mathbb{R}^n$ を任意に決めて，以下の繰返し計算を行えば，関数 f の最小値を与える $\boldsymbol{x}^*$ に近付いていくのではないかということが思い付く。

近接アルゴリズム

初期ベクトル $\boldsymbol{x}[0]$ および正数の数列 $\gamma_0, \gamma_1, \cdots$ を与えて，以下を繰り返す。

$$\boldsymbol{x}[k+1] = \mathrm{prox}_{\gamma_k f}(\boldsymbol{x}[k]), \quad k = 0, 1, 2, \cdots \tag{3.17}$$

この手法は，**近接アルゴリズム**（proximal algorithm）と呼ばれている。パラメータ $\gamma_k > 0$ をうまく決めれば，下記の定理のように実際，最小化解（のどれか）に収束することが知られている（文献 7) の Proposition 5.1.3 を参照）。

定理 3.2 近接アルゴリズム (3.17) により生成されるベクトル列 $\{\boldsymbol{x}[k]\}$ を考える。もし

$$\sum_{k=0}^{\infty} \gamma_k = \infty \tag{3.18}$$

が成り立てば，ベクトル列 $\{\boldsymbol{x}[k]\}$ は関数 f の最小化解の一つに収束する。

上の定理には，関数 $f(\boldsymbol{x})$ の最小化解と近接作用素 $\mathrm{prox}_{\gamma f}$ の**不動点**（fixed point）とが一致するという事実が背景にある。ここで不動点とは，作用素を施しても動かない点であり，いまの例では

$$\boldsymbol{x} = \mathrm{prox}_{\gamma f}(\boldsymbol{x}) \tag{3.19}$$

を満たす点 $\boldsymbol{x}$ である。写像 $\mathrm{prox}_{\gamma f}$ をいくら施しても動かない（不動である）ので，不動点と呼ぶ。

ここで注意したいのは，もし関数 $f(\boldsymbol{x})$ の最小化が難しい場合，近接アルゴリズム (3.17) によってその難しさが回避されることはないことである。近接アルゴリズム (3.17) の各ステップで最小化問題 (3.13) を解かなければならず，逆に問題は難しくなっているようにも見える。しかし，3.3 節で示すように分離（splitting）という手法を使えば，例えば微分できない関数が含まれる最小化問題なども簡単に解くことのできるようになる。

では，具体的な関数を対象に近接作用素を求めてみよう。

3.2.3　2 次関数の近接作用素

つぎの関数

$$f(\boldsymbol{x}) = \frac{1}{2}\boldsymbol{x}^\top \Phi \boldsymbol{x} - \boldsymbol{y}^\top \boldsymbol{x} \tag{3.20}$$

を考える。ただし，行列 Φ は正定値対称行列であるとする。なお，対称行列 Φ が**正定値**（positive definite）であるとは，任意の非ゼロベクトル $\boldsymbol{x} \in \mathbb{R}^n$ に対して

$$\boldsymbol{x}^\top \Phi \boldsymbol{x} > 0 \tag{3.21}$$

が成り立つことをいう。式 (3.20) で与えられる関数 f の近接作用素を求めてみよう。近接作用素の定義式 (3.13) に式 (3.20) を代入すると

$$\mathrm{prox}_{\gamma f}(\boldsymbol{v}) = \mathop{\arg\min}_{\boldsymbol{x} \in \mathbb{R}^n} \left\{ \frac{1}{2}\boldsymbol{x}^\top \Phi \boldsymbol{x} - \boldsymbol{y}^\top \boldsymbol{x} + \frac{1}{2\gamma}(\boldsymbol{x} - \boldsymbol{v})^\top (\boldsymbol{x} - \boldsymbol{v}) \right\} \tag{3.22}$$

となる。最小化する関数は微分可能であるので，$\boldsymbol{x}$ で微分して，勾配を 0 とおいて最小化解を求めると，f の近接作用素が以下のように求まる。

$$\mathrm{prox}_{\gamma f}(\boldsymbol{v}) = \left(\Phi + \frac{1}{\gamma}I\right)^{-1}\left(\boldsymbol{y} + \frac{1}{\gamma}\boldsymbol{v}\right) \tag{3.23}$$

ところで，式 (3.20) の最小化解は線形方程式

$$\Phi\boldsymbol{x} = \boldsymbol{y} \tag{3.24}$$

の一意解 $\Phi^{-1}\boldsymbol{y}$ に一致する。ここで Φ は正定値であるので，逆行列を持つことに注意する。行列 Φ は逆行列を持つが，その最大固有値と最小固有値の比（これを行列 Φ の**条件数**（condition number）と呼ぶ）が非常に大きい場合（これを**悪条件**（ill-conditioned）という），$\Phi^{-1}\boldsymbol{y}$ を直接求めることが，数値計算的に難しくなる。これを避けるために，式 (3.17) の近接アルゴリズムが役に立つ。式 (3.23) より，式 (3.20) を最小化する $\boldsymbol{x}$ を求める（すなわち，$\Phi^{-1}\boldsymbol{y}$ を求める）ための近接アルゴリズムは以下で与えられる。

$\boldsymbol{\Phi^{-1}y}$ を求めるための近接アルゴリズム

初期ベクトル $\boldsymbol{x}[0]$ および正数 $\gamma > 0$ を与えて，以下を繰り返す。

$$\boldsymbol{x}[k+1] = \left(\Phi + \frac{1}{\gamma}I\right)^{-1}\left(\boldsymbol{y} + \frac{1}{\gamma}\boldsymbol{x}[k]\right), \quad k = 0, 1, 2, \cdots \tag{3.25}$$

正のパラメータ γ がある程度小さい場合，行列 $\Phi + (1/\gamma)I$ の条件数は小さくなり，逆行列の数値計算がはるかに容易になる。

3.2.4 指示関数の近接作用素

閉凸集合 $\mathcal{C} \subset \mathbb{R}^n$ に対する**指示関数**（indicator function）を以下で定義する。

$$I_{\mathcal{C}}(\boldsymbol{x}) \triangleq \begin{cases} 0, & \boldsymbol{x} \in \mathcal{C} \\ \infty, & \boldsymbol{x} \notin \mathcal{C} \end{cases} \tag{3.26}$$

集合 $\mathcal{C}$ が閉凸集合なら，指示関数 $I_{\mathcal{C}}(\boldsymbol{x})$ は，そのエピグラフを描いてみればわかるとおり，プロパーな閉凸関数となる。例えば，$\mathbb{R}$ 上の閉区間 $\mathcal{C}$ 上の指示関

数 $I_{\mathcal{C}}(x)$ は図 **3.7** のような形になり，$\mathcal{C}$ が閉区間であれば，エピグラフは確かに閉凸集合になることがわかる。

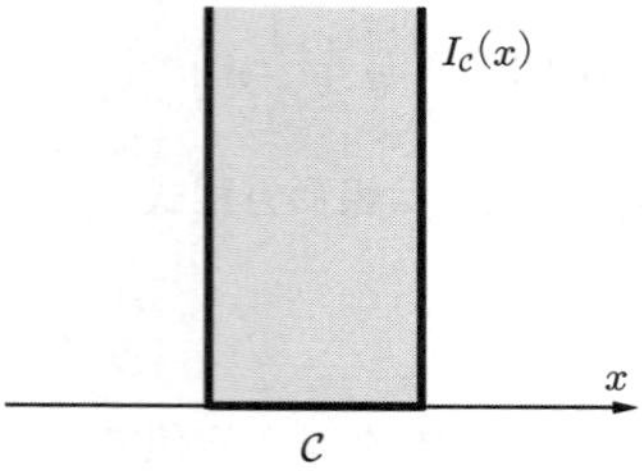

図 **3.7**　閉集合 $\mathcal{C} \subset \mathbb{R}$ 上の指示関数 $I_{\mathcal{C}}(x)$

指示関数 $I_{\mathcal{C}}$ の近接作用素を考えよう。近接作用素の定義 (3.13) より，指示関数 $I_{\mathcal{C}}$ の近接作用素は

$$\begin{aligned}\operatorname{prox}_{I_{\mathcal{C}}}(\boldsymbol{v}) &= \mathop{\arg\min}_{\boldsymbol{x}\in\mathbb{R}^n} \left\{ I_{\mathcal{C}}(\boldsymbol{x}) + \frac{1}{2}\|\boldsymbol{x}-\boldsymbol{v}\|_2^2 \right\} \\ &= \mathop{\arg\min}_{\boldsymbol{x}\in\mathcal{C}} \|\boldsymbol{x}-\boldsymbol{v}\|_2^2 \\ &\triangleq \Pi_{\mathcal{C}}(\boldsymbol{v})\end{aligned} \tag{3.27}$$

となる。すなわち，指示関数 $I_{\mathcal{C}}$ の近接作用素は集合 $\mathcal{C}$ への射影作用素 $\Pi_{\mathcal{C}}$ となることがわかる。

演習問題 3.4　集合 $\mathcal{C} \subset \mathbb{R}^n$ が閉凸集合ならば，$\Pi_{\mathcal{C}}(\boldsymbol{v})$ は任意の $\boldsymbol{v} \in \mathbb{R}^n$ に対して一意に定まることを示せ。

3.2.5　$\boldsymbol{\ell^1}$ ノルムの近接作用素

つぎにスパースモデリングで重要な ℓ^1 ノルムの近接作用素を計算してみよう。すなわち

$$f(\boldsymbol{x}) = \|\boldsymbol{x}\|_1 = \sum_{i=1}^{n} |x_i| \tag{3.28}$$

として，近接作用素 (3.13) を計算する。ただし，x_i はベクトル $\boldsymbol{x}$ の第 i 要素を

表すものとする。

$$\begin{aligned}\mathrm{prox}_{\gamma f}(\boldsymbol{v}) &= \mathop{\arg\min}_{\boldsymbol{x}\in\mathbb{R}^n}\left\{\|\boldsymbol{x}\|_1 + \frac{1}{2\gamma}\|\boldsymbol{x}-\boldsymbol{v}\|_2^2\right\}\\ &= \mathop{\arg\min}_{\boldsymbol{x}\in\mathbb{R}^n}\sum_{i=1}^{n}\left\{|x_i| + \frac{1}{2\gamma}(x_i-v_i)^2\right\}\end{aligned} \tag{3.29}$$

ここで，v_i はベクトル $\boldsymbol{v}$ の第 i 要素である。この最適化は各要素の最適化に帰着される。すなわち

$$\min_{\boldsymbol{x}\in\mathbb{R}^n}\sum_{i=1}^{n}\left\{|x_i| + \frac{1}{2\gamma}(x_i-v_i)^2\right\} = \sum_{i=1}^{n}\min_{x_i\in\mathbb{R}}\left\{|x_i| + \frac{1}{2\gamma}(x_i-v_i)^2\right\} \tag{3.30}$$

が成り立つので，ℓ^1 ノルムの近接作用素を求める問題は下記の最適化問題を解くことに帰着されることがわかる。

$$\mathop{\mathrm{minimize}}_{x\in\mathbb{R}}\ |x| + \frac{1}{2\gamma}(x-v)^2 \tag{3.31}$$

この関数 (3.31) を最小化する $x^* \in \mathbb{R}$ は簡単に求まり, 以下の式で与えられる。

$$x^* = S_\gamma(v) \triangleq \begin{cases} v-\gamma, & v \geqq \gamma \\ 0, & -\gamma < v < \gamma \\ v+\gamma, & v \leqq -\gamma \end{cases} \tag{3.32}$$

演習問題 3.5 関数

$$f(x) \triangleq |x| + \frac{1}{2\gamma}(x-v)^2 \tag{3.33}$$

を最小化する $x = x^*$ が式 (3.32) で与えられることを示せ。なお，関数 $f(x)$ を $x \geqq 0$ と $x < 0$ で場合分けし，さらに $v \geqq \gamma$, $-\gamma < v < \gamma$, $v \leqq -\gamma$ の三つの場合に分けて考えよ。

式 (3.32) の関数 $S_\gamma(v)$ を**ソフトしきい値作用素** (soft-thresholding operator) と呼ぶ。ソフトしきい値作用素のグラフを図 **3.8** に示す。このソフトしきい値作用素を用いれば，ℓ^1 ノルムの近接作用素は

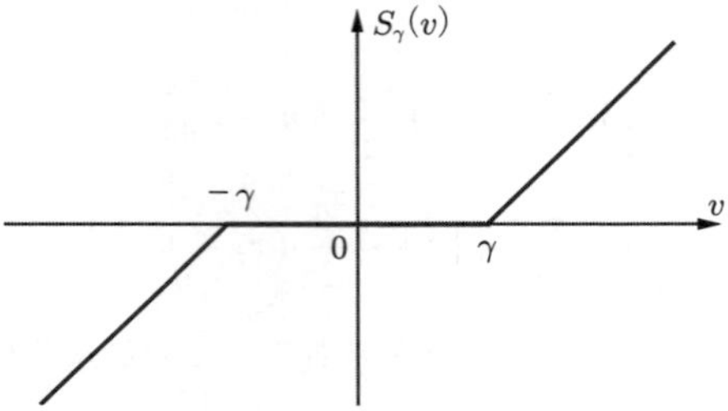

図 3.8　ソフトしきい値作用素 $S_\gamma(v)$

$$\left[\mathrm{prox}_{\gamma f}(\boldsymbol{v})\right]_i = S_\gamma(v_i) \tag{3.34}$$

となることがわかる。ただし，$[\ ]_i$ は括弧の中のベクトルの第 i 要素を表すものとする。また，ソフトしきい値作用素の定義 (3.32) をベクトルに拡張し，ベクトル $\boldsymbol{v} \in \mathbb{R}^n$ に対して，ソフトしきい値作用素 $S_\gamma(\boldsymbol{v})$ をベクトル $\boldsymbol{v}$ の各要素に式 (3.32) の関数が作用するように定義し直す。すなわち，$S_\gamma(\boldsymbol{v})$ の第 i 要素を $[S_\gamma(\boldsymbol{v})]_i$ と表すと

$$[S_\gamma(\boldsymbol{v})]_i \triangleq S_\gamma(v_i) \tag{3.35}$$

である。この記法を用いると ℓ^1 ノルムの近接作用素 (3.34) は

$$\mathrm{prox}_{\gamma f}(\boldsymbol{v}) = S_\gamma(\boldsymbol{v}) \tag{3.36}$$

と表すことができる。

演習問題 3.6　行列 $Q \in \mathbb{R}^{n\times n}$ を直交行列とし，$\lambda \geqq 0$ とする。関数

$$f(\boldsymbol{x}) \triangleq \frac{1}{2}\|Q\boldsymbol{x} - \boldsymbol{y}\|_2^2 + \lambda\|\boldsymbol{x}\|_1 \tag{3.37}$$

を最小化する $\boldsymbol{x} = \boldsymbol{x}^* \in \mathbb{R}^n$ は

$$\boldsymbol{x}^* = S_\lambda(Q^\top \boldsymbol{y}) \tag{3.38}$$

で与えられることを示せ。ただし，行列 Q が直交行列であるとは

$$QQ^\top = Q^\top Q = I \tag{3.39}$$

が成り立つことをいう。これより，ℓ^1 最適化問題の解がスパースとなることを説明せよ。

以上より，ℓ^1 ノルムの近接作用素はソフトしきい値作用素で表され，$\boldsymbol{v}$ の各要素 v_i の絶対値 $|v_i|$ がしきい値 γ より小さければゼロに，また $|v_i|$ が γ より大きければ，それぞれ v_i の値から γ だけ絶対値が小さくなるように変換される。なお，「ソフト」というのは，関数 $S_\gamma(v)$ が連続関数であるということを示している。これに対して**ハードしきい値作用素**（hard-thresholding operator）という作用素も定義されており，以下で与えられる。

$$H_\lambda(v) \triangleq \begin{cases} v, & |v| \geqq \lambda \\ 0, & |v| < \lambda \end{cases} \tag{3.40}$$

ハードしきい値作用素のグラフを図 **3.9** に示す。この図からもわかるように，ハードしきい値作用素は不連続関数である。実はこのハードしきい値作用素は，$\lambda = \sqrt{2\gamma}$ としたとき，ℓ^0 ノルムの形式的な近接作用素になっている。形式的というのは，近接作用素はプロパーな閉凸関数に対して定義されていたのに対し，ℓ^0 ノルムは非凸かつ不連続だからである。なお，ハードしきい値作用素は 4 章の 4.3 節（83 ページ）で扱う。

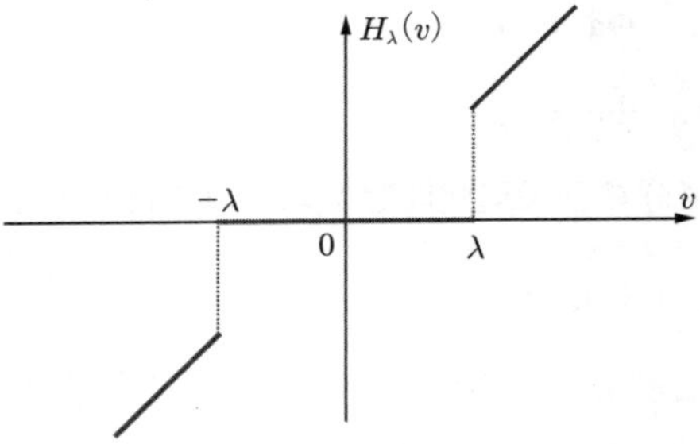

図 **3.9**　ハードしきい値作用素 $H_\lambda(v)$

演習問題 3.7　近接作用素 (3.13) を ℓ^0 ノルムの場合に計算し，それがハードしきい値作用素となることを示せ。

3.3 近接分離法による ℓ^1 最適化の数値解法

凸最適化に関する準備が整ったところで，前章の 2.2 節で考えた ℓ^1 最適化問題

$$\underset{\boldsymbol{x}\in\mathbb{R}^n}{\text{minimize}}\ \|\boldsymbol{x}\|_1 \quad \text{subject to} \quad \Phi\boldsymbol{x}=\boldsymbol{y} \tag{3.41}$$

を解くためのアルゴリズムを導出しよう。まず，この最適化問題の目的関数である ℓ^1 ノルム $\|\boldsymbol{x}\|_1$ はプロパーな閉凸関数である。つぎに制約条件 $\Phi\boldsymbol{x}=\boldsymbol{y}$ を満たすベクトル $\boldsymbol{x}\in\mathbb{R}^n$ の集合を $\mathcal{C}$ とおく。すなわち

$$\mathcal{C} \triangleq \left\{\boldsymbol{x}\in\mathbb{R}^n : \Phi\boldsymbol{x}=\boldsymbol{y}\right\} \tag{3.42}$$

とおく。この集合は $\mathbb{R}^n$ の閉凸集合であることが容易に確かめられる。

演習問題 3.8　式 (3.41) の目的関数 $\|\boldsymbol{x}\|_1$ はプロパーな閉凸関数であることを示せ。また式 (3.42) で定義された集合 $\mathcal{C}$ は $\mathbb{R}^n$ の閉凸集合となることを示せ。

集合 $\mathcal{C}$ に対する指示関数 $I_{\mathcal{C}}(\boldsymbol{x})$

$$I_{\mathcal{C}}(\boldsymbol{x}) = \begin{cases} 0, & \Phi\boldsymbol{x}=\boldsymbol{y} \\ \infty, & \Phi\boldsymbol{x}\neq\boldsymbol{y} \end{cases} \tag{3.43}$$

を用いると，式 (3.41) の凸最適化問題は以下の問題と等価となる。

$$\underset{\boldsymbol{x}\in\mathbb{R}^n}{\text{minimize}}\ \|\boldsymbol{x}\|_1 + I_{\mathcal{C}}(\boldsymbol{x}) \tag{3.44}$$

ここで，$\|\boldsymbol{x}\|_1$ および $I_{\mathcal{C}}(\boldsymbol{x})$ はともにプロパーな閉凸関数であるので，その和である $\|\boldsymbol{x}\|_1 + I_{\mathcal{C}}(\boldsymbol{x})$ もプロパーな閉凸関数となる。

演習問題 3.9　関数 f と g がプロパーな閉凸関数で，$\mathrm{dom}(f)\cap\mathrm{dom}(g)\neq\emptyset$ が成り立つとき，和 $f+g$ はプロパーな閉凸関数となることを示せ。

制約なしの最適化問題 (3.44) に対し

$$f(\boldsymbol{x}) \triangleq \|\boldsymbol{x}\|_1 + I_{\mathcal{C}}(\boldsymbol{x}) \tag{3.45}$$

とおいて，近接作用素 $\mathrm{prox}_{\gamma f}$ を計算し，近接アルゴリズム (3.18) を用いることを考えよう。このとき，もとの最適化問題 (3.44) よりもさらに項が増えた最適化問題

$$\underset{\boldsymbol{x}\in\mathbb{R}^n}{\text{minimize}}\ \|\boldsymbol{x}\|_1 + I_{\mathcal{C}}(\boldsymbol{x}) + \frac{1}{2\gamma}\|\boldsymbol{x}-\boldsymbol{v}\|_2^2 \tag{3.46}$$

を解かなければならず，問題は少しも簡単にならない。

しかし，注目したいのは

$$f_1(\boldsymbol{x}) \triangleq \|\boldsymbol{x}\|_1, \quad f_2(\boldsymbol{x}) \triangleq I_{\mathcal{C}}(\boldsymbol{x}) \tag{3.47}$$

とおくと，f_1 および f_2 の近接作用素が，それぞれ式 (3.36) のソフトしきい値作用素，および式 (3.27) の集合 $\mathcal{C}$ への射影で与えられることである。そこで，$f = f_1 + f_2$ の形の目的関数をうまく分離して，f_1 と f_2 の近接作用素でアルゴリズムが書ければよい。そのようなアイデアの下に考案されたアルゴリズムを**近接分離アルゴリズム**（proximal splitting algorithm）と呼ぶ。近接分離アルゴリズムにはさまざまなものが提案されているが，ここでは**ダグラス・ラシュフォード分離**（Douglas-Rachford splitting）と呼ばれる手法を導入しよう。

つぎの形の最適化問題を考える。

$$\underset{\boldsymbol{x}\in\mathbb{R}^n}{\text{minimize}}\ f_1(\boldsymbol{x}) + f_2(\boldsymbol{x}) \tag{3.48}$$

ここで，f_1 と f_2 はともにプロパーな閉凸関数であり，それぞれの近接作用素 $\mathrm{prox}_{\gamma f_1}$ と $\mathrm{prox}_{\gamma f_2}$ は閉形式で得られるとする。このとき，式 (3.48) の最適化問題を解くダグラス・ラシュフォード分離のアルゴリズムは以下で与えられる。

最適化問題 (3.48) を解くためのダグラス・ラシュフォードアルゴリズム

初期値 $\boldsymbol{z}[0]$ とパラメータ $\gamma > 0$ を与えて以下を繰り返す。

$$\begin{aligned} \boldsymbol{x}[k+1] &= \mathrm{prox}_{\gamma f_1}(\boldsymbol{z}[k]) \\ \boldsymbol{z}[k+1] &= \boldsymbol{z}[k] + \mathrm{prox}_{\gamma f_2}(2\boldsymbol{x}[k+1] - \boldsymbol{z}[k]) - \boldsymbol{x}[k+1] \end{aligned} \tag{3.49}$$

これを用いて，最適化問題 (3.44) を解くアルゴリズムを導出してみよう。いま，$f_1(\boldsymbol{x}) = \|\boldsymbol{x}\|_1$，$f_2(\boldsymbol{x}) = I_{\mathcal{C}}(\boldsymbol{x})$ であり

$$\mathrm{prox}_{\gamma f_1}(\boldsymbol{v}) = S_\gamma(\boldsymbol{v}), \quad \mathrm{prox}_{\gamma f_2}(\boldsymbol{v}) = \Pi_{\mathcal{C}}(\boldsymbol{v}) \tag{3.50}$$

となる。したがって，ℓ^1 最適化問題 (3.41) を解くためのダグラス・ラシュフォードアルゴリズムは以下で与えられる。

$\boldsymbol{\ell^1}$ 最適化問題 (3.41) を解くためのダグラス・ラシュフォードアルゴリズム

初期値 $\boldsymbol{z}[0]$ とパラメータ $\gamma > 0$ を与えて以下を繰り返す。

$$\begin{aligned} \boldsymbol{x}[k+1] &= S_\gamma(\boldsymbol{z}[k]) \\ \boldsymbol{z}[k+1] &= \boldsymbol{z}[k] + \Pi_{\mathcal{C}}(2\boldsymbol{x}[k+1] - \boldsymbol{z}[k]) - \boldsymbol{x}[k+1] \end{aligned} \tag{3.51}$$

ただし，$\mathcal{C}$ は式 (3.42) で与えられ，射影作用素 $\Pi_{\mathcal{C}}$ を具体的に求めると

$$\Pi_{\mathcal{C}}(\boldsymbol{v}) = \boldsymbol{v} + \Phi^\top(\Phi\Phi^\top)^{-1}(\boldsymbol{y} - \Phi\boldsymbol{v}) \tag{3.52}$$

となる。

演習問題 3.10　式 (3.42) の $\mathcal{C}$ に対して，射影作用素 $\Pi_{\mathcal{C}}$ が式 (3.52) で与えられることを示せ。

一般の凸最適化問題を解く内点法と呼ばれる繰返しアルゴリズムは，各ステップにおいて線形方程式を解く必要があるが，式 (3.51) で与えられるダグラス・ラシュフォードアルゴリズムにはそのような計算は不要である。実際に，1 行目はベクトルの各要素に対して，ソフトしきい値関数を施すだけであるし，2 行目は，射影作用素 $\Pi_{\mathcal{C}}$ が線形変換 (3.52) で与えられるため，行列とベクトルの掛け算，およびベクトルどうしの足し算となる。したがって，ダグラス・ラシュフォードアルゴリズムは高速に計算を実行することが可能である。

3.4 近接勾配法による $\boldsymbol{\ell^1}$ 正則化の数値解法

前節で考察した ℓ^1 最適化問題 (3.41) と同様にスパースモデリングにおいて重要な最適化である ℓ^1 正則化（または LASSO）

$$\underset{\boldsymbol{x}\in\mathbb{R}^n}{\text{minimize}}\ \frac{1}{2}\|\Phi\boldsymbol{x}-\boldsymbol{y}\|_2^2+\lambda\|\boldsymbol{x}\|_1 \tag{3.53}$$

を解くためのアルゴリズムをここでは考える。ただし，$\Phi\in\mathbb{R}^{m\times n}$，$\boldsymbol{y}\in\mathbb{R}^m$ および $\lambda>0$ は与えられているとする。

ここで，第 1 項の $\frac{1}{2}\|\Phi\boldsymbol{x}-\boldsymbol{y}\|_2^2$ および第 2 項の $\lambda\|\boldsymbol{x}\|_1$ はそれぞれ $\boldsymbol{x}$ についてプロパーな閉凸関数である。したがって，前節のダグラス・ラシュフォードアルゴリズムを導入することができる。なお，第 1 項目の ℓ^2 ノルムの近接作用素は 3.2.3 項で説明した 2 次関数の近接作用素の計算と同様にして簡単に求まる。

演習問題 3.11 関数 $f(\boldsymbol{x})=\frac{1}{2}\|\Phi\boldsymbol{x}-\boldsymbol{y}\|_2^2$ の近接作用素が

$$\mathrm{prox}_{\gamma f}(\boldsymbol{v})=\left(\Phi^\top\Phi+\frac{1}{\gamma}I\right)^{-1}\left(\Phi^\top\boldsymbol{y}+\frac{1}{\gamma}\boldsymbol{v}\right) \tag{3.54}$$

で与えられることを示せ。

しかし，そもそも近接作用素は微分ができない関数に関して，勾配のようなものを計算するために導入したものであった。もし関数が微分可能で勾配が簡単に計算できるなら，それを利用しない手はない。本節では，微分できる関数が含まれる最適化問題に対して，ダグラス・ラシュフォードアルゴリズムよりもさらに高速なアルゴリズムを導く。

まず，一般的なつぎの最適化問題を考えてみよう。

$$\underset{\boldsymbol{x}\in\mathbb{R}^n}{\text{minimize}}\ f_1(\boldsymbol{x})+f_2(\boldsymbol{x}) \tag{3.55}$$

ただし，関数 f_1 は $\mathrm{dom}(f_1)=\mathbb{R}^n$ を満たす微分可能な凸関数，関数 f_2 はプロ

パーな閉凸関数であるとする。なお，関数 f_2 は微分可能であるとは限らず，式 (3.26) のような指示関数であってもよい。

この最適化問題に対する**近接勾配法**（proximal gradient method）のアルゴリズムは以下で与えられる。

最適化問題 (3.55) を解くための近接勾配アルゴリズム

初期ベクトル $\boldsymbol{x}[0]$ と正数 $\gamma > 0$ を与えて，以下を繰り返す。

$$\boldsymbol{x}[k+1] = \mathrm{prox}_{\gamma f_2}\bigl(\boldsymbol{x}[k] - \gamma \nabla f_1(\boldsymbol{x}[k])\bigr),\ k = 0, 1, 2, \cdots \tag{3.56}$$

ここで，$\gamma > 0$ はこのアルゴリズムのステップサイズであり，$\nabla f_1(\boldsymbol{x})$ は関数 f_1 の $\boldsymbol{x} \in \mathbb{R}^n$ における勾配を表す。このアルゴリズムの意味を考えてみよう。式 (3.56) の右辺の関数を

$$\phi(\boldsymbol{x}) \triangleq \mathrm{prox}_{\gamma f_2}\bigl(\boldsymbol{x} - \gamma \nabla f_1(\boldsymbol{x})\bigr) \tag{3.57}$$

とおく。このとき，近接作用素の定義 (3.13) より

$$\begin{aligned}\phi(\boldsymbol{x}) &= \mathop{\arg\min}_{\boldsymbol{z} \in \mathbb{R}^n} \left\{ f_2(\boldsymbol{z}) + \frac{1}{2\gamma} \|\boldsymbol{z} - \boldsymbol{x} + \gamma \nabla f_1(\boldsymbol{x})\|_2^2 \right\} \\ &= \mathop{\arg\min}_{\boldsymbol{z} \in \mathbb{R}^n} \{ \tilde{f}_1(\boldsymbol{z}, \boldsymbol{x}) + f_2(\boldsymbol{z}) \} \\ \tilde{f}_1(\boldsymbol{z}, \boldsymbol{x}) &\triangleq f_1(\boldsymbol{x}) + \nabla f_1(\boldsymbol{x})^\top (\boldsymbol{z} - \boldsymbol{x}) + \frac{1}{2\gamma} \|\boldsymbol{z} - \boldsymbol{x}\|_2^2\end{aligned} \tag{3.58}$$

と書ける。なお上の式変形で，$\|\nabla f_1(\boldsymbol{x})\|_2^2$ および $f_1(\boldsymbol{x})$ は，$\boldsymbol{z}$ に関する最小化に対しては定数であることを用いた。関数 $\tilde{f}_1(\boldsymbol{z}, \boldsymbol{x})$ は，点 $\boldsymbol{x} \in \mathbb{R}^n$ の近傍における関数 $f_1(\boldsymbol{z})$ の 2 次近似である。すなわち，各ステップにおいて $\boldsymbol{x}[k]$ の近傍で $f_1(\boldsymbol{z})$ を 2 次近似して関数 $\tilde{f}_1(\boldsymbol{z}, \boldsymbol{x}[k]) + f_2(\boldsymbol{z})$ を $\boldsymbol{z}$ に関して逐次最小化していることになる。**図 3.10** に 1 次元の場合の 2 次近似を示す。

近接勾配アルゴリズムを調べるために，まずリプシッツ連続性を定義しよう。関数 f が**リプシッツ連続**（Lipschitz continuous）であるとは，ある定数 $L > 0$ が存在して，任意の $\boldsymbol{x}, \boldsymbol{y} \in \mathbb{R}^n$ に対して

$$\|f(\boldsymbol{x}) - f(\boldsymbol{y})\|_2 \leqq L \|\boldsymbol{x} - \boldsymbol{y}\|_2 \tag{3.59}$$

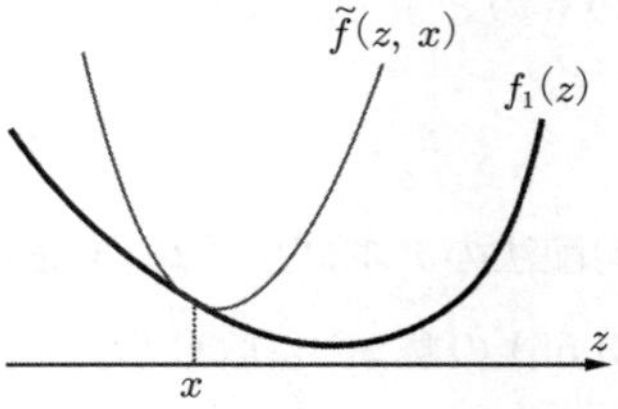

図 **3.10** 凸関数 $f_1(z)$ の点 x における 2 次近似 $\tilde{f}_1(z,x)$

が成り立つことである。上記を満たす L が存在するとき，その最小のものを**リプシッツ定数**（Lipschitz constant）と呼ぶ。

もし式 (3.55) の関数 f_1 の勾配 ∇f_1 がリプシッツ連続であれば，最適化問題 (3.55) は少なくとも一つ解を持ち，その解を $\boldsymbol{x}^*$ とおくと

$$\boldsymbol{x}^* = \phi(\boldsymbol{x}^*) = \mathrm{prox}_{\gamma f_2}\bigl(\boldsymbol{x}^* - \gamma \nabla f_1(\boldsymbol{x}^*)\bigr) \tag{3.60}$$

が成り立つ（例えば文献62) の 4.2 節参照)。すなわち，式 (3.55) の最適解 $\boldsymbol{x}^*$ は式 (3.57) の写像 ϕ の不動点である。したがって，反復アルゴリズム (3.56) が収束すれば，その収束先は式 (3.55) の最適解（の一つ）であることがわかる。

演習問題 3.12 写像 ϕ は連続とする。また，ある初期値 $\boldsymbol{x}[0] \in \mathbb{R}^n$ に対して反復アルゴリズム

$$\boldsymbol{x}[k+1] = \phi(\boldsymbol{x}[k]), \quad k = 0, 1, 2, \cdots \tag{3.61}$$

がある $\boldsymbol{x}^* \in \mathbb{R}^n$ に収束したとする。このとき，$\boldsymbol{x}^*$ は写像 ϕ の不動点，すなわち，$\boldsymbol{x}^* = \phi(\boldsymbol{x}^*)$ が成り立つ点であることを示せ。

近接勾配法のアルゴリズム (3.56) の収束に関して，つぎの定理が成り立つ[5)]。

定理 3.3 関数 f_1 の勾配 ∇f_1 は $\mathbb{R}^n$ 上でリプシッツ連続とし，L をそのリプシッツ定数とする。すなわち，L は

$$\|\nabla f_1(\boldsymbol{x}) - \nabla f_1(\boldsymbol{y})\|_2 \leqq L \|\boldsymbol{x} - \boldsymbol{y}\|_2, \quad \forall \boldsymbol{x}, \boldsymbol{y} \in \mathbb{R}^n \tag{3.62}$$

を満たすもののうち最小のものとする。ステップサイズを

$$\gamma \leqq \frac{1}{L} \tag{3.63}$$

とする。このとき，近接勾配法のアルゴリズム (3.56) により得られるベクトル列 $\{\boldsymbol{x}[k]\}$ は最適化問題 (3.55) の解 $\boldsymbol{x}^*$ に収束し

$$\|\boldsymbol{x}[k+1]-\boldsymbol{x}^*\|_2 \leqq \|\boldsymbol{x}[k]-\boldsymbol{x}^*\|_2, \quad k=0,1,2,\cdots \tag{3.64}$$

が成り立つ。また $f(\boldsymbol{x})=f_1(\boldsymbol{x})+f_2(\boldsymbol{x})$ とおいたとき

$$f(\boldsymbol{x}[k])-f(\boldsymbol{x}^*) \leqq \frac{L\|\boldsymbol{x}[0]-\boldsymbol{x}^*\|_2^2}{2k}, \quad k=0,1,2,\cdots \tag{3.65}$$

が成り立つ。

この定理より，近接勾配法の収束の速さは $O(1/k)$，すなわち厳密解 $\boldsymbol{x}^*$ との差が繰返し回数の逆数 $1/k$ に比例して小さくなることがわかる。なお，この収束の速さは，例えば二分法アルゴリズムのような一次収束よりもはるかに遅いことに注意する[†]。

さて，では具体的に ℓ^1 正則化 (3.53) に対して，近接勾配法のアルゴリズムを導出してみよう。いま

$$f_1(\boldsymbol{x})=\frac{1}{2}\|\Phi\boldsymbol{x}-\boldsymbol{y}\|_2^2, \quad f_2(\boldsymbol{x})=\lambda\|\boldsymbol{x}\|_1 \tag{3.66}$$

であり，関数 $f_1(\boldsymbol{x})$ の勾配は

$$\nabla f_1(\boldsymbol{x})=\Phi^\top(\Phi\boldsymbol{x}-\boldsymbol{y}) \tag{3.67}$$

となる。また $f_2(\boldsymbol{x})=\lambda\|\boldsymbol{x}\|_1$ の近接作用素は，3.2.5 項の計算より，ソフトしきい値作用素を用いて

$$\mathrm{prox}_{\gamma f_2}(\boldsymbol{v})=S_{\gamma\lambda}(\boldsymbol{v}) \tag{3.68}$$

と書ける。これより，ℓ^1 正則化 (3.53) を解く近接勾配法のアルゴリズムは以下で与えられる。

---

† 1 次収束では，その収束の速さは $O(r^k)$ ($|r|<1$) となり指数関数的に誤差が減少する。

最適化問題 (3.53) を解くための近接勾配アルゴリズム（ISTA）

初期値 $\boldsymbol{x}[0]$ とパラメータ $\gamma > 0$ を与えて以下を繰り返す。

$$\boldsymbol{x}[k+1] = S_{\gamma\lambda}\bigl(\boldsymbol{x}[k] - \gamma\Phi^\top(\Phi\boldsymbol{x}[k] - \boldsymbol{y})\bigr), \quad k = 0, 1, 2, \cdots \tag{3.69}$$

このアルゴリズムを**反復縮小しきい値アルゴリズム**（iterative shrinkage thresholding algorithm, ISTA（イスタ））と呼ぶ。いま，式 (3.67) より勾配関数 ∇f_1 のリプシッツ定数は $L = \lambda_{\max}(\Phi^\top\Phi)$ となる。ただし，$\lambda_{\max}(\Phi^\top\Phi)$ は行列 $\Phi^\top\Phi$ の固有値の絶対値の最大値であり，行列 $\Phi^\top\Phi$ の**スペクトル半径**（spectral radius）とも呼ばれる量である。定理 3.3 の式 (3.63) より

$$\gamma \leqq \frac{1}{\lambda_{\max}(\Phi^\top\Phi)} \tag{3.70}$$

となる γ を選べば，ℓ^1 正則化 (3.53) の最適解が簡単な反復計算 (3.69) により得られることがわかる。

定理 3.3 より ISTA のアルゴリズムはステップ数 k に対して誤差が $O(1/k)$ のオーダーで減少する。ISTA では第 k ステップで $\boldsymbol{x}[k+1]$ を計算するために現在の推定値 $\boldsymbol{x}[k]$ だけを使用するが，一つ前の推定値 $\boldsymbol{x}[k-1]$ も使えば，さらに速くなることが知られている。実際，つぎのアルゴリズムは**FISTA（フィスタ）**（Fast ISTA）と呼ばれ，$O(1/k^2)$ で収束することが知られている[5),80)]。

最適化問題 (3.53) を解くための近接勾配アルゴリズム（FISTA）

初期値 $\boldsymbol{x}[0], \boldsymbol{z}[0], t[0]$ とパラメータ $\gamma > 0$ を与えて以下を繰り返す。

$$\left.\begin{aligned}
\boldsymbol{x}[k+1] &= S_{\gamma\lambda}\bigl(\boldsymbol{z}[k] - \gamma\Phi^\top(\Phi\boldsymbol{z}[k] - \boldsymbol{y})\bigr)\\
t[k+1] &= \frac{1 + \sqrt{1 + 4t[k]^2}}{2}\\
\boldsymbol{z}[k+1] &= \boldsymbol{x}[k+1] + \frac{t[k]-1}{t[k+1]}(\boldsymbol{x}[k+1] - \boldsymbol{x}[k]), \quad k = 0, 1, 2, \cdots
\end{aligned}\right\} \tag{3.71}$$

簡単なアルゴリズムの変更にもかかわらず，収束の速さが $O(1/k)$ から $O(1/k^2)$ に改善されるのは驚くべきことである。ただし，収束オーダー $O(1/k^2)$ は最適であり，これ以上速くすることは，f_1 の 2 階微分などの情報を使わない限り理論的には不可能であることが知られている。詳しくは，文献96) を参照されたい。

3.5 一般化 LASSO と ADMM

最後に，ℓ^1 正則化 (3.53) を少し一般化したつぎの最適化問題

$$\underset{\boldsymbol{x}\in\mathbb{R}^n}{\text{minimize}}\ \frac{1}{2}\|\Phi\boldsymbol{x}-\boldsymbol{y}\|_2^2+\lambda\|\Psi\boldsymbol{x}\|_1 \tag{3.72}$$

を解くためのアルゴリズムをここでは考えよう。ここで，Ψ はある与えられた行列である。この最適化問題を**一般化 LASSO**（generalized LASSO）と呼ぶ。行列 Ψ が単位行列のときは，ℓ^1 正則化 (3.53) と同じであるが，Ψ が単位行列でない一般の行列の場合，第 2 項の関数 $\lambda\|\Psi\boldsymbol{x}\|_1$ の近接作用素を閉形式で求めることが難しく，前節の近接勾配法をそのまま用いることはできない。そのような場合にも使えるアルゴリズムをここでは紹介する。

最適化問題 (3.72) を考えるために，つぎの一般的な最適化問題を考えよう。

$$\underset{\boldsymbol{x}\in\mathbb{R}^n,\boldsymbol{z}\in\mathbb{R}^m}{\text{minimize}}\ f_1(\boldsymbol{x})+f_2(\boldsymbol{z})\ \ \text{subject to}\ \ \boldsymbol{z}=\Psi\boldsymbol{x} \tag{3.73}$$

ここで，$f_1:\mathbb{R}^n\to\mathbb{R}\cup\{\infty\}$ および $f_2:\mathbb{R}^m\to\mathbb{R}\cup\{\infty\}$ はプロパーな閉凸関数であり，また $\Psi\in\mathbb{R}^{m\times n}$ とする。最適化問題 (3.73) を解くための**交互方向乗数法**または **ADMM**（alternating direction method of multipliers）と呼ばれるアルゴリズムを以下に示す。

最適化問題 (3.73) を解くための ADMM アルゴリズム

初期ベクトル $\boldsymbol{z}[0],\ \boldsymbol{v}[0]\in\mathbb{R}^m$ および正数 $\gamma>0$ を与えて，以下を繰り返す。

$$\boldsymbol{x}[k+1]:=\underset{\boldsymbol{x}\in\mathbb{R}^n}{\arg\min}\left\{f_1(\boldsymbol{x})+\frac{1}{2\gamma}\big\|\Psi\boldsymbol{x}-\boldsymbol{z}[k]+\boldsymbol{v}[k]\big\|^2\right\} \tag{3.74}$$

$$\boldsymbol{z}[k+1] := \mathrm{prox}_{\gamma f_2}\big(\Psi\boldsymbol{x}[k+1] + \boldsymbol{v}[k]\big) \tag{3.75}$$

$$\boldsymbol{v}[k+1] := \boldsymbol{v}[k] + \Psi\boldsymbol{x}[k+1] - \boldsymbol{z}[k+1], \quad k = 0, 1, 2, \cdots \tag{3.76}$$

このADMMアルゴリズムの意味を考えるために，つぎの**拡張ラグランジュ関数**（augmented Lagrangian）を定義する。

$$L_\rho(\boldsymbol{x}, \boldsymbol{z}, \boldsymbol{\lambda}) = f_1(\boldsymbol{x}) + f_2(\boldsymbol{z}) + \boldsymbol{\lambda}^\top(\Psi\boldsymbol{x} - \boldsymbol{z}) + \frac{\rho}{2}\|\Psi\boldsymbol{x} - \boldsymbol{z}\|_2^2 \tag{3.77}$$

これは $\rho = 0$ のときは通常の**ラグランジュ関数**（Lagrangian）

$$L(\boldsymbol{x}, \boldsymbol{z}, \boldsymbol{\lambda}) = L_0(\boldsymbol{x}, \boldsymbol{z}, \boldsymbol{\lambda}) = f_1(\boldsymbol{x}) + f_2(\boldsymbol{z}) + \boldsymbol{\lambda}^\top(\Psi\boldsymbol{x} - \boldsymbol{z}) \tag{3.78}$$

に一致する。拡張ラグランジュ関数(3.77)，または通常のラグランジュ関数(3.78)の $\boldsymbol{\lambda}$ を**ラグランジュ未定乗数**(Lagrange multiplier)と呼ぶ。拡張(augmented)とは，通常のラグランジュ関数に2乗の項 $\frac{\rho}{2}\|\Psi\boldsymbol{x} - \boldsymbol{z}\|_2^2$ が加わったということを意味する。ここで，$\gamma = \rho^{-1}$, $\boldsymbol{v}[k] = \gamma\boldsymbol{\lambda}[k]$ とおくと，ADMMアルゴリズム(3.74)～(3.76)は拡張ラグランジュ関数を用いて，以下のように表されることがわかる。

$$\boldsymbol{x}[k+1] = \mathop{\arg\min}_{\boldsymbol{x}\in\mathbb{R}^n} L_\rho(\boldsymbol{x}, \boldsymbol{z}[k], \boldsymbol{\lambda}[k]) \tag{3.79}$$

$$\boldsymbol{z}[k+1] = \mathop{\arg\min}_{\boldsymbol{z}\in\mathbb{R}^m} L_\rho(\boldsymbol{x}[k+1], \boldsymbol{z}, \boldsymbol{\lambda}[k]) \tag{3.80}$$

$$\boldsymbol{\lambda}[k+1] = \boldsymbol{\lambda}[k] + \rho(\Psi\boldsymbol{x}[k+1] - \boldsymbol{z}[k+1]), \quad k = 0, 1, 2, \cdots \tag{3.81}$$

演習問題 3.13　変数変換 $\gamma = \rho^{-1}$, $\boldsymbol{v}[k] = \gamma\boldsymbol{\lambda}[k]$ を行えば，式(3.79)～(3.81)のアルゴリズムはADMMのアルゴリズム(3.74)～(3.76)と等しくなることを示せ。

これより，ADMMのアルゴリズムの第1ステップ(3.74)は，変数 $\boldsymbol{z}$ と $\boldsymbol{\lambda}$ を固定して，$\boldsymbol{x}$ についての拡張ラグランジュ関数の最小化，また第2ステップ

(3.75) は，変数 $\boldsymbol{x}$ と $\boldsymbol{\lambda}$ を固定して，$\boldsymbol{z}$ についての拡張ラグランジュ関数の最小化となっていることがわかる。また，第 3 ステップは変数 $\boldsymbol{x}$ と $\boldsymbol{z}$ を固定して，$\boldsymbol{\lambda}$（または $\boldsymbol{v}$）についての更新式である。

ADMM アルゴリズム (3.74)～(3.76) の収束性に関しては，以下の定理が知られている[28)]。

定理 3.4　最適化問題 (3.73) を考える。関数 f_1 と f_2 はともにプロパーな閉凸関数とし，行列 $\Psi^\top\Psi$ は可逆とする。また通常のラグランジュ関数 (3.78) に鞍点が存在すると仮定する。すなわち，ある $\boldsymbol{x}^*$, $\boldsymbol{z}^*$, $\boldsymbol{\lambda}^*$ が存在して

$$L(\boldsymbol{x}^*, \boldsymbol{z}^*, \boldsymbol{\lambda}) \leqq L(\boldsymbol{x}^*, \boldsymbol{z}^*, \boldsymbol{\lambda}^*) \leqq L(\boldsymbol{x}, \boldsymbol{z}, \boldsymbol{\lambda}^*) \tag{3.82}$$

が任意の $\boldsymbol{x}, \boldsymbol{z}, \boldsymbol{\lambda}$ に対して成り立つと仮定する。このとき，ADMM アルゴリズム (3.74)～(3.76) から生成されるベクトル列 $\{(\boldsymbol{x}[k], \boldsymbol{z}[k])\}$ は最適化問題 (3.73) の解（の一つ）に収束する。

では，一般化 LASSO (3.72) に対する ADMM アルゴリズムを導いてみよう。まず，$f_1(\boldsymbol{x}) = \dfrac{1}{2}\|\Phi\boldsymbol{x} - \boldsymbol{y}\|_2^2$ であるので，式 (3.74) は

$$\begin{aligned}
&\mathop{\arg\min}_{\boldsymbol{x}\in\mathbb{R}^n} \left\{ \frac{1}{2}\|\Phi\boldsymbol{x} - \boldsymbol{y}\|_2^2 + \frac{1}{2\gamma}\|\Psi\boldsymbol{x} - \boldsymbol{z}[k] + \boldsymbol{v}[k]\|_2^2 \right\} \\
&\quad = \left(\Phi^\top\Phi + \frac{1}{\gamma}\Psi^\top\Psi \right)^{-1} \left(\Phi^\top\boldsymbol{y} + \frac{1}{\gamma}\Psi^\top(\boldsymbol{z}[k] - \boldsymbol{v}[k]) \right)
\end{aligned} \tag{3.83}$$

と計算できる。

演習問題 3.14　式 (3.83) の等式を証明せよ。

また，$f_2(\boldsymbol{x}) = \lambda\|\boldsymbol{x}\|_1$ であるので，式 (3.75) の近接作用素はソフトしきい値関数となる。以上より，一般化 LASSO (3.72) に対する ADMM アルゴリズムは以下で与えられる。

一般化 LASSO (3.72) を解くための ADMM アルゴリズム

初期ベクトル $\boldsymbol{z}[0], \boldsymbol{v}[0] \in \mathbb{R}^m$ および正数 $\gamma > 0$ を与えて，以下を繰り返す。

$$\boldsymbol{x}[k+1] = \left(\Phi^\top \Phi + \frac{1}{\gamma}\Psi^\top \Psi\right)^{-1} \left(\Phi^\top \boldsymbol{y} + \frac{1}{\gamma}\Psi^\top (\boldsymbol{z}[k] - \boldsymbol{v}[k])\right) \tag{3.84}$$

$$\boldsymbol{z}[k+1] = S_{\gamma\lambda}\big(\Psi \boldsymbol{x}[k+1] + \boldsymbol{v}[k]\big) \tag{3.85}$$

$$\boldsymbol{v}[k+1] = \boldsymbol{v}[k] + \Psi \boldsymbol{x}[k+1] - \boldsymbol{z}[k+1], \quad k = 0, 1, 2, \cdots \tag{3.86}$$

あらかじめ逆行列 $(\Phi^\top \Phi + \gamma^{-1}\Psi^\top \Psi)^{-1}$ をオフラインで計算しておけば，上の ADMM アルゴリズムは行列とベクトルの掛け算，ベクトルどうしの足し算，そして要素ごとのソフトしきい値関数を計算するだけであるので，高速に実行できる。また，特に行列 $\Phi^\top \Phi + \gamma^{-1}\Psi^\top \Psi$ が**三重対角行列**（tridiagonal matrix）の場合，すなわち，行列の対角要素およびその上下に隣接する対角線上にだけ非ゼロ要素があり，それ以外はすべて 0 であるような行列の場合，$\boldsymbol{x}$ に関する線形方程式

$$\big(\Phi^\top \Phi + \gamma^{-1}\Psi^\top \Psi\big)\, \boldsymbol{x} = \boldsymbol{v} \tag{3.87}$$

は $O(n)$ で計算できることが知られており，第 1 ステップはきわめて高速に実行できる。

例題 3.1　画像処理でノイズの除去とエッジの保存を同時に達成するためによく用いられる**全変動ノイズ除去**（total variation denoising）を考える。ノイズが混入した画像 $\boldsymbol{Y} \in \mathbb{R}^{n \times n}$ を考える（簡単のためサイズを $n \times n$ としてあるが，縦と横でサイズが異なっても，以下の考え方は同様に成り立つ）。$\boldsymbol{Y}$ は行列であるが，1 列ずつ（または 1 行ずつ）画像データを抜き出してきて，それをベクトル $\boldsymbol{y} \in \mathbb{R}^n$ とし，以下の最適化問題を解く。

$$\underset{\boldsymbol{x}\in\mathbb{R}^n}{\text{minimize}}\ \|\boldsymbol{x}-\boldsymbol{y}\|_2^2+\lambda\sum_{i=1}^{n}|x_{i+1}-x_i| \tag{3.88}$$

第1項目はノイズの混入した観測データとなるべく近いデータ $\boldsymbol{x}$ を見つける項である。一方，第2項目は隣り合うピクセルで画素値があまり変わらないことを要請する項であり，**全変動**（total variation）と呼ばれる。最適化問題 (3.88) は一般化 LASSO (3.72) において，$\Phi = I$（単位行列）とし，また

$$\Psi=\begin{bmatrix}-1 & 1 & 0 & \dots & 0\\ 0 & -1 & 1 & \ddots & \vdots\\ \vdots & \ddots & \ddots & \ddots & 0\\ 0 & \dots & 0 & -1 & 1\\ 0 & \dots & 0 & 0 & -1\end{bmatrix} \tag{3.89}$$

とした場合に相当する。したがって，式 (3.84)～(3.86) のアルゴリズムがそのまま使える。さらに，行列 $\Phi^\top\Phi+\gamma^{-1}\Psi^\top\Psi$ は三重対角行列となるため，きわめて高速にアルゴリズムが実行できることがわかる。

実際に MATLAB で画像処理した結果を示す。**図 3.11** にオリジナルの画像とノイズが付加された画像を示す。ノイズが付加された画像に対して，全変動ノイズ除去の方法によりノイズを消去する。ADMM のアルゴリズムを使うとし，γ は 1 とした。また，ADMM アルゴリズムの繰返し回数は $N = 100$ と

(a)

(b)

図 3.11　オリジナルの画像（図 (a)）とノイズが付加された画像（図 (b)）

している。全変動ノイズ除去の最適化問題 (3.88) における λ の値を 10 および 25 にしたときの復元画像を図 **3.12** に示す。パラメータ λ が大きいということは，よりピクセル間の変動が少なくなるということである。図 3.12 で $\lambda = 10$ と $\lambda = 25$ を比べると，$\lambda = 25$ の方は，「のっぺりした」感じを与える。これは，全変動を用いた画像処理一般でよく見られる傾向で，全変動の項が強すぎると，ノイズはよく除去できるが，人工的な印象の絵になってしまう。例えば，インターネットの画像やテレビ放送でこのような画質の写真や映像が出てきたら，「これは全変動の方法を使っているのでは」と推理できる。なお，$\lambda = 50$ にして復元して見た画像を図 **3.13** に示す。さすがにこれは全変動が効き過ぎて，元の画像が崩れてしまっている。以上からわかることは，画質を決める上で，パラメータ λ の選択は非常に重要であるということである。しかし，一般に「こ

(a)

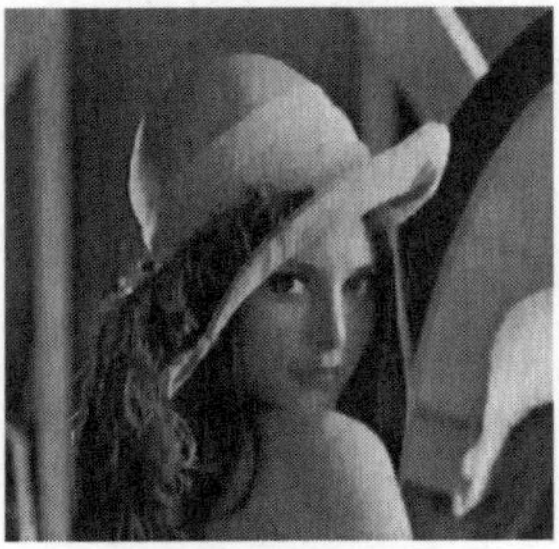

(b)

図 3.12　復元画像：$\lambda = 10$ の場合（図 (a)）と $\lambda = 25$ の場合（図 (b)）

図 3.13　復元画像：$\lambda = 50$ の場合

の λ の値が画像処理に向いている」という法則はなく，今回の例題のように試行錯誤的に決めていかざるを得ない。例題 3.1 を実行するための MATLAB プログラムを本章の最後に掲載するので，試してみてほしい。

ADMM アルゴリズムの収束はきわめて速く，上の例題では $N = 100$ 回の反復で，きれいにノイズが除去された画像が生成された。多くの応用において，ADMM アルゴリズムはこのような性質を示すことが知られている。実は，ADMM アルゴリズムの漸近的な収束の速さ，すなわち繰返し回数を無限大に漸近させたときの誤差の減る割合は，それほど速くない。しかし，実際の応用では，繰返しの初期段階で最適解のすぐ近くまで非常に速く近付くということがいわれている。これは，日本の昔話「ウサギとカメ」に例えれば，ウサギのようにスタートとともに猛ダッシュしてゴールのすぐ近くまで行ったあと，（寝るわけではないが）ノロノロとゴールに近付いていく，ということになる（図 **3.14** 参照）。

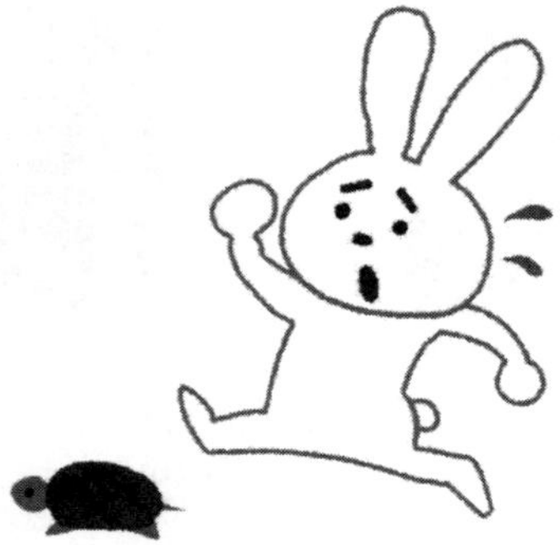

図 3.14　ADMM は昔話「ウサギとカメ」のウサギのようなアルゴリズム

3.6　さらに勉強するために

凸最適化を本格的に勉強したい人には，文献 12) をおすすめする。この本には，一見，凸最適化問題には思えない理工学の問題を凸最適化問題として記述するさまざまなアイデアが書かれており，700 ページのボリュームのある本であるが，丁寧に読めばきわめて有益である。凸最適化の理論を深く勉強したい人は，文献4),93),98) などを参照せよ。近接作用素を用いたアルゴリズムについては，文献21),62) などを参考にした。特に ISTA および FISTA については文献5)，ADMM については文献11) に詳しい記述がある。

例題 3.1 の MATLAB プログラム

```
clear;

%% Read image
X_orig=imread('lena.jpg');
[n,m]=size(X_orig);

%% Noise
rng(1);
Y = X_orig + uint8(randi(50,n,m));

%% Display images
figure;
imshow(X_orig);
title('Original image');
figure;
imshow(Y);
title('Noisy image');

%% Denoising
% optimization parameter
 lambda = 50;

 Phi = eye(n);
 Psi = -diag(ones(n,1))+diag(ones(n-1,1),1);

 % ADMM iteration
 gamma = 1; % step size parameter
 N = 100; % number of iterations
 X_res = zeros(n,m); % restored image
 z = zeros(n,1); v = zeros(n,1); % initial values
 M = Phi'*Phi + (1/gamma)*Psi'*Psi; % a matrix in the first step

 for i=1:m
    y = double(Y(:,i));
    w = Phi'*y;
    for k=1:N
```

```
        x = M\(w+gamma\Psi'*(z-v));
        p = Psi*x+v;
        z = soft_thresholding(gamma*lambda,p);
        v = p - z;
    end
    X_res(:,i)=x;
end

%% Result
figure;
imshow(uint8(round(X_res)));
title('Restored image');
```

ソフトしきい値作用素 $\boldsymbol{S_\lambda(v)}$ の **MATLAB** 関数 soft_thresholding.m

```
function sv = soft_thresholding(lambda,v)

[m,n]=size(v);
mn = m*n;
sv = zeros(m,n);
for i = 1:mn
    if abs(v(i))<=lambda
        sv(i) = 0;
    else
        sv(i) = v(i) - sign(v(i))*lambda;
    end
end
```

【コラム：医療用 MRI】

スパースモデリングの産業応用で最も成功しているのは，医療用の**磁気共鳴画像法**（magnetic resonance imaging; MRI）であろう[47),94),99)]。これまでのMRI では，高解像度の画像を得るために長時間の撮像を必要としており，その間，患者は動くことができない。しかし，圧縮センシングと呼ばれるスパースモデリングの技術を応用して，より少ないセンシングデータから高解像度画像を得ることが可能となった。これにより撮像時間が大幅に短縮され，患者の負担が大きく軽減される。具体的には，MRI の撮像においてランダムに間引いてデータを収集し，最適化問題

$$\underset{\boldsymbol{x}}{\text{minimize}}\, \|\Phi\boldsymbol{x}-\boldsymbol{y}\|_2^2+\lambda\|\Psi\boldsymbol{x}\|_1+\mu\text{TV}(\boldsymbol{x}) \tag{3.90}$$

を解くことによって MRI 画像の再構成を行う。ここで，行列 Φ はフーリエ変換

と間引きを表す行列，Ψ は冗長な辞書により $\boldsymbol{x}$ を表現するための行列（1.1 節参照），TV は 3 章の例題 3.1 で扱った全変動（total variation）である。最適化問題 (3.90) の目的関数は三つの凸関数の和であり，制約なしの凸最適化問題となることがわかる。3 章で学んだアルゴリズムを応用することにより，高速な画像復元が可能となる。

4 貪欲アルゴリズム

前章では，スパースモデリングの問題を ℓ^1 ノルムを用いた最適化問題として定式化し，凸最適化のアルゴリズムを用いて効率的に解を得る方法を学んだ。そこでの基本的なアイデアは，非凸であり不連続な ℓ^0 ノルムを凸である ℓ^1 ノルムで近似することであった。本章では，ℓ^0 ノルム最適化問題を直接，効率よく解くための有力な方法である貪欲法について勉強する。

4章の要点

- スパースモデリングに現れる ℓ^0 最適化問題をそのまま解く場合は，貪欲アルゴリズムが有効である。
- 本章で考察する貪欲アルゴリズムの収束は1次収束であり，近接勾配法に基づくアルゴリズムよりも高速である。
- 貪欲アルゴリズムは局所最適解に収束するが，大域的最適解に収束するとは限らない。

4.1 ℓ^0 最適化

本章で最初に考える最適化問題は以下の ℓ^0 最適化問題である。

$$\underset{\boldsymbol{x}\in\mathbb{R}^n}{\text{minimize}} \quad \|\boldsymbol{x}\|_0 \quad \text{subject to} \quad \boldsymbol{y} = \Phi\boldsymbol{x} \tag{4.1}$$

この最適化問題を考えるために，行列の相互コヒーレンスを定義しよう。

定義 4.1 行列 $\Phi = [\boldsymbol{\phi}_1, \boldsymbol{\phi}_2, \cdots, \boldsymbol{\phi}_n] \in \mathbb{R}^{m\times n}$ に対して，以下の量 $\mu(\Phi)$ を

行列 Φ の**相互コヒーレンス**（mutual coherence）と呼ぶ。

$$\mu(\Phi) \triangleq \max_{\substack{i,j=1,\cdots,n \\ i \neq j}} \frac{|\langle \boldsymbol{\phi}_i, \boldsymbol{\phi}_j \rangle|}{\|\boldsymbol{\phi}_i\|_2 \|\boldsymbol{\phi}_j\|_2} \tag{4.2}$$

相互コヒーレンスは，行列 Φ の縦ベクトルを正規化した $\boldsymbol{\phi}_i/\|\boldsymbol{\phi}_i\|_2$ どうしの内積のうち絶対値が最も大きいものである。コーシー・シュワルツの不等式†

$$|\langle \boldsymbol{x}, \boldsymbol{y} \rangle| \leqq \|\boldsymbol{x}\|_2 \|\boldsymbol{y}\|_2, \quad \forall \boldsymbol{x}, \boldsymbol{y} \in \mathbb{R}^m \tag{4.3}$$

より，相互コヒーレンスの最大値は 1 である。コーシー・シュワルツの不等式において，等式は二つのベクトルが平行のときに成り立つので，もし $\{\boldsymbol{\phi}_1, \boldsymbol{\phi}_2, \cdots, \boldsymbol{\phi}_n\}$ の中に互いに平行な二つ以上のベクトルが存在すれば，$\mu(\Phi) = 1$ となる。また，もし $n = m$（すなわち行列 Φ が正方行列）で，かつ Φ が直交行列ならば，任意の i, j $(i \neq j)$ に対して，$\langle \boldsymbol{\phi}_i, \boldsymbol{\phi}_j \rangle = 0$ が成り立ち，$\mu(\Phi) = 0$ となる。相互コヒーレンスが負になることはない。

相互コヒーレンスを使えば，線形方程式 $\Phi \boldsymbol{x} = \boldsymbol{y}$ の解のうち最もスパースなものを特徴付けることができる（文献 29）の定理 2.5 を参照)。

定理 4.1　線形方程式 $\Phi \boldsymbol{x} = \boldsymbol{y}$ の解で

$$\|\boldsymbol{x}\|_0 < \frac{1}{2}\left(1 + \frac{1}{\mu(\Phi)}\right) \tag{4.4}$$

を満たすものが存在するとき，その解は最もスパースな唯一の解となる。

この定理に基づき，ℓ^0 最適化問題 (4.1) の性質を調べてみよう。

まず，$\mu(\Phi) < 1$ と仮定する。すなわち，$\{\boldsymbol{\phi}_1, \boldsymbol{\phi}_2, \cdots, \boldsymbol{\phi}_n\}$ の中には互いに平行なベクトルは存在しないとする。このとき

$$\frac{1}{2}\left(1 + \frac{1}{\mu(\Phi)}\right) > 1 \tag{4.5}$$

となるので，方程式 $\Phi \boldsymbol{x} = \boldsymbol{y}$ の解のうち 1-スパースなもの，すなわち $\|\boldsymbol{x}\|_0 = 1$ となるものが存在すれば，それが最もスパースな解となる。ここで

† コーシー・シュワルツの不等式の証明は演習問題 1.3 の解答（177 ページ）を参照せよ。

$$\boldsymbol{y} = \Phi \boldsymbol{x} = x_1 \boldsymbol{\phi}_1 + x_2 \boldsymbol{\phi}_2 + \cdots + x_n \boldsymbol{\phi}_n \tag{4.6}$$

であるので，1-スパースの解はベクトル $\boldsymbol{\phi}_i$ のいずれかと平行になる。したがって，1-スパースの解を見つけるには，$\boldsymbol{y}$ と平行となる $\boldsymbol{\phi}_i$ を見つければよい。これは，インデックス $i \in \{1, 2, \cdots, n\}$ に関するつぎのような誤差 $e(i)$ を定義して，それを最小化するような i を見つける問題として定式化される。

$$e(i) \triangleq \min_{x \in \mathbb{R}} \|x\boldsymbol{\phi}_i - \boldsymbol{y}\|_2^2 \tag{4.7}$$

もし，$\|\boldsymbol{x}\|_0 = 1$ となる解が存在すれば，$e(i) = 0$ となるインデックス $i \in \{1, 2, \cdots, n\}$ が存在する。ところで，式 (4.7) の最小値は以下のように簡単に計算できる。

$$\begin{aligned} e(i) &= \min_{x \in \mathbb{R}} \|x\boldsymbol{\phi}_i - \boldsymbol{y}\|_2^2 \\ &= \min_{x \in \mathbb{R}} \left\{ \langle \boldsymbol{\phi}_i, \boldsymbol{\phi}_i \rangle x^2 - 2\langle \boldsymbol{\phi}_i, \boldsymbol{y} \rangle x + \langle \boldsymbol{y}, \boldsymbol{y} \rangle \right\} \\ &= \min_{x \in \mathbb{R}} \left\{ \|\boldsymbol{\phi}_i\|_2^2 \left(x - \frac{\langle \boldsymbol{\phi}_i, \boldsymbol{y} \rangle}{\|\boldsymbol{\phi}_i\|_2^2} \right)^2 + \|\boldsymbol{y}\|_2^2 - \frac{\langle \boldsymbol{\phi}_i, \boldsymbol{y} \rangle^2}{\|\boldsymbol{\phi}_i\|_2^2} \right\} \\ &= \|\boldsymbol{y}\|_2^2 - \frac{\langle \boldsymbol{\phi}_i, \boldsymbol{y} \rangle^2}{\|\boldsymbol{\phi}_i\|_2^2} \end{aligned} \tag{4.8}$$

すなわち，上の計算式を用いて $i = 1, 2, \cdots, n$ について $e(i)$ を計算し，$e(i) = 0$ となるインデックス i を見つければよい。この計算は，最悪ケース（すなわち，$e(n) = 0$ となるケース）でも，$O(n)$ の計算量となる。

以上を一般化してみよう。相互コヒーレンス $\mu(\Phi)$ に対して

$$\mu(\Phi) < \frac{1}{2k - 1} \tag{4.9}$$

を満たす自然数 k が存在し，かつ方程式 $\Phi \boldsymbol{x} = \boldsymbol{y}$ に対して，k-スパースな解，すなわち $\|\boldsymbol{x}\|_0 = k$ となる解が存在すると仮定する。定理 4.1 より，この $\boldsymbol{x}$ は最もスパースな唯一の解となる。また，このとき，ベクトル $\boldsymbol{y}$ は辞書 $\{\boldsymbol{\phi}_1, \boldsymbol{\phi}_2, \cdots, \boldsymbol{\phi}_n\}$ に含まれる k 個のベクトルの線形結合で表現されることになる。1 章の 1.3 節で述べた総当り法を用いて，この k-スパースなベクトルを見つけるためには，

n 本の辞書の中から k 個のベクトル $\boldsymbol{\phi}_i$ の組合せをすべて調べる必要があり，$\binom{n}{k}$ 回の計算，オーダーでいえば $O(n^k)$ の計算が必要となる。もし k が大きい場合は計算がきわめて難しくなる。

このような場合に有効な方法として**貪欲法**† (greedy method) と呼ばれる方法がある。この方法は，問題をいくつかの局所的な部分問題に分割し，局所的に最も良いものを順次取り込んでいくという方法である。一般にこのような方法は大域的な最適解をつねに与えるわけではないが，ある種の組合せ最適化問題に対しては大域解を与える場合もあり，きわめて強力な方法となる。本章では，ℓ^0 最適化問題 (4.1) に対して貪欲法のアルゴリズムを適用し，高速に最適化問題を解く方法を勉強する。

4.2 直交マッチング追跡

4.2.1 マッチング追跡 (MP)

最初に，ℓ^0 最適化問題 (4.1) を解く最もシンプルな**マッチング追跡** (matching pursuit, MP) の方法について説明しよう。この方法は，1-スパースのベクトルでの最小化問題を部分問題として繰り返す方法である。前節の式 (4.8) で計算したように，1-スパースの最小化問題の解を求めるのは容易であり，$O(n)$ の計算量だけで済む。このような簡単な部分問題を解き，局所的な最適化を繰り返すことにより，最適解へ近付けるような方法がマッチング追跡である。

具体的には，方程式 $\Phi\boldsymbol{x} = \boldsymbol{y}$ について，解の候補の列 $\{\boldsymbol{x}[k]\}$ を順次生成し，残差 $\boldsymbol{r}[k] = \boldsymbol{y} - \Phi\boldsymbol{x}[k]$ を順次小さくしていくアルゴリズムであり，以下の手順で解の列を生成する。

1. $\|\Phi\boldsymbol{x} - \boldsymbol{y}\|_2$ を最小にする 1-スパースなベクトルを求め，それを $\boldsymbol{x}[1]$ とおく。
2. 以下を $k = 1, 2, 3, \cdots$ について繰り返す：
    - 残差を $\boldsymbol{r}[k] = \boldsymbol{y} - \Phi\boldsymbol{x}[k]$ とおき，$\|\Phi\boldsymbol{x} - \boldsymbol{r}[k]\|_2$ を最小にする 1-

† **欲張り法**とも呼ばれる。

スパースなベクトルを求め，それを $\boldsymbol{x}[k]$ に加えたものを $\boldsymbol{x}[k+1]$ とおく。

以下，このアルゴリズムを詳しく見ていこう。

まず，第1ステップでは $\|\Phi\boldsymbol{x}-\boldsymbol{y}\|_2$ を最小にする 1-スパースなベクトル $\boldsymbol{x}[1]$ を求める。ベクトル $\boldsymbol{x}[1]$ の非ゼロ要素を $x[1]$，そのインデックスを $i[1]$ とおく。すなわち

$$\boldsymbol{x}[1] = \bigl(0,\ldots,0,\overset{\overset{i[1]}{\vee}}{x[1]},0,\ldots,0\bigr) = x[1]\boldsymbol{e}_{i[1]} \tag{4.10}$$

である。ただし，$\boldsymbol{e}_i$ は $\mathbb{R}^n$ の標準基底であり

$$\boldsymbol{e}_i \triangleq \bigl(0,\ldots,0,\overset{\overset{i}{\vee}}{1},0,\ldots,0\bigr) \in \mathbb{R}^n \tag{4.11}$$

で定義される。このとき，式 (4.8) より以下のように $i[1]$ と $x[1]$ が容易に求まる。

$$\begin{aligned} i[1] &= \arg\min_i e(i) \\ &= \arg\min_i \left\{ \|\boldsymbol{y}\|_2^2 - \frac{\langle \boldsymbol{\phi}_i, \boldsymbol{y}\rangle^2}{\|\boldsymbol{\phi}_i\|_2^2} \right\} = \arg\max_i \frac{\langle \boldsymbol{\phi}_i, \boldsymbol{y}\rangle^2}{\|\boldsymbol{\phi}_i\|_2^2} \\ x[1] &= \frac{\langle \boldsymbol{\phi}_{i[1]}, \boldsymbol{y}\rangle}{\|\boldsymbol{\phi}_{i[1]}\|_2^2} \end{aligned} \tag{4.12}$$

また，1-スパースのベクトル $\boldsymbol{x}[1]$ を用いたときの残差（近似誤差）は

$$\boldsymbol{r}[1] = \boldsymbol{y} - \Phi\boldsymbol{x}[1] = \boldsymbol{y} - x[1]\boldsymbol{\phi}_{i[1]} \tag{4.13}$$

となり，これより

$$\boldsymbol{y} = x[1]\boldsymbol{\phi}_{i[1]} + \boldsymbol{r}[1] \tag{4.14}$$

という等式が成り立つ。ここで，ベクトル $\boldsymbol{\phi}_{i[1]}$ と残差ベクトル $\boldsymbol{r}[1]$ は直交し

$$\|\boldsymbol{y}\|_2^2 = \|x[1]\boldsymbol{\phi}_{i[1]}\|_2^2 + \|\boldsymbol{r}[1]\|_2^2 \tag{4.15}$$

が成り立つ（**図 4.1** 参照）。もし，$\|\boldsymbol{r}[1]\|_2$ が小さければ

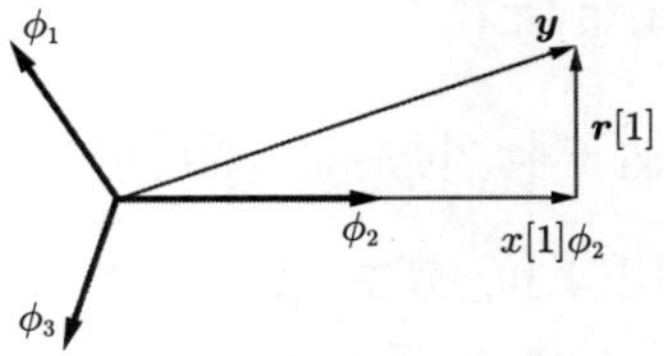

図 **4.1** ベクトル $\boldsymbol{y}$ に最も近い 1-スパースなベクトル $x[1]\boldsymbol{\phi}_2$（この図では，$i[1]=2$）。ベクトル $\boldsymbol{\phi}_2$ と残差ベクトル $\boldsymbol{r}[1]$ とは直交する。

$$\tilde{\boldsymbol{y}}[1] \triangleq x[1]\boldsymbol{\phi}_{i[1]} = \Phi\boldsymbol{x}[1] \tag{4.16}$$

は $\boldsymbol{y}$ の良い近似となる。

演習問題 4.1 ベクトル $\boldsymbol{\phi}_{i[1]}$ と残差ベクトル $\boldsymbol{r}[1]$ が直交することを示し，等式 (4.15) を証明せよ。

つぎに，第 2 ステップでは，式 (4.13) の残差 $\boldsymbol{r}[1]$ に最も近い 1-スパースなベクトルを求める。これは，式 (4.8) で $\boldsymbol{y}=\boldsymbol{r}[1]$ の場合に相当するので，最小化する 1-スパースのベクトルを $\boldsymbol{x}[2]$ とおき，その非ゼロ要素を $x[2]$，インデックスを $i[2]$ とおくと

$$i[2] = \arg\max_i \frac{\langle \boldsymbol{\phi}_i, \boldsymbol{r}[1]\rangle^2}{\|\boldsymbol{\phi}_i\|_2^2}, \quad x[2] = \frac{\langle \boldsymbol{\phi}_{i[2]}, \boldsymbol{r}[1]\rangle}{\|\boldsymbol{\phi}_{i[2]}\|_2^2} \tag{4.17}$$

と容易に求めることができる。ここで，ステップ 2 の残差 $\boldsymbol{r}[2]$ を

$$\boldsymbol{r}[2] = \boldsymbol{r}[1] - \Phi\boldsymbol{x}[2] = \boldsymbol{r}[1] - x[2]\boldsymbol{\phi}_{i[2]} \tag{4.18}$$

とおくと，式 (4.14) より

$$\boldsymbol{y} = x[1]\boldsymbol{\phi}_{i[1]} + x[2]\boldsymbol{\phi}_{i[2]} + \boldsymbol{r}[2] \tag{4.19}$$

という等式が成り立つことがわかる。また，$\boldsymbol{\phi}_{i[2]}$ と $\boldsymbol{r}[2]$ は直交し

$$\|\boldsymbol{r}[1]\|_2^2 = \|x[2]\boldsymbol{\phi}_{i[2]}\|_2^2 + \|\boldsymbol{r}[2]\|_2^2 \tag{4.20}$$

が成り立つ。これを式 (4.15) に代入すると

$$\|\boldsymbol{y}\|_2^2 = \|x[1]\boldsymbol{\phi}_{i[1]}\|_2^2 + \|x[2]\boldsymbol{\phi}_{i[2]}\|_2^2 + \|\boldsymbol{r}[2]\|_2^2 \tag{4.21}$$

となることがわかる。以上より，残差 $\boldsymbol{r}[2]$ が小さいとすると，ベクトル $\boldsymbol{y}$ が高々 2-スパースなベクトル（$\|\boldsymbol{x}\|_0 \leqq 2$ であるようなベクトル）

$$\begin{aligned}\boldsymbol{x}[2] &\triangleq \bigl(0,\ldots,0,\overset{\overset{i[1]}{\vee}}{x[1]},0,\ldots,0,\overset{\overset{i[2]}{\vee}}{x[2]},0,\ldots,0\bigr)\\ &= x[1]\boldsymbol{e}_{i[1]} + x[2]\boldsymbol{e}_{i[2]}\end{aligned} \tag{4.22}$$

によって

$$\tilde{\boldsymbol{y}}[2] \triangleq x[1]\boldsymbol{\phi}_{i[1]} + x[2]\boldsymbol{\phi}_{i[2]} = \Phi\boldsymbol{x}[2] \tag{4.23}$$

と近似されたことになる（**図 4.2** 参照）。

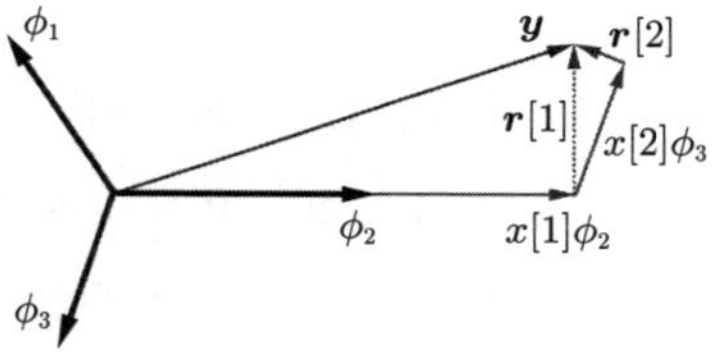

図 4.2　残差ベクトル $\boldsymbol{r}[1]$ に最も近い 1-スパースなベクトル $x[2]\boldsymbol{\phi}_3$（この図では，$i[2]=3$）。ベクトル $\boldsymbol{\phi}_3$ と残差ベクトル $\boldsymbol{r}[2]$ とは直交し，$\boldsymbol{y} = x[1]\boldsymbol{\phi}_2 + x[2]\boldsymbol{\phi}_3 + \boldsymbol{r}[2]$ が成り立つ。

以上を同様に繰り返すと，第 k ステップ目で

$$\boldsymbol{y} = x[1]\boldsymbol{\phi}_{i[1]} + x[2]\boldsymbol{\phi}_{i[2]} + \cdots + x[k]\boldsymbol{\phi}_{i[k]} + \boldsymbol{r}[k] \tag{4.24}$$

という式が得られ，高々 k-スパースなベクトル

$$\boldsymbol{x}[k] \triangleq x[1]\boldsymbol{e}_{i[1]} + x[2]\boldsymbol{e}_{i[2]} + \cdots + x[k]\boldsymbol{e}_{i[k]} \tag{4.25}$$

によってベクトル $\boldsymbol{y}$ が

$$\tilde{\boldsymbol{y}}[k] \triangleq x[1]\boldsymbol{\phi}_{i[1]} + x[2]\boldsymbol{\phi}_{i[2]} + \cdots + x[k]\boldsymbol{\phi}_{i[k]} = \Phi\boldsymbol{x}[k] \tag{4.26}$$

のように近似できることになる。

もし，残差 $\boldsymbol{r}[k]$ が $k \to \infty$ でゼロベクトル $\mathbf{0}$ に漸近すれば，マッチング追跡のアルゴリズムにより ℓ^0 最適化問題 (4.1) の良い近似解が得られる。さらに，総当り法で k-スパースなベクトルを見つける場合は，$O(n^k)$ の繰返しが必要だが，マッチング追跡の方法では $O(nk)$ の繰返し回数で済む。

マッチング追跡のアルゴリズムを以下に示す。

$\boldsymbol{\ell}^0$ 最適化問題 (4.1) を解くためのマッチング追跡アルゴリズム

$\boldsymbol{x}[0] = \mathbf{0}$, $\boldsymbol{r}[0] = \boldsymbol{y}$, $k = 1$ とおいて，以下を繰り返す。

$$\left.\begin{aligned} i[k] &:= \underset{i \in \{1,\cdots,n\}}{\arg\max} \frac{\langle \boldsymbol{\phi}_i, \boldsymbol{r}[k-1] \rangle^2}{\|\boldsymbol{\phi}_i\|_2^2} \\ x[k] &:= \frac{\langle \boldsymbol{\phi}_{i[k]}, \boldsymbol{r}[k-1] \rangle}{\|\boldsymbol{\phi}_{i[k]}\|_2^2} \\ \boldsymbol{x}[k] &:= \boldsymbol{x}[k-1] + x[k]\boldsymbol{e}_{i[k]} \\ \boldsymbol{r}[k] &:= \boldsymbol{r}[k-1] - x[k]\boldsymbol{\phi}_{i[k]} \\ k &:= k+1 \end{aligned}\right\} \tag{4.27}$$

演習問題 4.2　マッチング追跡アルゴリズムの第 k ステップで以下の等式が成り立つことを示せ。

$$\|\boldsymbol{y}\|_2^2 = \sum_{j=1}^{k} \|x[j]\boldsymbol{\phi}_{i[j]}\|_2^2 + \|\boldsymbol{r}[k]\|_2^2 \tag{4.28}$$

特にすべてのベクトル $\boldsymbol{\phi}_i$ が正規であるとき，すなわち

$$\|\boldsymbol{\phi}_i\|_2 = 1, \quad \forall i \in \{1, 2, \cdots, n\} \tag{4.29}$$

を満たすときは

$$\|\boldsymbol{y}\|_2^2 = \sum_{j=1}^{k} |x[j]|^2 + \|\boldsymbol{r}[k]\|_2^2 \tag{4.30}$$

が成り立つことを示せ。

マッチング追跡アルゴリズムについて，以下の定理が成り立つ[49)]。

定理 4.2　辞書 $\{\boldsymbol{\phi}_1, \boldsymbol{\phi}_2, \cdots, \boldsymbol{\phi}_n\}$ には m 本の 1 次独立なベクトルが存在すると仮定する。言い換えれば，行列 Φ は行フルランク $(\mathrm{rank}\ \Phi = m)$ であると仮定する。このとき，ある定数 $c \in (0,1)$ が存在して

$$\|\boldsymbol{r}[k]\|_2^2 \leqq c^k \|\boldsymbol{y}\|_2^2, \quad k = 0, 1, 2, \cdots \tag{4.31}$$

が成り立つ。これより，残差ベクトル $\boldsymbol{r}[k]$ は

$$\lim_{k \to \infty} \boldsymbol{r}[k] = \boldsymbol{0} \tag{4.32}$$

を満たす。

上の定理において，式 (4.31) のレートで収束する場合，**1 次収束**（first order convergence）または**線形収束**（linear convergence）と呼び，誤差が指数関数的に減少する。これより，マッチング追跡アルゴリズムの収束オーダーは，例えば前章の FISTA のアルゴリズム (3.71)（61 ページ）の収束オーダー $O(1/k^2)$ よりもかなり速いことがわかる。

4.2.2　直交マッチング追跡（OMP）

マッチング追跡アルゴリズム (4.27) は繰り返すたびに残差 $\boldsymbol{r}[k]$ が減少するが，残差をゼロにするためには無限回の繰返しが必要である。したがって，マッチング追跡アルゴリズムはスパースな近似解を与えることしかできない。しかし，マッチング追跡アルゴリズムを少し修正すれば，有限回の反復で解が得られるアルゴリズムを作ることができる。具体的には，k 回目の反復で選択されたインデックス $i[k]$ を $(k+1)$ 回目以降は選択しないようにうまく工夫すればよい。直交性のアイデアを使ってこれを実現したものを**直交マッチング追跡**（orthogonal matching pursuit, OMP）と呼ぶ。以下，直交マッチング追跡のアルゴリズムを導出しよう。

第 k ステップにおいて，マッチング追跡では以下の基準によりインデックス $i[k]$ を選択した。

$$i[k] = \arg\max_i \frac{\langle \boldsymbol{\phi}_i, \boldsymbol{r}[k-1] \rangle^2}{\|\boldsymbol{\phi}_i\|_2^2}, \quad \boldsymbol{r}[0] = \boldsymbol{y}, \quad k = 1, 2, \cdots \tag{4.33}$$

各ステップで選択したインデックスを記憶するために，インデックス集合 $\mathcal{S}_k$ を定義しよう。

$$\mathcal{S}_k = \mathcal{S}_{k-1} \cup \{i[k]\}, \quad \mathcal{S}_0 = \emptyset, \quad k = 1, 2, \cdots \tag{4.34}$$

このインデックス集合により定義される辞書の部分集合 $\{\boldsymbol{\phi}_i : i \in \mathcal{S}_k\}$ を考え，これらのベクトル $\boldsymbol{\phi}_i$ $(i \in \mathcal{S}_k)$ で張られる $\mathbb{R}^m$ の部分空間を

$$\mathcal{C}_k \triangleq \mathrm{span}\{\boldsymbol{\phi}_i : i \in \mathcal{S}_k\} = \left\{ \sum_{i \in \mathcal{S}_k} x_i \boldsymbol{\phi}_i : x_i \in \mathbb{R} \right\} \tag{4.35}$$

とおく。マッチング追跡のように各ステップでベクトル $\boldsymbol{y}$ を近似するのであるが，辞書のベクトル $\boldsymbol{\phi}_i$ を 1 本ずつ付け加えるのではなく，これまで選んだ辞書で張られる空間 $\mathcal{C}_k$ の上で $\boldsymbol{y}$ を近似する。すなわち，ベクトル $\boldsymbol{y}$ に ℓ^2 ノルムの意味で最も近い $\mathcal{C}_k$ 上の点を求める。この最良近似を $\tilde{\boldsymbol{y}}[k]$ とおくと，これは $\boldsymbol{y}$ の $\mathcal{C}_k$ への射影となる。

$$\tilde{\boldsymbol{y}}[k] = \arg\min_{\boldsymbol{z} \in \mathcal{C}_k} \frac{1}{2} \|\boldsymbol{z} - \boldsymbol{y}\|_2^2 = \Pi_{\mathcal{C}_k}(\boldsymbol{y}) \tag{4.36}$$

ここで，$\Pi_{\mathcal{C}_k}$ は $\mathcal{C}_k$ への射影作用素である。条件 $\boldsymbol{z} \in \mathcal{C}_k$ は

$$\boldsymbol{z} = \sum_{i \in \mathcal{S}_k} x_i \boldsymbol{\phi}_i = \Phi_{\mathcal{S}_k} \tilde{\boldsymbol{x}}, \quad \exists \tilde{\boldsymbol{x}} \in \boldsymbol{R}^{|\mathcal{S}_k|} \tag{4.37}$$

と書けるので†，式 (4.36) の射影を求める問題は，$\mathcal{C}_k$ での $\tilde{\boldsymbol{y}}[k]$ の展開係数を求める問題，すなわち

$$\tilde{\boldsymbol{x}}[k] = \arg\min_{\tilde{\boldsymbol{x}} \in \mathbb{R}^{|\mathcal{S}_k|}} \frac{1}{2} \|\Phi_{\mathcal{S}_k} \tilde{\boldsymbol{x}} - \boldsymbol{y}\|_2^2 \tag{4.38}$$

を求める問題となる。これは最小二乗解であり，式 (2.25) より

$$\tilde{\boldsymbol{x}}[k] = \left(\Phi_{\mathcal{S}_k}^\top \Phi_{\mathcal{S}_k}\right)^{-1} \Phi_{\mathcal{S}_k}^\top \boldsymbol{y} \tag{4.39}$$

† 記号 $\Phi_{\mathcal{S}_k}$ の意味については，10 ページの式 (1.34)～(1.36) を参照せよ。

が成り立つ。これより，k ステップ目の近似 $\tilde{\boldsymbol{y}}[k]$ は

$$\tilde{\boldsymbol{y}}[k] = \Phi_{\mathcal{S}_k}\tilde{\boldsymbol{x}}[k] \tag{4.40}$$

と書ける。また残差ベクトル $\boldsymbol{r}[k] = \boldsymbol{y} - \tilde{\boldsymbol{y}}[k]$ は

$$\boldsymbol{r}[k] = \boldsymbol{y} - \Phi_{\mathcal{S}_k}\tilde{\boldsymbol{x}}[k] \tag{4.41}$$

となる。図 **4.3** に示すように，$\boldsymbol{r}[k]$ は $\mathcal{C}_k$ に直交する。

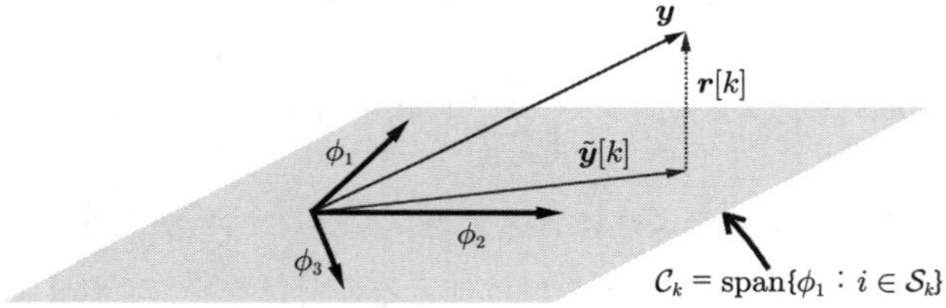

図 4.3　OMP の第 k ステップ：ベクトル $\boldsymbol{y}$ を線形空間 $\mathcal{C}_k = \mathrm{span}\{\boldsymbol{\phi}_i : i \in \mathcal{S}_k\}$ のベクトルで最適近似する。残差ベクトル $\boldsymbol{r}[k] = \boldsymbol{y} - \tilde{\boldsymbol{y}}[k]$ は $\mathcal{C}_k$ に直交する。

直交マッチング追跡のアルゴリズムを以下に示す。

ℓ^0 最適化問題 (4.1) を解くための直交マッチング追跡アルゴリズム

$\boldsymbol{x}[0] = \boldsymbol{0}$, $\boldsymbol{r}[0] = \boldsymbol{y}$, $\mathcal{S}_0 = \emptyset$, $k = 1$ とおいて，以下を繰り返す。

$$\left.\begin{aligned}
& i[k] := \underset{i \in \{1,\cdots,n\}}{\arg\max} \frac{\langle \boldsymbol{\phi}_i, \boldsymbol{r}[k-1] \rangle^2}{\|\boldsymbol{\phi}_i\|_2^2} \\
& \mathcal{S}_k := \mathcal{S}_{k-1} \cup \{i[k]\} \\
& \tilde{\boldsymbol{x}}[k] := \left(\Phi_{\mathcal{S}_k}^\top \Phi_{\mathcal{S}_k}\right)^{-1} \Phi_{\mathcal{S}_k}^\top \boldsymbol{y} \\
& (\boldsymbol{x}[k])_{\mathcal{S}_k} := \tilde{\boldsymbol{x}}[k] \\
& (\boldsymbol{x}[k])_{\mathcal{S}_k^{\mathrm{c}}} := \boldsymbol{0} \\
& \boldsymbol{r}[k] := \boldsymbol{y} - \Phi_{\mathcal{S}_k}\tilde{\boldsymbol{x}}[k] \\
& k := k + 1
\end{aligned}\right\} \tag{4.42}$$

演習問題2.3（23ページ）より，残差 $\boldsymbol{r}[k]$ はつねに $\mathcal{C}_k = \mathrm{span}\{\boldsymbol{\phi}_i : i \in \mathcal{S}_k\}$ に直交する。したがって，一度 $\boldsymbol{\phi}_i$ が選択されれば，それ以降，この $\boldsymbol{\phi}_i$ は部分空間 $\mathcal{C}_k, \mathcal{C}_{k+1}, \cdots$ につねに含まれるため，式 (4.33) によって再度選ばれることはない。直交マッチング追跡の「直交」はこの性質から名付けられた。また，もし Φ が行フルランク，すなわち $\mathrm{span}\{\boldsymbol{\phi}_1, \cdots, \boldsymbol{\phi}_n\} = \mathbb{R}^m$ ならば，最大 m ステップで繰返しが終了する（ただし，この場合 $\|\boldsymbol{x}\|_0 = m$ である）。

さらに，つぎの定理に示すように，方程式 $\Phi\boldsymbol{x} = \boldsymbol{y}$ に十分スパースな解が存在すれば，直交マッチング追跡により ℓ^0 最適化問題 (4.1) の厳密解が有限ステップで求まることが知られている（文献29) の定理4.3を参照）。

定理 4.3 行列 $\Phi \in \mathbb{R}^{m\times n}$ $(m < n)$ は行フルランクとし，その相互コヒーレンスを $\mu(\Phi)$ とおく。線形方程式 $\Phi\boldsymbol{x} = \boldsymbol{y}$ の解で

$$\|\boldsymbol{x}\|_0 < \frac{1}{2}\left(1 + \frac{1}{\mu(\Phi)}\right) \tag{4.43}$$

を満たすものが存在すると仮定する。このとき，この解は ℓ^0 最適化問題 (4.1) の唯一解であり，直交マッチング追跡のアルゴリズムにより $k = \|\boldsymbol{x}\|_0$ 回の反復で求めることができる。

直交マッチング追跡では，各ステップで逆行列計算 $(\Phi_{\mathcal{S}_k}^\top \Phi_{\mathcal{S}_k})^{-1}\Phi_{\mathcal{S}_k}^\top \boldsymbol{y}$ が毎回必要となる。定理4.3において $k = \|\boldsymbol{x}\|_0$ が非常に大きい場合は，この逆行列計算が大きな負担となる可能性がある。

4.3 しきい値アルゴリズム

ここでは，つぎの二つの最適化問題を解くためのアルゴリズムを導出する。

$$\underset{\boldsymbol{x}\in\mathbb{R}^n}{\mathrm{minimize}} \quad \frac{1}{2}\|\Phi\boldsymbol{x} - \boldsymbol{y}\|_2^2 + \lambda\|\boldsymbol{x}\|_0 \tag{4.44}$$

$$\underset{\boldsymbol{x}\in\mathbb{R}^n}{\mathrm{minimize}} \quad \frac{1}{2}\|\Phi\boldsymbol{x} - \boldsymbol{y}\|_2^2 \quad \text{subject to} \quad \|\boldsymbol{x}\|_0 \leqq s \tag{4.45}$$

式 (4.44) を $\boldsymbol{\ell^0}$ **正則化**（ℓ^0 regularization），式 (4.45) を $\boldsymbol{s}$**-スパース近似**（s-

sparse approximation）と呼ぶ。これらの最適化問題は非凸であり，以下で述べるアルゴリズムはいずれも局所最適解への収束しか保証されないが，実用上は「使える」アルゴリズムとなっている。

4.3.1 反復ハードしきい値アルゴリズム（IHT）

前章の 3.4 節（57 ページ）で学んだ ℓ^1 正則化のための近接勾配法を形式的に式 (4.44) の ℓ^0 正則化に用いる。すなわち

$$f_1(\boldsymbol{x}) \triangleq \frac{1}{2}\|\Phi\boldsymbol{x}-\boldsymbol{y}\|_2^2, \quad f_2(\boldsymbol{x}) \triangleq \lambda\|\boldsymbol{x}\|_0 \tag{4.46}$$

とおいて，近接勾配アルゴリズム (3.56) に形式的に代入する。ここで，$f_2(\boldsymbol{x}) = \lambda\|\boldsymbol{x}\|_0$ の ℓ^0 ノルムの近接作用素は，式 (3.40) のハードしきい値作用素を用いて

$$\mathrm{prox}_{\gamma f_2}(\boldsymbol{v}) = H_{\sqrt{2\gamma\lambda}}(\boldsymbol{v}) \tag{4.47}$$

で与えられる（演習問題 3.7 参照）。このハードしきい値作用素は，図 3.9（53 ページ）を見ればわかるように，ベクトル $\boldsymbol{v}$ の要素のうち，絶対値が $\sqrt{2\gamma\lambda}$ 未満のものを 0 に丸め，絶対値が $\sqrt{2\gamma\lambda}$ 以上のものをそのまま残す。ハードしきい値作用素によるベクトルの変換例を**図 4.4** に示す。これより，式 (4.44) の ℓ^0 正則化を解くための（形式的な）近接勾配アルゴリズムは以下で与えられる。

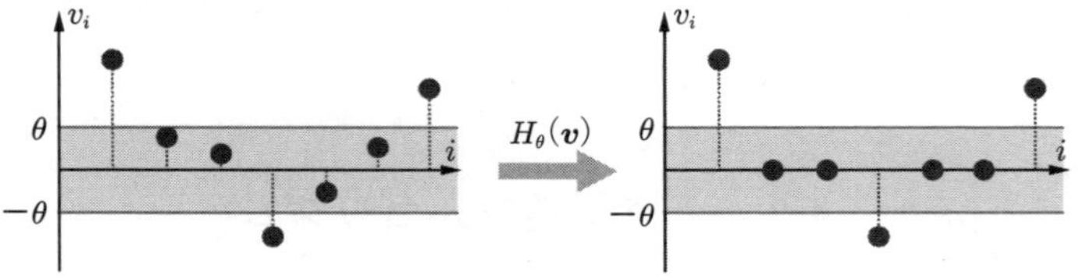

図 4.4　ハードしきい値作用素 $H_\theta(\boldsymbol{v})$ により，$|v_i| < \theta$ である絶対値が小さい要素は 0 に丸められる。ただし，$\theta = \sqrt{2\gamma\lambda}$ である。

最適化問題(4.44)を解くための反復ハードしきい値アルゴリズム(IHT)

初期値 $\boldsymbol{x}[0]$ とパラメータ $\gamma > 0$ を与えて以下を繰り返す。

$$\boldsymbol{x}[k+1] = H_{\sqrt{2\gamma\lambda}}\big(\boldsymbol{x}[k] - \gamma\Phi^\top(\Phi\boldsymbol{x}[k] - \boldsymbol{y})\big), \quad k = 0, 1, 2, \cdots \tag{4.48}$$

このアルゴリズムを**反復ハードしきい値アルゴリズム**（iterative hard-thresholding algorithm, IHT）と呼ぶ。

反復ハードしきい値アルゴリズム (4.48) の収束について以下の定理が成り立つ[10)]。

定理 4.4　定数 $\gamma > 0$ が

$$\gamma < \frac{1}{\lambda_{\max}(\Phi^\top\Phi)} \tag{4.49}$$

を満たすとする。ここで，$\lambda_{\max}(\Phi^\top\Phi)$ は，行列 $\Phi^\top\Phi$ の固有値の絶対値の最大値を表す。このとき，反復ハードしきい値アルゴリズム (4.48) によって生成されるベクトル列 $\{\boldsymbol{x}[0], \boldsymbol{x}[1], \boldsymbol{x}[2], \ldots\}$ は ℓ^0 正則化問題 (4.44) の局所最適解に収束する。さらに収束は 1 次収束，すなわちある定数 $c \in (0,1)$ が存在して

$$\|\boldsymbol{x}[k] - \boldsymbol{x}^*\|_2 \leqq c^k \|\boldsymbol{x}[0] - \boldsymbol{x}^*\|_2 \tag{4.50}$$

が成り立つ。ここで，$\boldsymbol{x}^*$ は ℓ^0 正則化問題の局所最適解である。

この定理の条件 (4.49) は，前章（61 ページ）の ℓ^1 正則化に対する反復縮小しきい値アルゴリズム (3.69) の収束条件 (3.70) とほぼ同じである。しかし，ℓ^0 正則化問題 (4.44) は凸最適化問題ではないので，収束先の局所最適解は必ずしも大域的最適解には一致しないことに注意すること。

4.3.2 反復 s-スパースアルゴリズム

つぎに s-スパース近似問題 (4.45) を考えよう。3 章（49 ページ）で定義した指示関数 (3.26) を用いて，ℓ^0 ノルム制約付きの最小化問題である s-スパース

近似問題 (4.45) を制約なしの最適化問題に形式的に書き換える。ここで，s-スパースなベクトルの集合を Σ_s とおく。すなわち

$$\Sigma_s \triangleq \{\boldsymbol{x} \in \mathbb{R}^n : \|\boldsymbol{x}\|_0 \leq s\} \tag{4.51}$$

と定義する。

演習問題 4.3　集合 Σ_s は凸集合ではないことを示せ。

集合 Σ_s に対して，その指示関数 I_{Σ_s} は

$$I_{\Sigma_s}(\boldsymbol{x}) = \begin{cases} 0, & \|\boldsymbol{x}\|_0 \leq s \\ \infty, & \|\boldsymbol{x}\|_0 > s \end{cases} \tag{4.52}$$

となる。これを用いれば，式 (4.45) の最適化問題は

$$\underset{\boldsymbol{x}\in\mathbb{R}^n}{\text{minimize}} \quad \frac{1}{2}\|\Phi\boldsymbol{x} - \boldsymbol{y}\|_2^2 + I_{\Sigma_s}(\boldsymbol{x}) \tag{4.53}$$

と書き換えることができる。演習問題 4.3 より，指示関数 I_{Σ_s} は凸関数にはならないが，最適化問題 (4.53) に形式的に近接勾配アルゴリズム (3.56) を適用する。そのためには，指示関数 I_{Σ_s} の近接作用素，すなわち集合 Σ_s への射影を求める必要がある。この射影は容易に計算でき，以下で与えられる。

$$\Pi_{\Sigma_s}(\boldsymbol{v}) = \underset{\boldsymbol{x}\in\Sigma_s}{\arg\min}\,\|\boldsymbol{x} - \boldsymbol{v}\|_2 = \mathcal{H}_s(\boldsymbol{v}) \tag{4.54}$$

ただし，関数 $\mathcal{H}_s(\boldsymbol{v})$ はベクトル $\boldsymbol{v}$ の要素のうち絶対値が大きい順に s 個を選んで残し，それ以外を 0 にする作用素であり，**s-スパース作用素** (s-sparse operator) と呼ばれる。s-スパース作用素 $\mathcal{H}_s$ によるベクトルの変換例を**図 4.5** に示す。

演習問題 4.4　等式 (4.54) を証明せよ。

ベクトル $\boldsymbol{v}$ の要素で s 番目に絶対値が大きい要素を $\gamma_s(\boldsymbol{v})$ と表すことにしよ

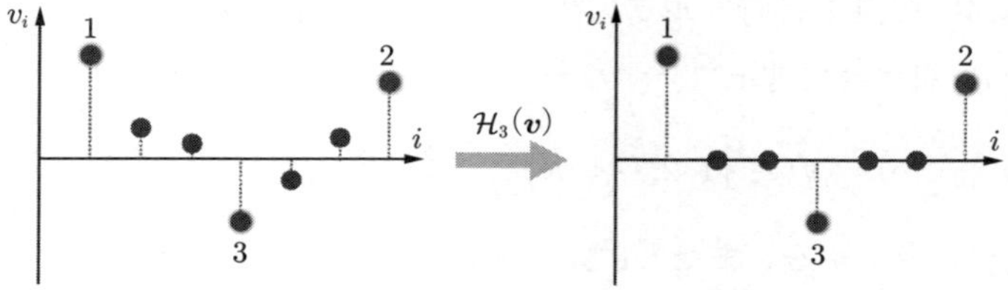

図 4.5　s-スパース作用素 $\mathcal{H}_s(\boldsymbol{v})$ $(s=3)$ により，絶対値が大きい三つの要素はそのまま残され，それ以外の要素は 0 に丸められる。図の中の $1, 2, 3$ の数字は，絶対値の大きさの順位を表す。

う。すると，式 (4.54) の s-スパース作用素 $\mathcal{H}_s(\boldsymbol{v})$ は，ハードしきい値作用素 (3.40) を用いて

$$\mathcal{H}_s(\boldsymbol{v}) = H_{\gamma_s(\boldsymbol{v})}(\boldsymbol{v}) \tag{4.55}$$

と書ける。これより，式 (4.54) の s-スパース作用素もハードしきい値作用素と呼ばれることがある。

指示関数 I_{Σ_s} の近接作用素として式 (4.54) の s-スパース作用素を用いれば，式 (4.53) の最適化問題に形式的に近接勾配アルゴリズム (3.56) を適用し，以下のアルゴリズムが得られる。

最適化問題 (4.45) を解くための反復 s-スパースアルゴリズム

初期値 $\boldsymbol{x}[0]$ とパラメータ $\gamma > 0$ を与えて以下を繰り返す。

$$\boldsymbol{x}[k+1] = \mathcal{H}_s\big(\boldsymbol{x}[k] - \gamma\Phi^\top(\Phi\boldsymbol{x}[k] - \boldsymbol{y})\big), \quad k = 0, 1, 2, \cdots \tag{4.56}$$

このアルゴリズムを**反復 s-スパースアルゴリズム** (iterative s-sparse algorithm) と呼ぶ。文献によっては，この反復 s-スパースアルゴリズムを反復ハードしきい値アルゴリズム（iterative hard-thresholding algorithm, IHT）と呼ぶこともある。

反復 s-スパースアルゴリズムの収束に関してはつぎの定理が成り立つ[10)]。

定理 4.5　行列 Φ は行フルランク（すなわち，$\mathrm{rank}(\Phi) = m$）とし，Φ の列ベクトル $\boldsymbol{\phi}_i$ はすべて非ゼロ，すなわち

$$\|\boldsymbol{\phi}_i\|_2 > 0, \quad \forall i \in \{1, 2, \cdots, n\} \tag{4.57}$$

が成り立つと仮定する。また，定数 $\gamma > 0$ は

$$\gamma < \frac{1}{\lambda_{\max}(\Phi^\top \Phi)} \tag{4.58}$$

を満たすとする。このとき，反復 s-スパースアルゴリズム (4.56) によって生成されるベクトル列 $\{\boldsymbol{x}[0], \boldsymbol{x}[1], \boldsymbol{x}[2], \cdots\}$ は s-スパース近似問題 (4.45) の局所最適解に収束する。さらに収束は 1 次収束である。

4.3.3　圧縮サンプリングマッチング追跡（CoSaMP）

4.2.2 項で考察した直交マッチング追跡のアルゴリズムに前節の s-スパース作用素 $\mathcal{H}_s$ を取り入れて，最適化問題 (4.45) を解くための貪欲アルゴリズムが構成できる。これを**圧縮サンプリングマッチング追跡**（compressive sampling matching pursuit, CoSaMP）と呼ぶ†。

直交マッチング追跡のアルゴリズム (4.42) では，最初に正規化された $\boldsymbol{\phi}_i/\|\boldsymbol{\phi}_i\|_2$ と残差 $\boldsymbol{r}[k-1]$ との内積の 2 乗

$$\frac{\langle \boldsymbol{\phi}_i, \boldsymbol{r}[k-1] \rangle^2}{\|\boldsymbol{\phi}_i\|_2^2} = \left\langle \frac{\boldsymbol{\phi}_i}{\|\boldsymbol{\phi}_i\|_2}, \boldsymbol{r}[k-1] \right\rangle^2 \tag{4.59}$$

を最大にするインデックスを一つだけ選んだ。しかし，CoSaMP のアルゴリズムでは，式 (4.59) の値を大きい順に並べて，上から $2s$ 個を選んでインデックス集合に加える。すなわち

$$\mathcal{S}_k = \mathcal{S}_{k-1} \cup \mathrm{supp}\left\{ \mathcal{H}_{2s}\left(\frac{\langle \boldsymbol{\phi}_i, \boldsymbol{r}[k-1] \rangle^2}{\|\boldsymbol{\phi}_i\|_2^2} \right) \right\} \tag{4.60}$$

とする。このインデックス集合を用いて，直交マッチング追跡のアルゴリズム (4.42) と同様に部分空間 $\mathcal{C}_k = \{\boldsymbol{\phi}_i : i \in \mathcal{S}_k\}$ への射影を (4.39) により求める。

† 「圧縮サンプリングマッチング追跡」という呼び方は長くて読みにくいので，日本語でもこのアルゴリズムは CoSaMP の省略形で呼ばれる。なお，読み方は「コサンプ」である。

$$\tilde{\boldsymbol{x}}[k] = \left(\Phi_{\mathcal{S}_k}^\top \Phi_{\mathcal{S}_k}\right)^{-1} \Phi_{\mathcal{S}_k}^\top \boldsymbol{y} \tag{4.61}$$

つぎに**枝刈り**（pruning）と呼ばれる以下の処理により s-スパースなベクトルを得る。

$$\begin{aligned} \left(\boldsymbol{z}[k]\right)_i &= \begin{cases} \left(\tilde{\boldsymbol{x}}[k]\right)_i, & i \in \mathcal{S}_k \\ 0, & i \notin \mathcal{S}_k \end{cases} \\ \boldsymbol{x}[k] &= \mathcal{H}_s\left(\boldsymbol{z}[k]\right) \end{aligned} \tag{4.62}$$

また，これに合わせて，サポート集合 $\mathcal{S}_k$ を $\mathrm{supp}(\boldsymbol{x}[k])$ に更新する。

以上より，s-スパース近似問題 (4.45) を解くための CoSaMP のアルゴリズムは以下で与えられる。

s-スパース近似問題 (4.45) を解くための CoSaMP アルゴリズム

$\boldsymbol{x}[0] = \boldsymbol{0}$, $\boldsymbol{r}[0] = \boldsymbol{y}$, $\mathcal{S}_0 = \emptyset$, $k = 1$ とおいて，以下を繰り返す。

$$\left.\begin{aligned} &\mathcal{I}[k] := \mathrm{supp}\left\{\mathcal{H}_{2s}\left(\frac{\langle \boldsymbol{\phi}_i, \boldsymbol{r}[k-1]\rangle^2}{\|\boldsymbol{\phi}_i\|_2^2}\right)\right\} \\ &\mathcal{S}_k := \mathcal{S}_{k-1} \cup \mathcal{I}[k] \\ &\tilde{\boldsymbol{x}}[k] := \left(\Phi_{\mathcal{S}_k}^\top \Phi_{\mathcal{S}_k}\right)^{-1} \Phi_{\mathcal{S}_k}^\top \boldsymbol{y} \\ &\left(\boldsymbol{z}[k]\right)_{\mathcal{S}_k} := \tilde{\boldsymbol{x}}[k] \\ &\left(\boldsymbol{z}[k]\right)_{\mathcal{S}_k^{\mathrm{c}}} := \boldsymbol{0} \\ &\boldsymbol{x}[k] := \mathcal{H}_s\left(\boldsymbol{z}[k]\right) \\ &\mathcal{S}_k := \mathrm{supp}\{\boldsymbol{x}[k]\} \\ &\boldsymbol{r}[k] := \boldsymbol{y} - \sum_{i \in \mathcal{S}_k} \tilde{x}_i \boldsymbol{\phi}_i \\ &k := k+1 \end{aligned}\right\} \tag{4.63}$$

4.4 数　値　実　験

ここでは，これまで学んだ貪欲アルゴリズムを使って，具体的な問題を解いてみる。2.2 節（29 ページ）で考察したスパースな多項式 $y = -t^{80} + t$ の曲線フィッティングを考えよう。2.2 節と同様にデータを $t = 0, 0.1, 0.2, \cdots, 0.9, 1$ の 11 点で与えて，80 次多項式を復元する。アルゴリズムとして以下の六つを考える。

1. 2.2 節（29 ページ）で考察した ℓ^1 最適化
2. マッチング追跡（MP）
3. 直交マッチング追跡（OMP）
4. 反復ハードしきい値アルゴリズム（IHT）
5. 反復 s-スパースアルゴリズム（ISS）
6. 圧縮サンプリングマッチング追跡（CoSaMP）

なお，いま，行列 Φ に対して

$$0.012 < \frac{1}{\lambda_{\max}(\Phi^\top \Phi)} < 0.013 \tag{4.64}$$

となっており，IHT および ISS のアルゴリズムのパラメータ γ は

$$\gamma = 0.01 < 0.012 < \frac{1}{\lambda_{\max}(\Phi^\top \Phi)} \tag{4.65}$$

とした。定理 4.4 および定理 4.5 より，式 (4.65) が成り立てば，IHT および ISS のアルゴリズムは局所最適解に収束する。また，IHT において最適化問題 (4.44) の λ は $\lambda = 0.001$ としている。

以上のアルゴリズムによって推定された係数を**図 4.6** に示す。ここで係数は降べきの順に並べている。ℓ^1 最適化，MP，OMP，および CoSaMP のアルゴリズムではきちんと係数を復元できているが，IHT と ISS ではうまく復元ができていない。実際，アルゴリズムが終了したときの残差 $\boldsymbol{r} = \boldsymbol{y} - \Phi \boldsymbol{x}^*$（$\boldsymbol{x}^*$ は推定された係数ベクトル）を調べてみると，**表 4.1** のようになる。ここで，ℓ^1 最適化を除く五つのアルゴリズムは，すべて残差 $\boldsymbol{r}[k]$ が 10^{-5} 以下になるか繰返し回数が 10^5 以上になったときにアルゴリズムを終了させている。IHT と ISS は繰返しの上限値 10^5 に達して反復が打ち切られており，残差も他の手法に比べて大きい。繰返し回数に関しては，IHT と ISS を除くどの手法もきわめて少

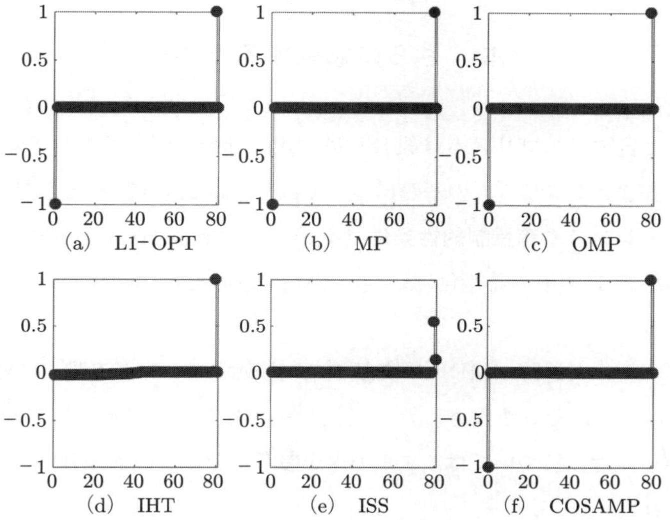

図 4.6 スパース多項式の係数の推定

表 4.1 スパース多項式の推定誤差 $\|\boldsymbol{y}-\Phi\boldsymbol{x}\|_2$ と繰返し回数。IHT と ISS は繰返し回数の上限 10^5 に達したため反復を打ち切った。

方法	ℓ^1 最適化	MP	OMP	IHT	ISS	CoSaMP
残差	2.7×10^{-10}	9.1×10^{-6}	4.1×10^{-16}	0.0017	0.83	4.1×10^{-11}
繰返し	10	18	2	10^5	10^5	3

なく，特に OMP の 2 回や CoSaMP の 3 回は特筆すべき回数である。残差の値も合わせると，今回の数値実験においては OMP が一番良い結果であることがわかる。

しかし，本文で述べたとおり，貪欲法のアルゴリズムはどれも ℓ^0 ノルム最適化問題の局所最適解に収束し，大域的な最適解への収束は保証されない。IHT と ISS は局所的な最適解に落ちてしまい，それ以上更新が進まなかったのが，残差が大きいことの原因である。当然，いつも OMP が一番良いとは限らず，IHT や ISS が最も良い結果を出す場合もあるだろう。貪欲法にはこのような性質があり，どのアルゴリズムを選ぶかは，試行錯誤を繰り返して決めるしかない。

4.5　さらに勉強するために

もともと貪欲アルゴリズムは組合せ最適化の分野で開発されたアルゴリズムである。貪欲アルゴリズムの基礎については，文献22),41) などが参考になる。相互コヒーレンスや**等長制約性条件**（restricted isometry property, RIP）などを用いた ℓ^0 最適解の特徴付けについては，文献29),31) などに詳しくまとめられている。

直交マッチング追跡（MP）は文献49)，直交マッチング追跡（OMP）は文献23),63) でそれぞれ提案された。反復ハードしきい値アルゴリズムおよび反復 s-スパース近似については，文献10) が参考になる。CoSaMP は文献60) にて提案された。

マッチング追跡（MP）の MATLAB 関数 MP.m

```
function [x,nitr]=MP(y,Phi,EPS,MAX_ITER)
    [m,n] = size(Phi);
    x = zeros(n,1);
    r = y;
    k = 0;
    Phi_norm = diag(Phi'*Phi);
    while (norm(r)>EPS) & (k < MAX_ITER)
        p = Phi'*r;
        v = p./sqrt(Phi_norm);
        [z,ik] = max(abs(v));
        v2 = p./Phi_norm;
        z = v2(ik);
        x(ik) = x(ik)+z;
        r = r-z*Phi(:,ik);
        k = k+1;
    end
    nitr=k;
end
```

直交マッチング追跡（OMP）の MATLAB 関数 OMP.m

```
function [x,nitr]=OMP(y,Phi,EPS,MAX_ITER)
    [m,n] = size(Phi);
```

```
    x = zeros(n,1);
    r = y;
    k = 0;
    S = zeros(n,1);
    Phi_norm = diag(Phi'*Phi);
    while  (norm(r)>EPS) & (k < MAX_ITER)
        p = Phi'*r;
        v = p./sqrt(Phi_norm);
        [z,ik] = max(abs(v));
        S(ik) = ik;
        Phi_S = Phi(:,S(S>0));
        x(S(S>0)) = pinv(Phi_S)*y;
        r = y-Phi*x;
        k = k+1;
    end
    nitr=k;
end
```

ハードしきい値作用素 $\boldsymbol{H}_{\boldsymbol{\lambda}}(\boldsymbol{v})$ の **MATLAB** 関数 hard_thresholding.m

```
function hv = hard_thresholding(lambda,v)
    [m,n]=size(v);
    mn = m*n;
    hv = zeros(m,n);
    for i = 1:mn
        if abs(v(i))<=lambda
            hv(i) = 0;
        else
            hv(i) = v(i);
        end
    end
end
```

ベクトルの台を求める **MATLAB** 関数 supp.m

```
function I = supp(x)
    I = find(abs(x)>0)';
end
```

反復ハードしきい値アルゴリズムの **MATLAB** 関数 IHT.m

```
function [x,nitr]=IHT(y,Phi,lambda,gamma,EPS,MAX_ITER)
    [m,n] = size(Phi);
    x = zeros(n,1);
    r = y;
```

```
    k = 0;
    while (norm(r)>EPS) & (k < MAX_ITER)
        p = x + gamma * Phi'*r;
        x = hard_thresholding(sqrt(2*lambda*gamma),p);
        S = supp(x);
        r = y-Phi(:,S)*x(S);
        k = k+1;
    end
    nitr=k;
end
```

***s*-スパース作用素の MATLAB 関数** `s_sparse_operator.m`

```
function y = s_sparse_operator(x,s)
    [n,m]=size(x);
    y=zeros(n,m);
    [xs,indx]=sort(abs(x),1,'descend');
    indx_s = indx(1:s);
    y(indx_s)=x(indx_s);
end
```

反復 *s*-スパースアルゴリズムの MATLAB 関数 `iterative_s_sparse.m`

```
function [x,nitr]=iterative_s_sparse(y,Phi,s,gamma,EPS,MAX_ITER)
    [m,n] = size(Phi);
    x = zeros(n,1);
    r = y;
    k = 0;
    while (norm(r)>EPS) & (k < MAX_ITER)
        p = x + gamma * Phi'*r;
        x = s_sparse_operator(p,s);
        S = supp(x);
        r = y-Phi(:,S)*x(S);
        k = k+1;
    end
    nitr=k;
end
```

CoSaMP の MATLAB 関数 `CoSaMP.m`

```
function [x,nitr]=CoSaMP(y,Phi,s,EPS,MAX_ITER)
    [m,n] = size(Phi);
    x = zeros(n,1);
    r = y;
    k = 0;
```

```
    S = [];
    Lambda = [];
    Phi_norm = diag(Phi'*Phi);
    while (norm(r)>EPS) & (k < MAX_ITER)
        p = s_sparse_operator((Phi'*r)./sqrt(Phi_norm),2*s);
        Ik = supp(p);
        S = union(Lambda,Ik);
        Phi_S = Phi(:,S);
        z = zeros(n,1);
        z(S) = pinv(Phi_S)*y;
        x = s_sparse_operator(z,s);
        Lambda = supp(x);
        r = y-Phi_S*z(S);
        k = k+1;
    end
    nitr=k;
end
```

4.4 節の数値実験を行う MATLAB コード

```
clear;
%% data
% polynomial coefficients
x_orig = [-1,zeros(1,78),1,0]';
% sampling
t = 0:0.1:1;
y = polyval(x_orig,t)';
% data size
N = length(t);
M = N-1;
% Order of polynomial
M_l = length(x_orig)-1;
% Vandermonde matrix
Phi=[];
for m=0:M_l
   Phi = [t'.^m,Phi];
end
%% Sparse modeling
% iteration parameters
EPS=1e-5; % if the residue < EPS then the iteration will stop
MAX_ITER=100000; % maximum number of iterations
% L1 by CVX
cvx_begin
    variable x_l1(M_l+1)
    minimize norm(x_l1,1)
```

```
    subject to
        Phi*x_l1 == y
cvx_end
% Matching Pursuit
[x_mp,nitr_mp]=MP(y,Phi,EPS,MAX_ITER);
% OMP
[x_omp,nitr_omp]=OMP(y,Phi,EPS,MAX_ITER);
% CoSaMP
s = length(supp(x_orig));
[x_cosamp,nitr_cosamp]=CoSaMP(y,Phi,s,EPS,MAX_ITER);
% IHT
lambda=0.001;
gamma=0.01;
[x_iht,nitr_iht]=IHT(y,Phi,lambda,gamma,EPS,MAX_ITER);
% iterative s-sparse
gamma=0.01;
[x_iss,nitr_iss]=iterative_s_sparse(y,Phi,s,gamma,EPS,MAX_ITER);
```

5 スパースモデリングの歴史

本章ではスパースモデリングの歴史を簡単に振り返ってみる。スパースモデリングを学ぶ動機付けとしていただきたい。本章の内容は，他の章とは独立しており，スパースモデリングのテクニカルな面に興味がある読者は，本章を読み飛ばしても，これ以降の内容にはほとんど影響しない。

5.1 オッカムの剃刀(かみそり)

スパースモデリングの根底にあるのは「ある事柄を説明するためには，必要以上に多くを仮定すべきでない」という考え方で，これを**オッカムの剃刀**（Ockham's razor）と呼ぶ。14 世紀にオッカム（William of Ockham）が主張した概念で，**ケチの原理**（law of parsimony）とも呼ばれる。この概念はオッカムの発案ではなく，それよりずっと前に例えばプトレマイオス（Claudis Ptolemy, 90 AD〜168 AD）やアリストテレス（Aristotle, 384 BC〜322 BC）なども同様のことを述べている。われわれも普段から "Simple is best"（過ぎたるは，なお及ばざるが如し）という表現をよく使うし，また禅やわび・さびなどの文化がある日本ではたいへんなじみ深い概念である。

オッカムの剃刀と正反対の考え方を風刺的に描いたものに**ゴールドバーグ機械**（Goldberg's machine）がある。非常に簡単な動作をきわめて複雑に行う機械を描いた風刺画であり，20 世紀の大規模な機械化を揶揄している。**図 5.1** は有名な自動ナプキン機である。これは，スープを飲むたびに髭(ひげ)についた汚れを自動で拭き取る機械である。この機械の動作は以下のとおりである。

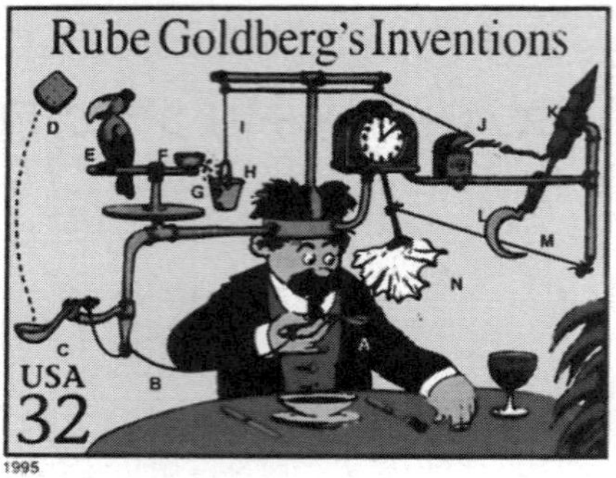

図 5.1　ゴールドバーグ機械（自動ナプキン機）

1. 髭の生えた人がスープを飲むためにスプーン（A）を動かす
2. スプーン（A）にくくりつけられた紐（B）が引っ張られる
3. ひしゃく（C）が動く
4. その反動でクラッカー（D）が飛ぶ
5. オウム（E）がクラッカー（D）を追って飛び立つ
6. オウム（E）が乗っていた止まり木（F）が傾く
7. 止まり木（F）の片方に乗っていた餌（G）がこぼれ落ちる
8. こぼれ落ちた餌（G）がバケツ（H）に入る
9. 重くなったバケツにより紐（I）が引っ張られる
10. それによりライター（J）が発火する
11. ロケット（K）の導火線に火がつき，飛び立つ
12. ロケット（K）につけられたナイフ（L）が紐（M）を切る
13. 時計の振り子が揺れて，ナプキン（N）が髭についた汚れを拭く

ゴールドバーグ機械はひと目見ただけで明らかにおかしいとわかるが，この時代よりもはるかに複雑になった現代では，気付かないうちにゴールドバーグ機械のようなものを作り出してしまっているかもしれない。スパースモデリングはこのようなことを避けるためにも必須の技術であるといえる。

5.2 グループテスティング

スパースモデリングが科学技術の問題として初めて定式化されたのは，**グループテスティング**（group testing）であろう。少ない回数の血液検査で大勢の中から病気に感染している人を見つけ出す問題として，1948年にドーフマン（Robert Dorfman）によってグループテスティングが提唱された[26)]。

例えば，8人のうち1人だけ病気に感染しており，その感染は血液を調べることによってわかるとする。8人から採血した血液が八つあるが，血液検査には費用と時間がかかり，なるべく少ない回数で感染者を特定したい。このとき，つぎのようなうまい方法がある（図**5.2**参照）。

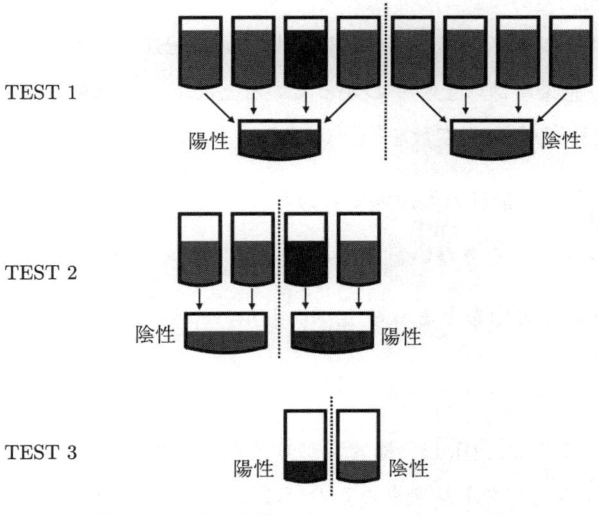

図**5.2**　8人の血液のグループテスティング

- まず8人の血液を4人ずつの2グループに分け，それぞれから少しずつ血液を取りグループごとに混ぜる。
- 感染者が1人だけなので，どちらかのグループの血液に陽性反応が出る。

- 陽性反応が出たグループを 2 人ずつの 2 グループに分け，同じことをする。この時点で感染者は 2 人に絞り込める。
- 2 人の血液を個別に調べれば，感染者が特定できる。

全員を個別に血液検査をすれば 8 回の検査が必要となるが，この方法を使えば高々 6 回の検査で感染者が特定できることになる。一般に，上の方法によると，2^T 人の中に感染者が 1 人だけいるとすると，$2T$ 回以下のテストで感染者が特定できる。例えば 1 024 人ならば 20 回の検査で済むことになる。ひとりひとりの血液を個別に検査するのに比べて，検査回数が劇的に削減できることがわかるだろう。上の例では感染者が 1 人だけであったが，例えば 10 万人に数人程度の割合で感染者が含まれている場合にも，10 万人分の血液を個別に調べるのではなく，上で述べたようなうまい方法を考えたい。これがグループテスティングの問題である。

では，グループテスティングの問題を具体的に記述してみよう。調べるべき人の数を n，感染者数の上界がわかっているとして，それを d とおく。人が感染しているか否かを表す変数を

$$x_i \triangleq \begin{cases} 1, & i \text{ 番目の人が感染者のとき} \\ 0, & \text{そうでないとき} \end{cases} \tag{5.1}$$

と定義し，0 か 1 の値をとる n 次元ベクトル

$$\boldsymbol{x} \triangleq (x_1, x_2, \cdots, x_n) \in \{0,1\}^n \tag{5.2}$$

を定義する。ここで，$\{0,1\}^n$ は要素が 0 または 1 の n 次元ベクトルの集合である。この n 次元ベクトルを求めるのがここでの問題である。当然，ひとりひとりを個別に調べれば n 回の検査でベクトル $\boldsymbol{x}$ が確定するが，ここではそれよりも遥かに少ない回数で $\boldsymbol{x}$ を特定したい。

集合 $\{1, 2, \cdots, n\}$ の部分集合（インデックスの集合）$\mathcal{S}$ を考える。$\mathcal{S}$ のなかに感染者がいれば 1 を，いなければ 0 を返す関数 A を以下のように定義する。

$$A(\mathcal{S}) = \begin{cases} 1, & \text{ある } i \in \mathcal{S} \text{ が存在して } x_i = 1 \text{ となるとき} \\ 0, & \text{そうでないとき} \end{cases} \tag{5.3}$$

グループテスティングでは，n 人の中から何人かを選んでグループをつくり，血液を混ぜ合わせて感染を調べる。このようなグループを m 種類用意し，$\mathcal{S}_1, \mathcal{S}_2, \cdots, \mathcal{S}_m$ とおく。これらグループによる検査結果 $A(\mathcal{S}_1), A(\mathcal{S}_2), \cdots, A(\mathcal{S}_m)$ を並べたベクトル $\boldsymbol{y}$ を

$$\boldsymbol{y} \triangleq \bigl(A(\mathcal{S}_1), A(\mathcal{S}_2), \cdots, A(\mathcal{S}_m)\bigr) \in \{0,1\}^m \tag{5.4}$$

と定義する。また行列 $\Phi \in \{0,1\}^{m \times n}$ を

$$\Phi_{ij} \triangleq \begin{cases} 1, & i \in \mathcal{S}_j \text{ のとき} \\ 0, & \text{そうでないとき} \end{cases} \tag{5.5}$$

と定義する。ただし Φ_{ij} は行列 Φ の第 (i,j) 要素である。ここで，要素どうしの和と積をそれぞれ**論理和**（logical disjunction）および**論理積**（logical conjunction）

$$\left.\begin{array}{llll} 0+0=0, & 0+1=1, & 1+0=1, & 1+1=1 \\ 0\times 0=0, & 0\times 1=0, & 1\times 0=0, & 1\times 1=1 \end{array}\right\} \tag{5.6}$$

で計算するものとすると，検査結果のベクトル $\boldsymbol{y}$ と感染を表すベクトル $\boldsymbol{x}$ との関係は

$$\boldsymbol{y} = \Phi \boldsymbol{x} \tag{5.7}$$

で表されることになる。いま，検査回数を劇的に減らすことが目的であるため，$m \ll n$ である。したがって，上の線形方程式には解が無数に存在する。しかし，感染者の割合は非常に少なく，ベクトル $\boldsymbol{x}$ はスパースであると仮定すると，スパースモデリングのアイデアを用いて，以下の ℓ^0 最適解問題としてグループテスティングを定式化できる。

$$\underset{\boldsymbol{x}\in\{0,1\}^n}{\text{minimize}}\, \|\boldsymbol{x}\|_0 \quad \text{subject to} \quad \boldsymbol{y} = \Phi\boldsymbol{x} \tag{5.8}$$

この問題は**組合せ最適化**（combinatorial optimization problem）または**0-1 最適化**（0-1 optimization problem）と呼ばれ，サイズ n が大きくなれば，必要な計算量は指数関数的に増大する。1943 年のドーフマンの論文[26] 以降，グループテスティングを効率的に解くためのさまざまな手法が提案されており，特に最近のスパースモデリングの発展に伴って，学会のホットトピックになっている。最近の手法については，例えば文献 1), 3) などを参照されたい。

5.3 ℓ^1 ノルムによる最適化

2 章および 3 章で学んだように，ℓ^1 ノルムを用いた最適化はスパースモデリングの最も重要なテクニックである。ここでは，ℓ^1 ノルムによるスパースモデリングの歴史をひもといてみよう。

5.3.1 信号復元問題

スパースモデリングの文脈で ℓ^1 最適化を最初に導入した研究は，ローガン（Benjamin Franklin Logan）の 1965 年の博士論文[46] であろう。ローガンはノイズが混入した信号から元の信号を復元する問題，すなわち**信号復元問題**（signal reconstruction problem）を考察した。そして，元の信号がある周波数に帯域制限されており†，かつノイズが時間軸上で十分に局在化されている（すなわちスパースである）とき，ℓ^1 ノルム最小化により完全にノイズが除去できることを示した。これを**ローガンの現象**（Logan's phenomenon）と呼ぶ。**図 5.3** はローガンの現象での信号の仮定（帯域制限およびスパース性）を図示したものである。ここで使われる ℓ^1 ノルム最小化は 2 章（22 ページ）の最小二乗法 (2.24) の ℓ^2 ノルム（の 2 乗）を ℓ^1 ノルムに置き換えたものである。また，これを拡張し，元の信号が周波数領域で十分スパースであるときの信号復元も同様に ℓ^1

† 信号 $f(t)$ が周波数 Ω に**帯域制限**（band-limited）されているとは，信号 $f(t)$ のフーリエ変換（またはフーリエ係数）が Ω 以上ではゼロとなっていることをいう。

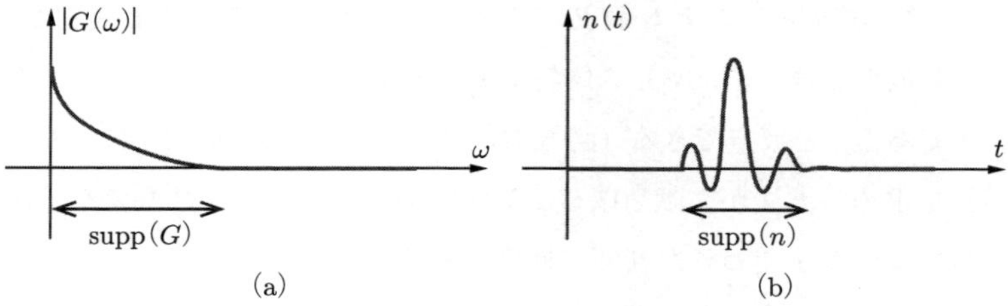

図 5.3 ノイズが混在した信号 $f(t) = g(t) + n(t)$ から $g(t)$ を復元：g はそのフーリエ変換 $G(\omega)$ が帯域制限され，n は時間軸上で局在化している（スパースである）。

最適化で可能であることが文献 25) で示された†。

5.3.2 地 球 物 理 学

地球物理学（geophysics）の分野でも ℓ^1 最適化を用いる研究が 1970 年代より提案されている。地表付近で人工地震を発生させて，その反射波を観測することにより地層の構造を調べる反射法地震探査という方法がある。これは**システム同定**（system identification）または**逆問題**（inverse problem）と呼ばれる問題であり，入力と出力からシステムの特性を調べる問題となる。**図 5.4**(a) のように入力（人工地震の波形）を $u(t)$，出力（反射波）を $y(t)$ とし，その入出力を表すシステム R は線形システムであると仮定する。このとき，問題は $u(t)$

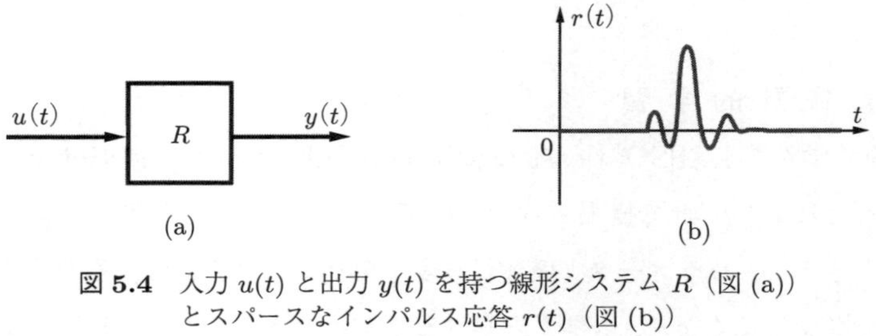

図 5.4 入力 $u(t)$ と出力 $y(t)$ を持つ線形システム R（図 (a)）とスパースなインパルス応答 $r(t)$（図 (b)）

† 正確には，これらの結果は連続時間信号での結果で，ノルムとしては L^1 ノルムを使い，スパース性も連続時間信号のスパース性で議論している（これらについては，6 章参照）。しかし本質は，離散時間信号でも変わらない。

と $y(t)$ のデータからシステム R のインパルス応答 $r(t)$ を求める問題となる。地震の反射波の場合，インパルス応答 $r(t)$ は時間的に局在している（すなわちスパースである）と仮定できる（図 5.4(b) 参照）ので，ℓ^1 正則化によりインパルス応答を求める方法が文献 20), 68), 72) で提案された。これもスパースモデリングのアイデアが使われた初期の研究であるといえる。

5.3.3 ニューラルネットワーク

ニューラルネットワーク（neural network）の分野でもスパースモデリングのアイデアはかなり早くから提唱された。深層学習の元祖である**多層パーセプトロン**（multilayer perceptron）の学習において，学習に ℓ^1 ノルム正則化を導入し，ネットワークの結合重みをスパースにすることにより過学習を避ける方法が石川真澄（九州工業大学名誉教授）により 1980 年代より提唱されている[39), 84), 85)]。これは人間の脳の「忘れる」という機能をうまく取り入れた学習法であり，**忘却付き構造学習**（structure learning with forgetting）と呼ばれる。この学習により多層ネットワークにおける隠れ層ニューロンの意味付けが可能となり，学習結果を人が理解できるようになる。またこれは，現在の深層学習におけるドロップアウト（38 ページのコラムを参照）にも通じる基本的なテクニックであり，それが日本人によって初めて提唱されたことは，たいへん誇らしいことである。

5.3.4 統 計 的 学 習

2.2 節で学んだ LASSO（least absolute shrinkage and selection operator）はもともと統計の分野で提唱されたものである。データから曲線フィッティングを行うときに，パラメータ（係数）の多くをゼロにできれば，その項は推定にまったく影響しなくなり，過学習を避けることができる。このように推定に関係ない特徴に対応するパラメータの影響を縮小するように推定する方法を**縮小推定**（shrinkage method）と呼ぶ。2.2 節（32 ページ）の ℓ^1 正則化 (2.42) のように ℓ^1 ノルムを用いて縮小推定を行う方法がティブシラニ（Robert Tibshirani）

によって1996年に提唱された[73]。また，LASSOによる縮小推定を発展させて，ℓ^1 ノルムと ℓ^2 ノルム（の2乗）の和を正則化項に持つ**エラスティックネット**（elastic net）[81] やグループごとのノルム和を正則化項に持つ**グループLASSO**（group LASSO）[78] などが提唱されている。なお多くの文献の中で，文献73）がスパースモデリングの嚆矢とされているが，上で述べたとおり ℓ^1 ノルム正則化によりスパースなパラメータ推定を行うLASSOのアイデアは石川の一連の論文[39),84),85]が先行している。

5.3.5 信 号 処 理

スパースモデリングがホットトピックとなった最初の分野は信号処理であろう。スパースな信号を復元するために ℓ^1 ノルム最適化を用いた**基底追跡**（basis pursuit）の方法が1994年の信号処理の国際会議†にて，チェン（Scott Shaobing Chen）とドノホ（David L. Donoho）によって発表された[17]。後にこの方法は，共著者にサウンダース（Michael A. Saunders）を加え，ジャーナル論文としてまとめられている[18]。また，信号の差分の ℓ^1 ノルムである**全変動**（total variation）を用いてノイズ除去を提案する論文が1992年にルーディン（Leonid I. Rudin）らによって発表されている[65]。

その後，ドノホらは基底追跡の手法を理論的に精密化した**圧縮センシング**（compressed sensing）と呼ばれる信号のセンシングと復元の新しい理論を構築し，2006年の論文[24] で発表した。また，同年に信号処理研究者のカンデス（Emmanuel Candes）とフィールズ賞数学者のタオ（Terence Tao）との共著論文も発表され[14]，この年から現在のスパースモデリングの発展が始まったといえる。圧縮センシングが発表された当初は信号処理や情報理論の分野でのトピックであったが，現在ではこれらの領域をはるかに越えて，さまざまな分野の研究者が共同研究という形で研究を発展させて現在に至っている。

† The 28th Asilomar Conference on Signals, Systems, and Computers

5.4 自動制御とスパースモデリング

本節では，自動制御の分野におけるスパースモデリングの歴史とその位置付けについて述べ，次章以降で述べる動的スパースモデリングを勉強する動機を提供したい。

自動制御の分野では，意外と古くからスパース性は意識されていた。まず，ある状態から別の状態へ遷移させる制御信号のうち L^1 ノルムが最も小さくなるものを求める制御である**最小燃料制御**（minimum fuel control）が 1960 年代の始めより制御理論の分野で盛んに議論された（例えば，文献 2) を見よ）。当時は米ソ宇宙開発競争の真っ只中であり，例えば地球から月までいかに燃料消費を少なくしてロケットを飛ばせるかの議論がこの制御の背景にある。

詳細は次章以降で述べるが，ある仮定を満たすとき，最小燃料制御は**バン・オフ・バン**（bang-off-bang）となり，制御は $\pm U_{\max}$（制御が出せる最大振幅）または 0 の 3 値しかとらないことが示される。制御が 0 の値をとるとき，ロケットは慣性飛行をし，その間燃料消費が抑えられる。これが最小燃料制御の意味である。なお，この L^1 最適な制御の L^0 最適性（スパース性）は，筆者らが論文[56),58)] で証明するまで知られていなかった。また，制御が 3 値をとるというのは，現代的にいえば**離散値制御**（discrete-valued control）である。ある種の最適制御がこのような離散値制御となることは 1960 年代から知られており，当時の教科書[2)] には，この離散値性を使えばロケットの操縦はいくつかのスイッチで可能であると述べている（**図 5.5** 参照）。

もちろん，いまとなっては，このような単純な手動制御で宇宙に飛び立つのは無謀であり，フィードバック機構を持った自動制御が必須であることは明らかである。しかし，この離散値制御はスイッチのオンオフだけで制御を表現でき，近年の IoT（Internet of Things）または CPS（Cyber-Physical Systems）と呼ばれるディジタル制御系ではきわめて重要である。スパースモデリングのアイデアを使った現代的な離散値制御の構成法が，これも筆者らによって提案

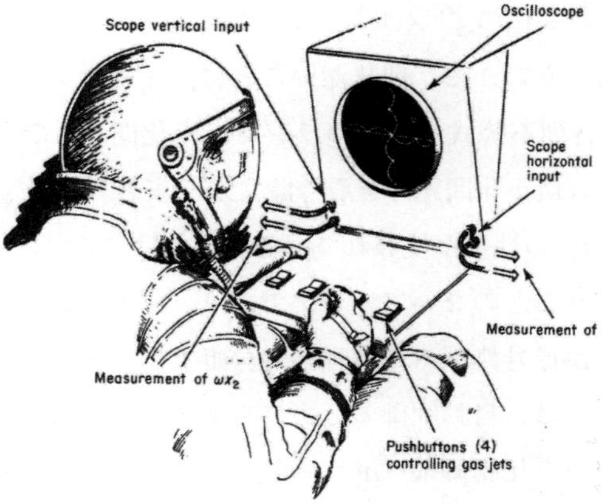

図 5.5　1960 年代に将来のロケット操縦法として当時の教科書[2)]に示された図。宇宙飛行士はロケットの状態（位置と速度）を見ながらスイッチをオンオフするだけで，最適制御が実現できる。文献 2), p. 608, Fig. 7-62 より転載。

された[38)]。

上記の最適制御は，制御対象（例えばロケット）の完全な数式モデルを必要とする。しかし，現実にはモデル化されないダイナミクスやパラメータ誤差などがあり，それにどう対処するかが自動制御理論での大きな課題であった。このような**不確かさ**（uncertainty）を考慮に入れた制御系の設計理論である**ロバスト制御**（robust control）が 1980 年代に盛んに研究され，特に $\boldsymbol{H^\infty}$ **制御理論**（H^∞ control theory）はその最大の成功例である（例えば文献 79) を参照せよ）。H^∞ 制御におけるいくつかの基本問題は，ある**線形行列不等式**（linear matrix inequality, LMI）を満たす行列を求める問題に帰着する[87)]。

線形行列不等式は凸制約であり，凸最適化（特に内点法）を用いれば容易に解ける。しかし，例えば複雑な制御対象を簡単な制御器で制御する場合や，不確かさが複雑な構造を持つ場合における設計は，線形行列不等式に行列のランク制約（またはランク最小化）が加わり，一気に問題は難しくなる†。行列のラ

† 制御で表れるランク制約問題は等価的に**双線形行列不等式**（bilinear matrix inequality, BMI）として記述できる。当時は，「BMI が解ければ制御分野の未解決問題はほとんど解ける」といわれていた。

ンクはその行列の特異値の ℓ^0 ノルムであるので，この問題はスパースモデリングの一種であることがわかる。興味深いことに，圧縮センシングの理論に先行する 1997 年に，行列不等式の下でのランク最小化問題と等価な凸最適化問題（特異値の ℓ^1 ノルム最小化問題）を導く論文が発表された[52)]。その等価性には **Z 行列**（Z matrix）の性質が使われている。これは，通常の圧縮センシングの理論ではあまり使うことのないアイデアであり，その意味でも興味深い。

圧縮センシングが信号処理や情報理論の分野でブームとなると，スパースモデリングのアイデアは，自動制御の分野にも波及してくる。例えば通信容量制約のある**ネットワーク化制御系**（networked control system）を考えよう。図 **5.6** にドローンを無線で制御するネットワーク化制御系の例を示す。制御対象であるドローンからのセンサ情報は無線通信ネットワークを介してコンピュータ（CPU）に送信される。その情報に基づいてドローンの姿勢や速度，加速度等の更新値を計算し，制御指令をネットワークを介してドローンに返す。このようなネットワーク化制御系において，通信の帯域制限に対処するためにスパースな制御パケットを送信する手法が 2010 年ごろに提案された[54),55),59)]，さらに，スパースモデリングを応用した軌道生成問題[61)]や状態観測問題[8),75)]，最適制御[30),32),43),51),69)]なども同時期に相次いで発表された。これらが契機となって，スパースモデリングの手法が自動制御の分野でも浸透していく。

上で最小燃料制御はスパースモデリングと関連が深いことを述べたが，この

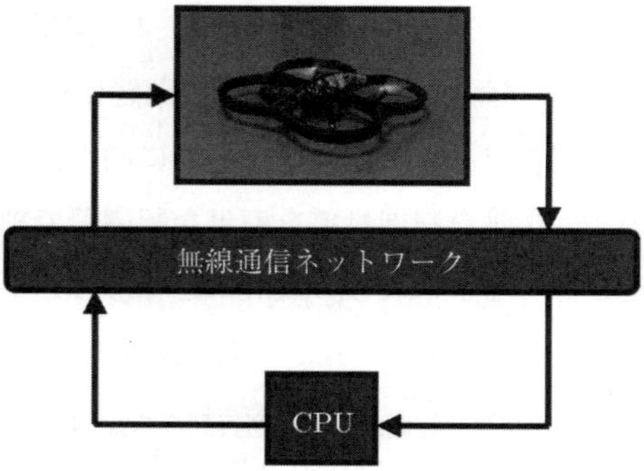

図 **5.6**　ネットワーク化制御系

制御はロケットだけでなく，現代のさまざまなシステム，例えば自動車や鉄道，ロボット，電力ネットワークなど動的システムと呼ばれるものが対象となっている。このような動的システムに対するスパースモデリングを**動的スパースモデリング**（dynamical sparse modeling）と呼ぶ。1960年代の宇宙開発競争時代の古典的な制御法とスパースモデリングという現代の最先端理論が融合した研究であり，理論的な面白さもあるが，それ以上に工学的にもきわめて重要な性質を持っている。次章以降で，この動的スパースモデリングの理論について詳細を述べ，その工学的意義について解説する。

6 動的システムと最適制御

前章までで，スパースモデリングの基礎概念を学んだ。本章以降は，スパースモデリングのアイデアを動的システムに応用する。本章では，まず動的システムの基礎を勉強した後，動的スパースモデリングで重要となる最適制御理論の初歩を勉強する。

6 章の要点

- 動的システムは状態方程式と呼ばれる微分方程式でモデル化される。
- 可制御でない動的システムは制御できない。
- 可制御な動的システムに対して，実行可能制御の中から最も良いものを選ぶのが最適制御である。

6.1 動的システム

本章以降，**動的システム**（dynamical system）を考察する。動的システムとは，時間の概念が付随したシステムであり，わかりやすくいえば「動くもの」を時間変数を用いて数式表現したものである。自動車や航空機からモータや電気回路など，身の回りにある工業製品のほとんどは動的システムである。その他にも，天体の運動や天気の移り変わり，アリの群れの行動や細胞の運動，株価の変動やうわさの広がりなど，工学に限らず物理学や生物学，経済学や社会学においても動的システムは重要である。

6.1.1 状態方程式

本書では，動的システムとして，以下の線形常微分方程式で表されるシステムを考える。

$$\dot{\boldsymbol{x}}(t) = A\boldsymbol{x}(t) + \boldsymbol{b}u(t), \quad t \geqq 0, \quad \boldsymbol{x}(0) = \boldsymbol{\xi} \in \mathbb{R}^d \tag{6.1}$$

ここで，$A \in \mathbb{R}^{d\times d}$, $\boldsymbol{b} \in \mathbb{R}^d$ はそれぞれ与えられた定数行列，および定数ベクトルとする。変数 $\boldsymbol{x}(t) \in \mathbb{R}^d$ は時刻 t での**状態**（state）と呼ばれる変数であり，変数 $u(t) \in \mathbb{R}$ は**制御**（control）である。時刻 $t=0$ での状態 $\boldsymbol{x}(0) = \boldsymbol{\xi}$ を**初期状態**（initial state）と呼び，微分方程式 (6.1) を**状態方程式**（state equation）と呼ぶ。また，微分方程式 (6.1) は制御 $u(t)$ によって制御される対象であることから，この微分方程式で表される動的システムを**制御対象**（controlled object または plant）とも呼ぶ。

演習問題 6.1　微分方程式 (6.1) の解が

$$\boldsymbol{x}(t) = e^{At}\boldsymbol{\xi} + \int_0^t e^{A(t-\tau)}\boldsymbol{b}u(\tau)d\tau \tag{6.2}$$

で与えられることを示せ。

例題 6.1（宇宙空間を飛ぶロケット）　摩擦も重力も働かない宇宙空間でロケットを飛ばすことを考えよう（**図 6.1** 参照）。ロケットを質量 m〔kg〕の質点とし，噴射によりロケットに力が働くとする。ロケットは直線的に移動するとして，時刻 $t \geqq 0$ での位置を $r(t)$, 初期位置を $r(0) = \xi_1$, 初期速度を $v(0) = \dot{r}(0) = \xi_2$ とし，ロケットに働く力を $F(t)$ とする。ニュートンの法則より以下の微分方程

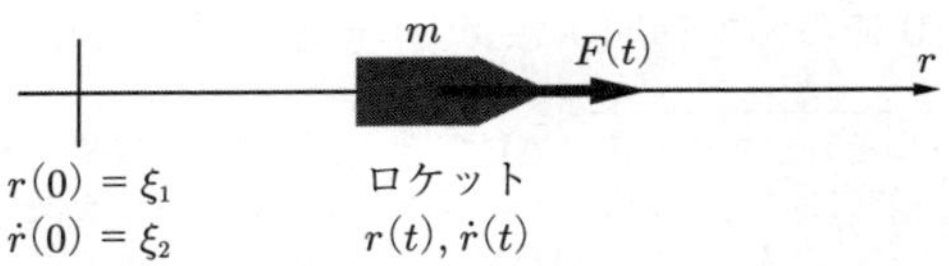

図 6.1　宇宙空間を飛ぶ質量 m のロケット

式が成り立つ[†]。

$$m\ddot{r}(t) = F(t), \quad r(0) = \xi_1, \quad \dot{r}(0) = \xi_2 \tag{6.3}$$

この微分方程式を式 (6.1) の状態方程式の形で表してみよう。そのために，状態 $\boldsymbol{x}(t)$ を

$$\boldsymbol{x}(t) \triangleq \begin{bmatrix} x_1(t) \\ x_2(t) \end{bmatrix} \triangleq \begin{bmatrix} r(t) \\ \dot{r}(t) \end{bmatrix} \tag{6.4}$$

とおく。すると

$$\dot{\boldsymbol{x}}(t) = \begin{bmatrix} \dot{r}(t) \\ \ddot{r}(t) \end{bmatrix} = \begin{bmatrix} x_2(t) \\ m^{-1}F(t) \end{bmatrix} = \begin{bmatrix} 0 & 1 \\ 0 & 0 \end{bmatrix} \begin{bmatrix} x_1(t) \\ x_2(t) \end{bmatrix} + \begin{bmatrix} 0 \\ m^{-1} \end{bmatrix} F(t) \tag{6.5}$$

と書けるので，$u(t) = F(t)$ とおき

$$A \triangleq \begin{bmatrix} 0 & 1 \\ 0 & 0 \end{bmatrix}, \quad \boldsymbol{b} \triangleq \begin{bmatrix} 0 \\ m^{-1} \end{bmatrix}, \quad \boldsymbol{\xi} \triangleq \begin{bmatrix} \xi_1 \\ \xi_2 \end{bmatrix} \tag{6.6}$$

とおくと，式 (6.1) の状態方程式が得られることがわかる。

状態方程式 (6.1) の意味を以下で説明しよう。センサ等による観測により，時刻 $t = 0$ で初期状態 $\boldsymbol{x}(0) = \boldsymbol{\xi}$ が得られたとする。それを基に，時刻 $t \geqq 0$ での制御 $u(t)$ をうまく決めて，状態 $\boldsymbol{x}(t)$ が望みの軌跡を描くようにすることを**制御する**という。例題 6.1 のロケットの例では，例えばロケットを地球上から火星まで，定められた時間内になるべく燃料を消費せずに移動させるような噴射量 $u(t) = F(t)$ を決定する問題が制御の問題となる。

制御 $u(t)$ が $t \geqq 0$ において初期状態 $\boldsymbol{x}(0) = \boldsymbol{\xi}$ だけに依存するときは，フィー

† 実際のロケットはそれ自体の質量（燃料など）を反対方向に噴射することによって加速度を得るので，厳密にいえばこのモデルは正しくない（質量を減らさなければ加速度運動はできない）。ここではロケット自体の質量が燃料の質量に比べて十分小さく，質量の変化は無視できると仮定している。もしくは，例えば摩擦のない線路上をゆっくり移動する電車のような（空気抵抗がきわめて小さい）移動体を考えてもよい。

ドフォワード制御（feedforward control）と呼ぶ。そうではなく，制御 $u(t)$ が時刻 $t > 0$ で，状態をつねに（または時々）観測しながら，それらの状態 $\boldsymbol{x}(t)$ に依存して決められるとき，**フィードバック制御**（feedback control）と呼ぶ。フィードフォワード制御では，観測は最初の 1 回のみで，それ以降の制御はいわば目隠し状態で自転車を運転するようなものである。一方，フィードバック制御はつねに（または時々）周りを見ながら自転車を運転することに相当する。この例からわかるように，フィードフォワード制御は外乱やモデル化誤差に弱いが，フィードバック制御によりこの脆弱（ぜいじゃく）性を取り除くことができる。

6.1.2　可制御性と可制御集合

制御対象 (6.1) を制御する目標はいろいろある。例えば，軌道 $\boldsymbol{x}(t)$ があらかじめ決められたポイント（の近く）を通るように，うまく $u(t)$ を決める**軌道生成**（trajectory generation）または**軌道計画**（trajectory planning）と呼ばれる問題や状態 $\boldsymbol{x}(t)$ をあらかじめ決められた集合内にとどめておく（例えばドローンでホバリングをする場合などの）問題がある。本書では，与えられた初期状態 $\boldsymbol{x}(0) = \boldsymbol{\xi}$ から時間 $T > 0$ で原点 $\mathbf{0}$ まで遷移させる制御 $u(t), 0 \leqq t \leqq T$ を求める問題を考える（図 **6.2** 参照）。

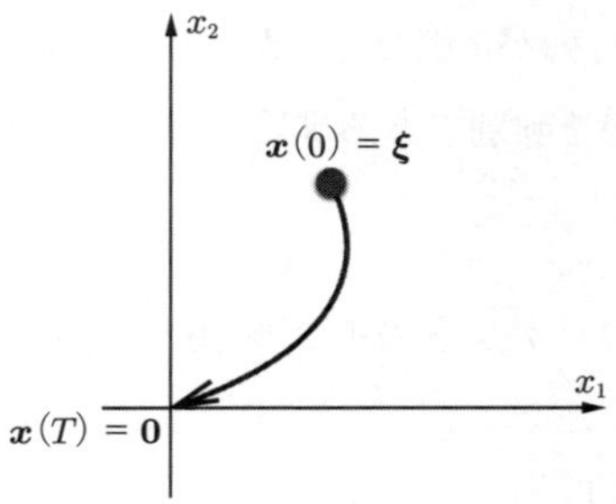

図 **6.2**　与えられた初期状態 $\boldsymbol{x}(0) = \boldsymbol{\xi}$ から時間 $T > 0$ で原点 $\mathbf{0}$ まで遷移させる制御 $u(t), 0 \leqq t \leqq T$ を求める。

まず，このような制御が存在するかどうかを議論するために可制御性の概念を導入する。

定義 6.1（可制御性） 制御対象 (6.1) の任意の初期状態 $\boldsymbol{x}(0) = \boldsymbol{\xi} \in \mathbb{R}^d$ に対して，ある時間 $T > 0$ と制御 $u(t)$, $0 \leqq t \leqq T$ が存在して，この u によって式 (6.1) の状態 $\boldsymbol{x}(t)$ が $t = T$ で $\boldsymbol{x}(T) = \boldsymbol{0}$ となるとき，システム (6.1) は**可制御**（controllable）であるという。

もし制御対象が可制御でない場合，初期状態によっては，どのような制御 $u(t)$ を選んでも，有限の時間で状態を原点に遷移させることができないといったことが起こりうる。本書を通じて，動的システム (6.1) は可制御であると仮定する。

与えられた微分方程式に対して可制御であるかないかを定義どおりに調べることは通常しない。動的システム (6.1) の可制御性を判別するには，以下の定理を用いる。

定理 6.1（可制御性の必要十分条件） 動的システム (6.1) が可制御であるための必要十分条件は，**可制御性行列**（controllability matrix）と呼ばれるつぎの行列

$$M \triangleq \begin{bmatrix} \boldsymbol{b} & A\boldsymbol{b} & A^2\boldsymbol{b} & \cdots & A^{d-1}\boldsymbol{b} \end{bmatrix} \tag{6.7}$$

が正則であることである。

この定理は，可制御性行列が正則であるかどうかを調べれば動的システム (6.1) が可制御であるかどうかを判別できる非常に強力な定理である。証明は例えば文献 102) を参照せよ。

例題 6.2 例題 6.1 のロケットのモデル (6.5), (6.6) を考える。このシステムの可制御性行列は

$$M = \begin{bmatrix} \boldsymbol{b} & A\boldsymbol{b} \end{bmatrix} = \begin{bmatrix} 0 & m^{-1} \\ m^{-1} & 0 \end{bmatrix} \tag{6.8}$$

であり正則である。したがって定理 6.1 より，この動的システムは可制御であるといえる。

なお，システム (6.1) が可制御ならば，任意の $\boldsymbol{\xi}, \boldsymbol{\zeta} \in \mathbb{R}^d$ と任意の $T > 0$ に対して，状態 $\boldsymbol{x}(t)$ を $\boldsymbol{x}(0) = \boldsymbol{\xi}$ から $\boldsymbol{x}(T) = \boldsymbol{\zeta}$ に遷移させる制御 $u(t), 0 \leqq t \leqq T$ が必ず存在する。すなわち，どんなに時間 $T > 0$ が短くても，$\mathbb{R}^d$ の任意の 2 点間で $\boldsymbol{x}(t)$ を遷移させる制御が存在するのである。

演習問題 6.2 システム (6.1) が可制御ならば，任意の $\boldsymbol{\xi}, \boldsymbol{\zeta} \in \mathbb{R}^d$ と任意の $T > 0$ に対して，状態 $\boldsymbol{x}(t)$ を $\boldsymbol{x}(0) = \boldsymbol{\xi}$ から $\boldsymbol{x}(T) = \boldsymbol{\zeta}$ に遷移させる制御 $u(t)$, $0 \leqq t \leqq T$ が存在することを証明せよ。

しかし，一般に時間 $T > 0$ を短くすればするほど，制御 $u(t)$ の振幅は大きくなり，制御はディラックのデルタ関数のような形に近づく。現実には，制御 $u(t)$ を制御対象に施すには物理的なアクチュエータを介す必要があり，任意の大きさの制御信号をアクチュエータが出力できるわけではない。そこで，制御の振幅につぎのような制約を課す。

$$|u(t)| \leqq 1, \quad \forall t \in [0, T] \tag{6.9}$$

ここで最大振幅が 1 に正規化されているが，もしアクチュエータが出力できる最大振幅が $U_{\max}$ であった場合，すなわち制御制約が

$$|u(t)| \leqq U_{\max}, \quad \forall t \in [0, T] \tag{6.10}$$

である場合は，制御対象 (6.1) のベクトル $\boldsymbol{b}$ を

$$\boldsymbol{b}' \triangleq \frac{\boldsymbol{b}}{U_{\max}} \tag{6.11}$$

としてモデル化し直せば，制御制約は (6.10) に帰着する。

制御 $u(t)$ に式 (6.9) の制約があれば，制御対象が可制御であっても，任意の $T > 0$ で $\boldsymbol{\xi}$ から原点へ状態を移動させるような制御が存在するとは限らない。制約 (6.9) の下で，どのようなときに制御が存在するかを調べるために，可制御集合を定義する。

定義 6.2（可制御集合） $T>0$ を固定する。制約 (6.9) を満たす制御 $u(t)$, $0 \leqq t \leqq T$ により原点まで遷移させることのできる初期状態の集合を**可制御集合**（controllable set）と呼び，$\mathcal{R}(T)$ で表す。

図 **6.3** に $\mathbb{R}^2$ での可制御集合の一例を示す。

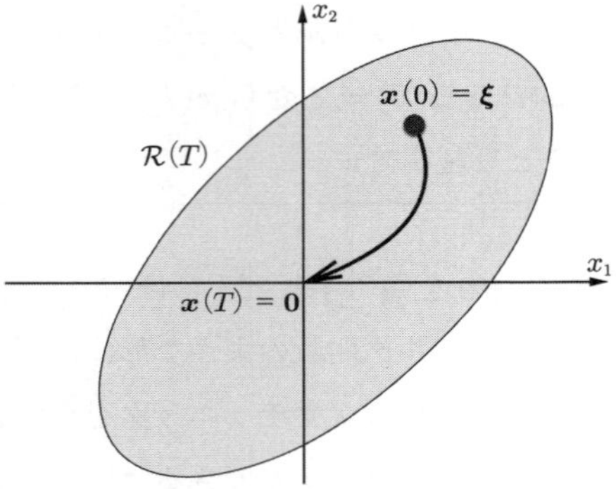

図 6.3 $\mathbb{R}^2$ での可制御集合 $\mathcal{R}(T)$ の例。可制御集合 $\mathcal{R}(T)$ 内に初期状態 $\boldsymbol{x}(0) = \boldsymbol{\xi}$ があれば，時間 T で状態を $\boldsymbol{x}(T) = \mathbf{0}$ に遷移させ，制約 (6.9) を満たす制御 $u(t)$, $0 \leqq t \leqq T$ が存在する。$\mathcal{R}(T)$ の外側ではそのような制御は存在しない。

演習問題 6.3 可制御集合 $\mathcal{R}(T)$ は

$$\mathcal{R}(T) = \left\{ \int_0^T e^{-At}\boldsymbol{b}u(t)dt : |u(t)| \leqq 1,\ \forall t \in [0, T] \right\} \tag{6.12}$$

で表されることを示せ。

可制御集合に関して，以下の定理が成り立つ。

定理 6.2 システム (6.1) は可制御であるとする。このとき，可制御集合 $\mathcal{R}(T)$ は有界な閉凸集合である。

可制御集合 $\mathcal{R}(T)$ が有界であることと凸であることの証明は容易である（演

習問題 6.4 参照)。閉集合であることの証明にはルベーグ積分の知識が必要であり，本書の範囲を超えているので省略する。興味のある読者は，例えば文献 37) の Theorem 8.1 を参照されたい。

演習問題 6.4 可制御集合 $\mathcal{R}(T)$ が有界な凸集合であることを示せ。

6.2 最 適 制 御

終端時刻 $T > 0$ を固定し，初期状態を $\boldsymbol{x}(0) = \boldsymbol{\xi} \in \mathcal{R}(T)$ とする。このとき，可制御集合の定義（定義 6.2）から，制御制約 $|u(t)| \leqq 1$ を満たす制御が存在して，$\boldsymbol{x}(T) = \boldsymbol{0}$ となる。このような制御を**実行可能制御**（feasible control）と呼ぶ。また，実行可能制御の集合を $\mathcal{U}(T, \boldsymbol{\xi})$ とおく。この集合 $\mathcal{U}(T, \boldsymbol{\xi})$ は終端時刻 T と初期状態 $\boldsymbol{\xi}$ を用いて，式 (6.13) のように表される。

$$\mathcal{U}(T, \boldsymbol{\xi}) = \left\{ u : [0, T] \to \mathbb{R} : \boldsymbol{\xi} = \int_0^T e^{-At} \boldsymbol{b} u(t) dt,\ |u(t)| \leqq 1,\ \forall t \in [0, T] \right\} \tag{6.13}$$

演習問題 6.5 実行可能制御の集合が式 (6.13) で表されることを示せ。

まず，実行可能制御の集合 $\mathcal{U}(T, \boldsymbol{\xi})$ が空集合とならないための条件を調べよう。そのために，例題 6.1 のロケットの制御を考えてみる。もし初期位置 ξ_1 が原点から遠く離れているとする（例えば地球を原点として ξ_1 は火星までの距離とする)。しかし，力 $F(t)$ の大きさは $|F(t)| \leqq 1$ に制限されているとしよう。このとき，移動時間 T がある程度大きくなければ，T 秒以内に火星から地球にロケットを移動させることができないことは容易に想像できるだろう。そのようなときは，時間 T をもう少し長めにとる必要がある。では，どこまで長く設定すれば，制御が存在するのだろうか。これを求めるために，初期状態 $\boldsymbol{\xi}$ を固定して，つぎの**最短時間制御**（minimum-time control または time-optimal control）を考えよう。

$$\underset{u}{\text{minimize}}\ T \quad \text{subject to} \quad u \in \mathcal{U}(T, \boldsymbol{\xi}) \tag{6.14}$$

すなわち，初期状態 $\boldsymbol{\xi}$ が与えられたとき，実行可能制御が存在する最も短い制御時間を求める問題を考える。最短時間制御の最適解を**最短時間**（minimum time）と呼び，$T^*(\boldsymbol{\xi})$ で表す。もし行列 A が安定（すべての固有値の実部が負または 0）かつ制御対象 (6.1) が可制御であれば，最短時間は有限となる。すなわち

$$T^*(\boldsymbol{\xi}) = \inf\{T \geqq 0 : \exists u, u \in \mathcal{U}(T, \boldsymbol{\xi})\} < \infty \tag{6.15}$$

が成り立つ。さらに，このとき，実際に時間 $T^*(\boldsymbol{\xi})$ で状態を $\boldsymbol{\xi}$ から原点 $\mathbf{0}$ に遷移させる実行可能解（最短時間制御）が存在する（文献 2) の 6-8 節または文献 64) の III 章 19 節を参照）。

定理 6.3（**最短時間制御**）　制御対象 (6.1) は安定かつ可制御であるとする。このとき，任意の $\boldsymbol{\xi} \in \mathbb{R}^d$ に対して最短時間制御 $u^* \in \mathcal{U}(T^*(\boldsymbol{\xi}), \boldsymbol{\xi})$ が存在する。

演習問題 6.6　ある $T_0 \geqq 0$ が存在して，$\boldsymbol{\xi} \in \mathcal{R}(T_0)$ が成り立つとする。このとき，最短時間制御 $u^* \in \mathcal{U}(T^*(\boldsymbol{\xi}), \boldsymbol{\xi})$ が存在することを示せ。

式 (6.15) の最短時間 $T^*(\boldsymbol{\xi})$ は実行可能制御が存在するかどうかを考えるうえできわめて重要である。初期状態 $\boldsymbol{\xi}$ が与えられたとき，制御時間 T が $T^*(\boldsymbol{\xi})$ よりも大きければ，実行可能解は必ず存在し，集合 $\mathcal{U}(T, \boldsymbol{\xi})$ は必ず要素を持つ。

定理 6.4（**実行可能制御の存在**）　制御対象 (6.1) は可制御であるとする。初期状態 $\boldsymbol{\xi} \in \mathbb{R}^d$ と制御時間 $T \geqq 0$ が $\boldsymbol{\xi} \in \mathcal{R}(T)$ を満たせば，実行可能制御は少なくとも一つ存在する。

演習問題 6.7　定理 6.4 を証明せよ。

以降，制御対象 (6.1) は可制御で，かつ $\boldsymbol{\xi} \in \mathcal{R}(T)$ が成り立つと仮定する。このとき，実行可能制御は少なくとも一つ存在する。その実行可能制御が一つだけなら選択の余地はないが，ほとんどの場合（例えば $T > T^*(\boldsymbol{\xi})$ が成り立つ場合），実行可能制御は無数に存在し，その中から何らかの意味で一番良いものを選ぶということも可能である。具体的には，制御 $u(t)$ に対する積分型の目的関数を用いた以下の最適制御問題を考える。

最適制御問題（OPT）

可制御の制御対象

$$\dot{\boldsymbol{x}}(t) = A\boldsymbol{x}(t) + \boldsymbol{b}u(t), \quad t \geqq 0, \quad \boldsymbol{x}(0) = \boldsymbol{\xi} \in \mathbb{R}^d$$

に対して，最短時間 $T^*(\boldsymbol{\xi})$ よりも大きい T が与えられているとする。このとき

$$\boldsymbol{x}(T) = \boldsymbol{0}$$

を達成する制御 $u(t), t \in [0, T]$ で

$$|u(t)| \leqq 1, \quad \forall t \in [0, T]$$

を満たし，かつ以下の目的関数

$$J(u) = \int_0^T L\bigl(u(t)\bigr)dt$$

を最小化するものを見つけよ。

ここで，目的関数の中の $L(u)$ は連続関数と仮定する†。最適制御問題の解を**最適制御**（optimal control）と呼ぶ。なお，実行可能制御の集合 $\mathcal{U}(T, \boldsymbol{\xi})$ を用いれば，この制御問題は

† なお，目的関数としてより一般的に，$\boldsymbol{x}$ も含めた

$$J(u) = \int_0^T L\bigl(\boldsymbol{x}(t), u(t)\bigr)dt$$

を考える場合もあるが，本書では簡単のため L が u だけに依存する場合を考える。

$$\underset{u}{\text{minimize}}\ \ J(u)\ \ \text{subject to}\ \ u \in \mathcal{U}(T, \boldsymbol{\xi}) \tag{6.16}$$

とも書ける。また，最短時間制御問題 (6.14) は，$L(u) = 1$ の場合に相当することに注意する。

目的関数の中の $L(u)$ の具体的な形は次章で考察する。ここでは，最適制御問題（OPT）の解が存在したときに，その解が満たすべき必要条件について述べる。そのために，**ハミルトニアン**（Hamiltonian）と呼ばれる以下の関数を定義する。

$$H(\boldsymbol{x}, \boldsymbol{p}, u) \triangleq L(u) + \boldsymbol{p}^\top (A\boldsymbol{x} + \boldsymbol{b}u) \tag{6.17}$$

ここで，$\boldsymbol{p}$ は**共状態**（costate）と呼ばれる変数である†1。このとき，**ポントリャーギンの最小原理**（Pontryagin's minimum principle）と呼ばれる以下の定理が成り立つ。

定理 6.5（**ポントリャーギンの最小原理**）　最適制御問題（OPT）の解が存在すると仮定し，それを $u^*(t)$ とおく。最適制御 $u^*(t), 0 \leqq t \leqq T$ を用いたときの状態（**最適状態**（optimal state）と呼ぶ）を $\boldsymbol{x}^*(t)$ とおく。すなわち

$$\boldsymbol{x}^*(t) \triangleq e^{At}\boldsymbol{\xi} + \int_0^t e^{A(t-\tau)}\boldsymbol{b}u^*(\tau)d\tau, \quad t \in [0, T] \tag{6.18}$$

である†2。このとき，ある共状態 $\boldsymbol{p}^*(t)$ が存在して，以下を満たす。

(a) **正準方程式**（canonical equations）と呼ばれる以下の連立微分方程式を満たす。

$$\begin{aligned} \dot{\boldsymbol{x}}^*(t) &= A\boldsymbol{x}^*(t) + \boldsymbol{b}u^*(t) \\ \dot{\boldsymbol{p}}^*(t) &= -A^\top \boldsymbol{p}^*(t), \quad t \in [0, T] \end{aligned} \tag{6.19}$$

(b) 最適制御 $u^*(t)$ は各時刻 t でハミルトニアンを最小にする。すなわち

$$u^*(t) = \arg\min_{|u| \leqq 1} H\bigl(\boldsymbol{x}^*(t), \boldsymbol{p}^*(t), u\bigr), \quad \forall t \in [0, T] \tag{6.20}$$

---

†1　共状態は有限次元の制約付き最適化問題における**ラグランジュ未定乗数**（Lagrange multiplier）に相当する変数である。

†2　微分方程式 $\dot{\boldsymbol{x}} = A\boldsymbol{x} + \boldsymbol{b}u$ の解の公式 (6.2) 参照。

(c) ハミルトニアンは次式を満たす。

$$H\big(\boldsymbol{x}^*(t), \boldsymbol{p}^*(t), u^*(t)\big) = c, \quad \forall t \in [0, T] \tag{6.21}$$

ただし，c は t に依存しない定数である。さらに，最短時間制御のように T が固定されておらず変数の場合は

$$H\big(\boldsymbol{x}^*(t), \boldsymbol{p}^*(t), u^*(t)\big) = 0, \quad \forall t \in [0, T] \tag{6.22}$$

となる。

この定理の正準方程式 (6.19) はハミルトニアン H を用いて

$$\begin{aligned} \dot{\boldsymbol{x}}^*(t) &= \frac{\partial H}{\partial \boldsymbol{p}}\big(\boldsymbol{x}^*(t), \boldsymbol{p}^*(t), u^*(t)\big) \\ \dot{\boldsymbol{p}}^*(t) &= -\frac{\partial H}{\partial \boldsymbol{x}}\big(\boldsymbol{x}^*(t), \boldsymbol{p}^*(t), u^*(t)\big), \quad t \in [0, T]. \end{aligned} \tag{6.23}$$

とも書けることに注意せよ。この意味で，正準方程式 (6.19) を**ハミルトンの正準方程式**（Hamilton's canonical equations）とも呼ぶ。

ポントリャーギンの最小原理は，最適制御の性質を調べたり，最適制御を実際に求めるために使われる。最小原理から導かれる制御を**極値制御**（extremal control）と呼ぶ†。極値制御は最適制御の候補ではあるが，最小原理は必要条件であるので，必ずしも最適制御に一致するとは限らない。しかし，例えば次節のロケットの例題のように，極値制御を求めることにより最適制御が一意に決定できる場合もある。

6.3 ロケットの最短時間制御

例題 6.1 のロケットのシステムに対して，最短時間制御を最小原理から求めてみよう。

まず，例題 6.2 より，ロケットのシステムは可制御である。したがって，定

† 有限次元ベクトルの最適化で局所最適解を極値と呼ぶのと同じである。

理 6.3 より最短時間制御が存在することがわかる。最短時間制御を u^* とおき，対応する状態および共状態を

$$\boldsymbol{x}^*(t) = \begin{bmatrix} x_1^*(t) \\ x_2^*(t) \end{bmatrix}, \quad \boldsymbol{p}^*(t) = \begin{bmatrix} p_1^*(t) \\ p_2^*(t) \end{bmatrix} \tag{6.24}$$

とおく。簡単のため，ロケットの質量を $m = 1$ とする。

いま，$L(u) = 1$ であるので，ハミルトニアン $H(\boldsymbol{x}, \boldsymbol{p}, u)$ は式 (6.17) より

$$H(\boldsymbol{x}, \boldsymbol{p}, u) = 1 + \boldsymbol{p}^\top (A\boldsymbol{x} + \boldsymbol{b}u) = 1 + p_1 x_2 + p_2 u \tag{6.25}$$

となる。共状態 $\boldsymbol{p}$ に関する正準方程式は式 (6.19) より

$$\begin{aligned} \dot{p}_1^*(t) &= 0, \\ \dot{p}_2^*(t) &= -p_1^*(t) \end{aligned} \tag{6.26}$$

となり，$p_1^*(0) = \pi_1, p_2^*(0) = \pi_2$ とおくと，この微分方程式の解は

$$\begin{aligned} p_1^*(t) &= \pi_1, \\ p_2^*(t) &= \pi_2 - \pi_1 t \end{aligned} \tag{6.27}$$

で与えられる。ハミルトニアンの条件 (6.22) より $H(\boldsymbol{x}^*(t), \boldsymbol{p}^*(t), u^*) = 0$，すなわち

$$1 + p_1^*(t) x_2^*(t) + p_2^*(t) u^* = 0 \tag{6.28}$$

が成り立つ。もし $\pi_1 = \pi_2 = 0$ だとすると，式 (6.27) から $p_1^*(t) = p_2^*(t) = 0$ となるが，これは式 (6.28) に矛盾する。したがって，π_1 と π_2 の少なくとも一方はゼロではないことがわかる。

つぎに式 (6.20) より

$$\begin{aligned} u^*(t) &= \arg\min_{|u| \leqq 1} H\big(\boldsymbol{x}^*(t), \boldsymbol{p}^*(t), u\big) \\ &= \arg\min_{|u| \leqq 1} \big\{1 + p_1^*(t) x_2^*(t) + p_2^*(t) u\big\} \\ &= \arg\min_{|u| \leqq 1} p_2^*(t) u \end{aligned}$$

$$= -\mathrm{sgn}\big(p_2^*(t)\big) \tag{6.29}$$

ただし，$\mathrm{sgn}(\cdot)$ は**符号関数**（sign function）であり，次式で定義される。

$$\mathrm{sgn}(a) = \begin{cases} 1, & a > 0 \\ -1, & a < 0 \\ 0, & a = 0 \end{cases} \tag{6.30}$$

ここで，式 (6.27) より $p_2^*(t) = \pi_2 - \pi_1 t$ であるから，$p_2^*(t)$ は直線であり，π_1 と π_2 の符号により，以下の四つのパターンが考えられる。

(a) $\pi_1 \leqq 0, \pi_2 \leqq 0$，ただし $\pi_1\pi_2 \neq 0$

(b) $\pi_1 \geqq 0, \pi_2 \geqq 0$，ただし $\pi_1\pi_2 \neq 0$

(c) $\pi_1 < 0,\ \pi_2 > 0$

(d) $\pi_1 > 0,\ \pi_2 < 0$

これらの四つのパターンに対する極値制御 $u^*(t)$ を**図 6.4** に示す。この図からわかるように，極値制御（最適制御の候補）は，値が切り替わる瞬間以外はすべて ± 1 の値しかとらず，また切替えは 1 回だけで，-1 から 1，または 1 から -1 へ切り替わる。このような制御を**バン・バン制御**（bang-bang control）

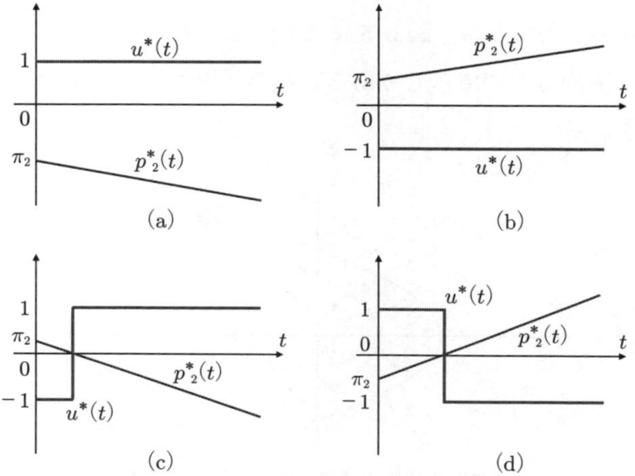

図 6.4　共状態 $p_2^*(t)$ と対応する極値制御 $u^*(t)$

と呼ぶ。

つぎに制御 $u(t)$ が一定値のときに状態 $\boldsymbol{x}(t)$ がどう遷移するかを調べよう。微分方程式 (6.5) より

$$\left.\begin{aligned} \dot{x}_1(t) &= x_2(t), \quad x_1(0) = \xi_1 \\ \dot{x}_2(t) &= u(t), \quad x_2(0) = \xi_2 \end{aligned}\right\} \tag{6.31}$$

となり，これより $u(t) = c$ $(c = \pm 1)$ のとき

$$\left.\begin{aligned} x_1(t) &= \frac{1}{2}ct^2 + \xi_2 t + \xi_1 \\ x_2(t) &= ct + \xi_2 \end{aligned}\right\} \tag{6.32}$$

となる。これから時間変数 t を消去すると

$$x_1 = \frac{c}{2}x_2^2 + \xi_1 - \frac{c}{2}\xi_2^2 \tag{6.33}$$

の関係が得られる。すなわち，制御 $u(t)$ が一定値 $c = \pm 1$ のとき，状態 $(x_1(t), x_2(t))$ はつぎの曲線（放物線）

$$x_1 = \frac{1}{2}x_2^2 + \xi_1 - \frac{1}{2}\xi_2^2, \quad u(t) = 1 \text{ のとき} \tag{6.34}$$

$$x_1 = -\frac{1}{2}x_2^2 + \xi_1 + \frac{1}{2}\xi_2^2, \quad u(t) = -1 \text{ のとき} \tag{6.35}$$

の上を移動することになる。**図 6.5** にこの放物線のいくつかを示す。なお，状態の移動する方向も矢印で示してある。なお，放物線は必ず (ξ_1, ξ_2) を通ることに注意せよ。

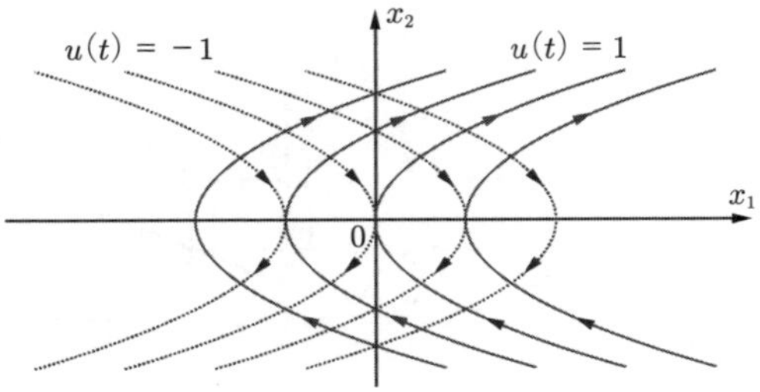

図 6.5　定数値の制御 $u(t) = \pm 1$ による状態 $(x_1(t), x_2(t))$ の軌跡

±1 の一定値のバン・バン制御で状態を原点に到達させなければならないので，最終的には原点を通る放物線

$$\left.\begin{aligned} x_1 &= \frac{1}{2}x_2^2, \quad u(t) = 1 \text{ のとき} \\ x_1 &= -\frac{1}{2}x_2^2, \quad u(t) = -1 \text{ のとき} \end{aligned}\right\} \tag{6.36}$$

に沿って状態 $(x_1^*(t), x_2^*(t))$ を移動させる必要がある。

これより，切替えなしで ±1 の値で制御する場合，すなわち

(i) $u^*(t) \equiv 1$

(ii) $u^*(t) \equiv -1$

の一定値制御で状態を原点に移動できるのは，初期状態 (ξ_1, ξ_2) が原点を通る放物線

$$\gamma_+ \triangleq \left\{(x_1, x_2) \in \mathbb{R}^2 : x_1 = x_2^2/2, \quad x_2 \leqq 0\right\} \tag{6.37}$$

または

$$\gamma_- \triangleq \left\{(x_1, x_2) \in \mathbb{R}^2 : x_1 = -x_2^2/2, \quad x_2 \geqq 0\right\} \tag{6.38}$$

の上にある場合に限られる。実際，初期状態が $(\xi_1, \xi_2) \in \gamma_+$ にあるときは，$u^*(t) \equiv 1$ が最短時間制御となり，初期状態が $(\xi_1, \xi_2) \in \gamma_-$ にあるときは，$u^*(t) \equiv -1$ が最短時間制御となる。これは以下のようにしてわかる。

初期状態を $(\xi_1, \xi_2) \in \gamma_+$ とする。上で導出したように，最短時間制御は図 6.4(a)〜(d) の 4 パターンに限られる。ここで，$u^*(t) \equiv 1$ は図 (a) の場合であり，**図 6.6** の点 A（初期状態）から γ_+ を移動して原点 O へ到達できる。しかし，図 (b)〜(d) の各制御では，点 A から原点 O へは絶対に移動できない。実際，図 (b) の場合，状態は点 A から曲線 γ'_- 上を点 C へ向かって移動し，決して原点 O にはたどり着かない。図 (c) の場合は，$u^*(t) \equiv -1$ の制御で状態は曲線 γ'_- の上を点 A から点 C に向かって移動し，点 C で制御が +1 に切り替わる。その後，曲線 γ'_+ 上を矢印の方向に移動するが，原点 O には決してたどり着かない。最後に図 (d) の場合は，まず曲線 γ'_+ の上を状態が点 A から点 B に向かって移

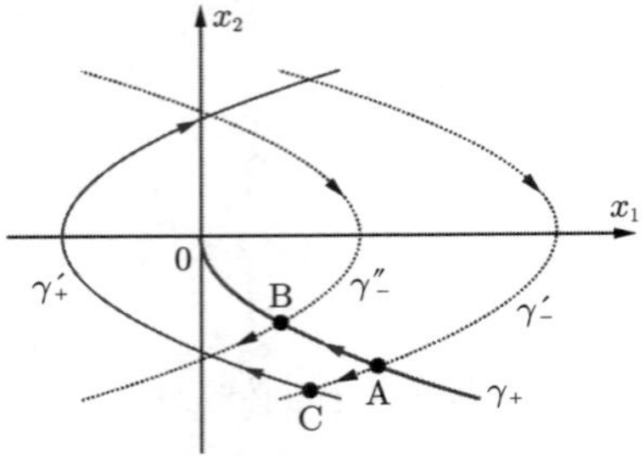

図 6.6　初期状態 (ξ_1, ξ_2) が曲線 γ_+ 上にある場合の4パターンの状態軌道

動し，点 B で制御が -1 に切り替わる。その後，曲線 γ_-'' の上を矢印の方向に移動するが，これも原点 O には決してたどり着かない。以上より，図 6.4(a) が唯一の極値制御であり，したがって最短時間制御であることがわかる。初期状態が $(\xi_1, \xi_2) \in \gamma_-$ にあるときも同様の議論で $u^*(t) \equiv -1$ が最短時間制御となる。

つぎに曲線

$$\gamma \triangleq \gamma_+ \cup \gamma_- = \{(x_1, x_2) \in \mathbb{R}^2 : x_1 = -x_2|x_2|/2\} \tag{6.39}$$

の左側の領域を R_+，右側の領域を R_- とおく。すなわち

$$\begin{aligned} R_+ &\triangleq \{(x_1, x_2) \in \mathbb{R}^2 : x_1 < -x_2|x_2|/2\} \\ R_- &\triangleq \{(x_1, x_2) \in \mathbb{R}^2 : x_1 > -x_2|x_2|/2\} \end{aligned} \tag{6.40}$$

とする（**図 6.7** 参照）。曲線 γ を**切替え曲線**（switching curve）と呼ぶ。

初期状態が $(\xi_1, \xi_2) \in R_+$ にある場合を考えよう。**図 6.8** に示すように，初

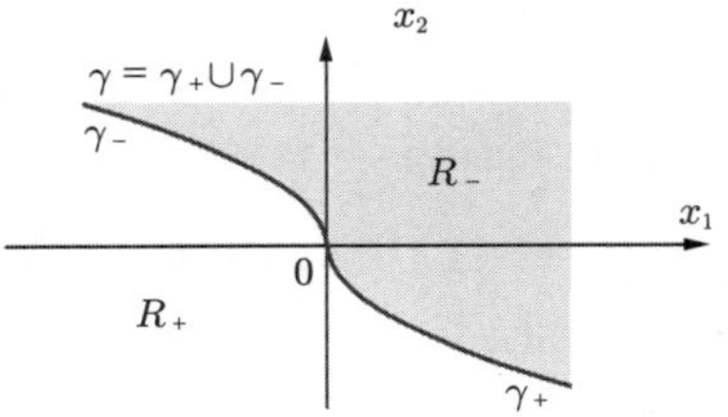

図 6.7　曲線 $\gamma = \gamma_+ \cup \gamma_-$ と領域 R_+，R_-

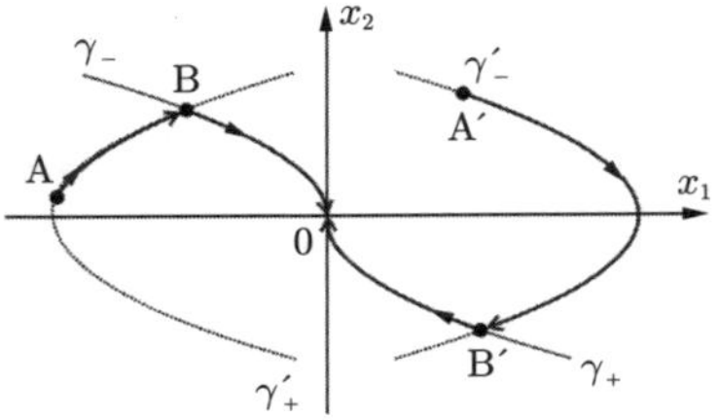

図 6.8　初期値が A および A′ にあるときの状態の軌道

期状態が点 A にあるとする。この点 A に対応して，式 (6.34) で表される曲線 γ'_+ が描かれる。まず $u(t) \equiv 1$ の一定値制御によって点 A から出発した状態はこの曲線上を矢印の方向に移動する。そしてある時刻で状態は点 B に達し，この瞬間に制御を 1 から −1 へ切り替える。すなわち，図 6.4(c) に示す制御を行う。点 B からは $u(t) \equiv -1$ の制御で状態が曲線 γ_- 上を原点に向かって移動していき，ある時刻で原点に到達する。実際にこの制御が最短時間制御であることは，(a) の場合と同様の議論により示すことができる。

初期状態が $(\xi_1, \xi_2) \in R_-$ にある場合をつぎに考えてみよう。点 A$'$ を初期状態とする。まず一定値制御 $u(t) = -1$ によって，点 A$'$ にあった状態は曲線 γ'_- に沿って矢印の方向に移動する。そして，ある時刻で点 B$'$ に達し，ここで制御を −1 から 1 に切り替える。それ以降は一定値制御 $u(t) \equiv 1$ により曲線 γ_+ 上を状態が原点に向かって移動し，ある時刻で原点に到達する。この制御は図 6.4(d) に示す制御であり，実際にこれが最短時間制御であることが容易に示せる。

以上をまとめると，最短時間制御 $u^*(t)$ は以下のように書けることがわかる。

$$u^*(t) = \begin{cases} 1, & \boldsymbol{x}(t) \in \gamma_+ \cup R_+ \setminus \{\boldsymbol{0}\} \\ -1, & \boldsymbol{x}(t) \in \gamma_- \cup R_- \setminus \{\boldsymbol{0}\} \\ 0, & \boldsymbol{x}(t) = \boldsymbol{0} \end{cases} \tag{6.41}$$

この制御は状態 $\boldsymbol{x}(t)$ に依存しており，フィードバック制御であることがわかる。すなわち，状態 $\boldsymbol{x}(t)$ をつねに観測し，状態の位置によって制御の値を変えていく。107 ページの図 5.5 は，手動でこのフィードバック制御を行う様子が描かれている。この図の Oscilloscope には，もう少し複雑なロケットモデルに対する最短時間制御の切替え曲線とロケットの状態（丸印）が描かれている。状態が切替え曲線に接した瞬間に宇宙飛行士は制御をスイッチにより切り替えるのである。なお，現代ではこのような手動制御ではなく，コンピュータのアルゴリズムにより自動で切替えを行うのはいうまでもない。

演習問題 6.8　初期状態 $\boldsymbol{\xi}=(\xi_1,\xi_2)$ から原点へ到達する最短時間 $T^*(\boldsymbol{\xi})$ を求めよ。また，$\boldsymbol{\xi}\in R_+$ または $\boldsymbol{\xi}\in R_-$ のときに，制御が切り替わる（状態が切替え曲線に接する）時刻も求めよ。

6.4　さらに勉強するために

本章で述べたような制御理論の基礎を勉強するには文献 91), 92), 102) などがわかりやすく参考になる。ポントリャーギンの最小原理の証明については，文献 45) を参照せよ。最短時間制御については，古典的な教科書である文献 2), 37), 64) などに詳細な記述がある。また，日本語で読める文献 100) はポントリャーギンの代表的な著書[64)]を一部翻訳してコンパクトにまとめたものである。

【コラム：システム同定】

本書では動的システムの微分方程式

$$\dot{\boldsymbol{x}}(t)=A\boldsymbol{x}(t)+\boldsymbol{b}u(t),\quad t\geqq 0,\quad \boldsymbol{x}(0)=\boldsymbol{\xi}\in\mathbb{R}^d$$

はあらかじめ与えられていると仮定し議論を進めている。では，制御したい物理システムがあったときに，どのようにして微分方程式（具体的には行列 A とベクトル $\boldsymbol{b}$）を導けばよいであろうか。

例題 6.1（111 ページ）のロケットの例題では，力学の法則から微分方程式を導いた。このように物理法則から微分方程式など数理モデルを導くことを**第一原理モデリング**（first principles modeling または *ab initio* modeling）と呼ぶ。対象となるシステムのメカニズムがよくわかっている場合には，第一原理モデリングが用いられる。

一方，現代では，第一原理モデリングでは歯が立たないような複雑なシステムを制御対象にする場合も多い。例えば蓄電池[83)]や自動車のエンジン[101)]などである。そのようなシステムに対して微分方程式を立てるには，データをとるための実験が必要である。実験により得られたデータから数理モデルを導くことを**経験モデリング**（empirical modeling）と呼び，特に動的システムに対する経験モデリングを**システム同定**（system identification）[82)]と呼ぶ。

システム同定では，動的システムにいろいろな信号をランダムに入力し，その出力を計測することによって得られたデータから微分方程式のパラメータ（例えば A と $\boldsymbol{b}$）を決定する。これには，2 章で述べた曲線フィッティングと同様の手法，例えば最小二乗法や正則化最小二乗法が通常は使われる。しかし，データ数が少ない場合やパラメータのスパース性が仮定できる場合は，スパースモデリングのアイデアをシステム同定にも使うことができる[19]。特に最近は**動的モード分解**（dynamic mode decomposition, DMD）という手法がスパースモデリングの枠組みで注目されており，システム同定の新しい手法といえる。詳しくは文献 44) を参照されたい。

7 動的スパースモデリング

本章では，前章で定義した最適制御問題（OPT）において，目的関数を L^0 ノルムおよび L^1 ノルムとした動的スパースモデリングの基礎を勉強する。

7 章の要点

- 動的スパースモデリングは L^0 最適制御問題として定式化される。
- L^0 最適制御は省エネルギーの観点からグリーンな制御とも呼ばれる。
- 正規性の仮定の下で L^0 最適制御と L^1 最適制御は一致する。

7.1 連続時間信号のノルムとスパース性

初めに，関数に対するノルムを定義しよう。

7.1.1 L^p ノルム

有限区間 $[0, T]$ 上の実数値関数 $u(t)$ に対して，その $\boldsymbol{L^p}$ **ノルム**（L^p norm）を

$$\|u\|_p \triangleq \left(\int_0^T |u(t)|^p dt\right)^{1/p}, \quad 1 \leqq p < \infty \tag{7.1}$$

で定義する†。ベクトルの場合と同様に，関数の場合でも，重要なのは $p=1$ と $p=2$ の場合である。L^1 ノルムは，t 軸と関数 $u(t)$ で挟まれた領域の面積を

† 式 (7.1) の積分は**ルベーグ積分**（Lebesgue integral）であり，L^p の L は Lebesgue の頭文字である。詳細は省略するが，ルベーグ積分でノルムを定義すると，L^p ノルムが有限の関数全体の集合は完備となることが知られている。興味がある方は文献 67) などを参照されたい。

表し

$$\|u\|_1 = \int_0^T |u(t)|dt \tag{7.2}$$

となる。また L^2 ノルムは，$\boldsymbol{L^2}$ **内積**

$$\langle u, y\rangle \triangleq \int_0^T u(t)y(t)dt \tag{7.3}$$

を用いて

$$\|u\|_2 = \sqrt{\int_0^T |u(t)|^2 dt} = \sqrt{\langle u, u\rangle} \tag{7.4}$$

と書くことができる。さらに，式 (7.1) の $p \to \infty$ での極限を $\boldsymbol{L^\infty}$ **ノルム**と呼び，次式で定義する。

$$\|u\|_\infty \triangleq \sup_{t\in[0,T]} |u(t)| \tag{7.5}$$

L^∞ ノルムについては，少し注意が必要である。例えば，区間 $[0,1]$ 上のつぎの関数を考えよう（図 **7.1** 参照）。

$$u(t) = \begin{cases} 1, & t = 0, 1 \\ 0, & 0 < t < 1 \end{cases} \tag{7.6}$$

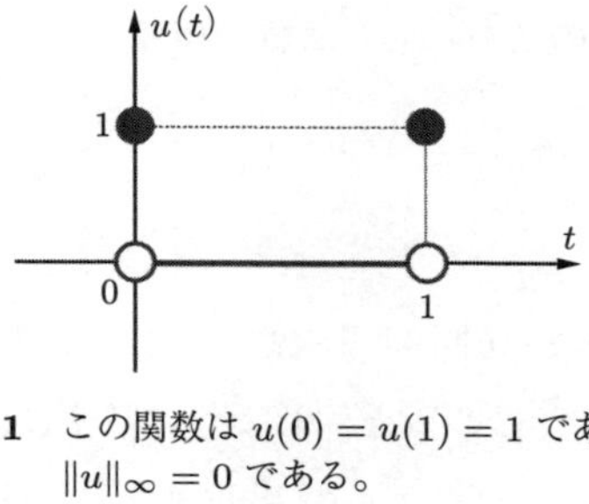

図 7.1　この関数は $u(0) = u(1) = 1$ であるが $\|u\|_\infty = 0$ である。

この関数の L^∞ ノルムは 1 ではなく 0 となる。なぜなら，L^∞ ノルムは，1 点での値†は無視するからである。そのことを明確にするために式 (7.5) の右辺

† より正確には**ルベーグ測度**（Lebsegue measure）が 0 の集合上での値である。

の sup を ess sup と書く場合もあるが，本書では簡単のため式 (7.5) の定義式を用いる。L^p ノルムが有限の関数全体を $\boldsymbol{L^p}$ **空間**（L^p space）と呼ぶ。なお，関数の定義域を明示したい場合は $L^p(X)$ などと書く。ただし X が区間の場合，例えば $X=[0,T]$ のときは $L^p[0,T]$ と書く[†1]。

7.1.2 $\boldsymbol{L^0}$ ノルムとスパース性

有限区間 $[0,T]$ 上の関数 $u(t)$ に対して，その**台**（support）を

$$\operatorname{supp}(u) \triangleq \{t \in [0,T] : u(t) \neq 0\} \tag{7.7}$$

で定義する。この台の定義を用いて，$[0,T]$ 上の関数 $u(t)$ の $\boldsymbol{L^0}$ **ノルム**をその台の長さ，すなわち

$$\|u\|_0 \triangleq \mu\bigl(\operatorname{supp}(u)\bigr) \tag{7.8}$$

で定義する。ただし，$[0,T]$ 上の部分集合 S に対して，$\mu(S)$ は S の長さを表す[†2]。上の定義より，L^0 ノルムは，連続時間信号が非ゼロの値をとる時間区間の長さの合計であることがわかる。また，絶対値の 0 乗を

$$|u|^0 \triangleq \begin{cases} 0 & u=0 \\ 1, & u \neq 0 \end{cases} \tag{7.9}$$

で定義すると，式 (7.8) の L^0 ノルムは積分型で

$$\|u\|_0 = \int_0^T |u(t)|^0 dt \tag{7.10}$$

とも書ける。

なお，ここで定義された $\|u\|_0$ は斉次性（6 ページの定義 1.1 を参照のこと）を満たさず，ベクトルの ℓ^0 ノルムと同じように厳密にはノルムではない。関数の L^0 ノルムの定義 (7.8) とベクトルの ℓ^0 ノルムの定義

---

†1　場合によっては関数の定義域 X と終域 Y を両方明示したいこともあり，そのときは $L^p(X,Y)$ と書くことが多い。例えば，区間 $[0,T]$ 上の実数値関数を考える場合は $L^p([0,T],\mathbb{R})$ と書く。

†2　より正確には $\mu(S)$ は集合 S のルベーグ測度を表す。

$$\|\boldsymbol{x}\|_0 \triangleq |\mathrm{supp}(\boldsymbol{x})| \tag{7.11}$$

とを比較すると，L^0 ノルムの定義 (7.8) が ℓ^0 ノルムの定義の自然な拡張となっていることがわかる。

L^0 ノルムを用いて関数（連続時間信号）にスパース性の概念を導入しよう。区間 $[0,T]$ 上の連続時間信号 $u(t)$ が**スパース**であるとは，時間区間の幅 T に比べて u の L^0 ノルム $\|u\|_0$ が非常に小さいことをいう。この定義は，前章までで勉強した有限次元ベクトルに対するスパース性のアナロジーである。

なお，スパースな連続時間信号はゼロの値をとる時間区間長が正であることから，必然的に解析関数†ではないことに注意する必要がある。例えば，多項式関数

$$p(t) = t^n + a_{n-1}t^{n-1} + \cdots + a_1 t + a_0 \tag{7.12}$$

や三角関数 $\sin(\omega t)$ $(\omega \neq 0)$，指数関数 $e^{\lambda t}$，およびそれらの和や積は一般にスパースにはなり得ない。

7.2 スパースな制御の工学的な意義

本章では，L^0 ノルムの小さいスパースな制御 $u(t), 0 \leqq t \leqq T$ を考える。その最適制御としての定式化は次節にて詳しく述べる。ここでは，なぜスパースな制御が重要なのかを工学的な観点から説明する。

スパースな制御信号は，例えば**図 7.2** のような信号である。この制御信号は時間区間 $[t_1, t_2]$ 上でゼロである。動的システムを制御する場合，制御信号 $u(t)$ はアクチュエータにより物理量に変換される。例えばモータであれば，$u(t)$ がトルクとして物理的に実現される。このとき，制御信号がスパースであれば，例えば図 7.2 の例でいうと，時間区間 $[t_1, t_2]$ 上でモータの動作を止めることができる。

† 関数 $u(t)$ が区間 $[0,T]$ 上で**解析的**であるとは，区間 $(0,T)$ 上の任意の点でテイラー展開できることである。詳しくは文献66) の 8 章を参照のこと。

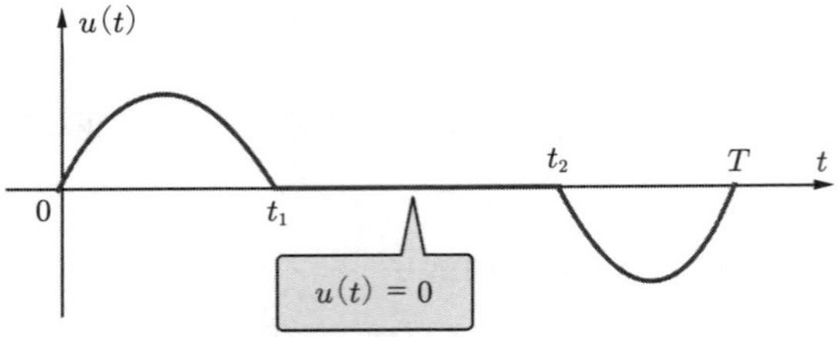

図 7.2 スパースな制御信号 $u(t)$。区間 $[t_1, t_2]$ 上で $u(t) = 0$ となる。

物理的にアクチュエータを動作させるためには，電力や燃料が必要である。スパースな制御であれば，制御がゼロである区間でそれらの消費を必要としない。したがって，電力や燃料の節約になる。このような制御は，実は身の回りにも見つけることができる。例えば，自動車のアイドリングストップは使わないときにエンジンを切るというシンプルな方策であるが，ガソリンの消費を大きく減らすことができる[27)]。このアイドリングストップはまさにスパースな制御の例である。また，モータとガソリンエンジンの両方を使うハイブリッドカーでも，ガソリンの消費を抑えるために停止時や低速走行時などにエンジンを停止させる[16)]。さらに，電車の運転では，ある程度までスピードを出すとモータへの電力を遮断して（ノッチオフと呼ぶ），あとは惰行運転を行う。駅間が平坦線区の場合，その走行距離の半分以上が惰行運転である[86)]。これらもスパースな制御といえるだろう。無線通信におけるスリープモードも同様のアイデアに基づくスパースな制御である[40),42)]。さらに，スパースな制御は，制御がゼロである時間区間でアクチュエータ（例えばエンジン）から排出される CO_2 や騒音，振動なども抑えることができる。その意味で，スパースな制御は**グリーンな制御**（green control）とも呼ばれる[57)]。

では，次節で具体的にスパースな制御を求めるための最適制御問題を定式化しよう。

7.3 動的スパースモデリングの定式化

ここでは制御対象として，前章で考察したつぎの連続時間の微分方程式を考える。

$$\dot{\boldsymbol{x}}(t) = A\boldsymbol{x}(t) + \boldsymbol{b}u(t), \quad 0 \leqq t \leqq T, \quad \boldsymbol{x}(0) = \boldsymbol{\xi} \in \mathbb{R}^d \tag{7.13}$$

ここで，このシステムは可制御（定義 6.1 参照）であると仮定する。また，制御時間 $T > 0$ と初期状態 $\boldsymbol{\xi} \in \mathbb{R}^d$ はあらかじめ与えられているとする。

まず，制御 $u(t)$ には絶対値制約

$$\|u\|_\infty \leqq 1 \tag{7.14}$$

が課されているとする。この制御により，制御対象 (7.13) の状態 $\boldsymbol{x}(t)$ を $\boldsymbol{x}(0) = \boldsymbol{\xi}$ から時間 $T > 0$ で原点に移動させるという問題を考える。まず，解の存在を保証するために，制御時間 T は

$$T > T^*(\boldsymbol{\xi}) \tag{7.15}$$

を満たすと仮定する。ただし $T^*(\boldsymbol{\xi})$ は式 (6.15) で定義された最短時間である。定理 6.4 より，式 (7.15) が成り立てば，少なくとも一つ実行可能制御 $u(t)$, $0 \leqq t \leqq T$ が存在する。実行可能制御の集合を $\mathcal{U}(T, \boldsymbol{\xi})$ とおく。

ここでは，最適制御として実行可能制御の中で**最もスパースな制御**を求めることを考える。すなわち，目的関数を

$$J_0(u) \triangleq \|u\|_0 = \int_0^T |u(t)|^0 dt \tag{7.16}$$

とした以下の最適制御問題を考える。

L^0 最適制御問題（L^0 OPT）

可制御の制御対象

$$\dot{\boldsymbol{x}}(t) = A\boldsymbol{x}(t) + \boldsymbol{b}u(t), \quad t \geqq 0, \quad \boldsymbol{x}(0) = \boldsymbol{\xi} \in \mathbb{R}^d$$

に対して，最短時間 $T^*(\boldsymbol{\xi})$ よりも大きい T が与えられているとする。このとき

$$\boldsymbol{x}(T) = \mathbf{0}$$

を達成する制御 $u(t),\, t \in [0, T]$ で

$$|u(t)| \leqq 1, \quad \forall t \in [0, T]$$

を満たし，かつ以下の L^0 目的関数

$$J_0(u) = \|u\|_0 = \int_0^T |u(t)|^0 dt$$

を最小化するものを見つけよ。

この最適制御を $\boldsymbol{L^0}$ **最適制御**（L^0 optimal control）または**スパース最適制御**（sparse optimal control）と呼ぶ。また通常のスパースモデリングとの関連から，スパースな制御を求める問題（およびその手法）を**動的スパースモデリング**（dynamical sparse modeling）と呼ぶ。

式 (7.16) の被積分関数 $|u|^0$ は，**図 7.3** に示すように不連続かつ非凸である。ここで，ℓ^0 ノルムを ℓ^1 ノルムで近似するスパースモデリングのアイデアを援用しよう。すなわち，L^0 最適制御問題（L^0 OPT）の目的関数の代わりに，式 (7.2) の L^1 ノルムを用いた目的関数

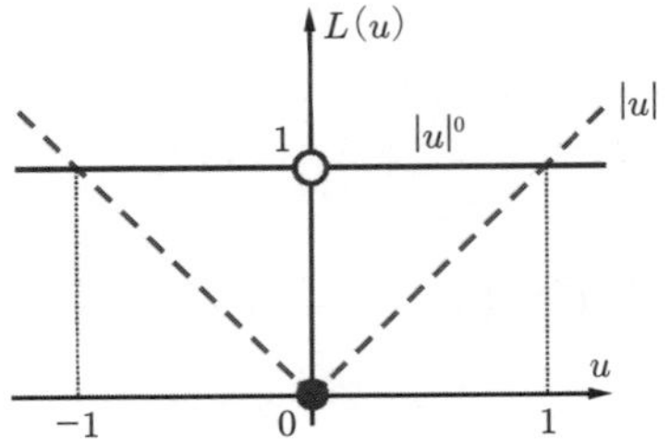

図 7.3　L^0 ノルムおよび L^1 ノルムの被積分関数 $|u|^0$ および $|u|$

$$J_1(u) \triangleq \|u\|_1 = \int_0^T |u(t)|dt \tag{7.17}$$

を考える。図 7.3 に示すように L^1 ノルムの被積分関数 $|u|$ は $|u|^0$ の凸近似である。この目的関数を用いた最適制御問題を以下に記す。

L^1 最適制御問題（L^1 OPT）

可制御の制御対象

$$\dot{\boldsymbol{x}}(t) = A\boldsymbol{x}(t) + \boldsymbol{b}u(t), \quad t \geqq 0, \quad \boldsymbol{x}(0) = \boldsymbol{\xi} \in \mathbb{R}^d$$

に対して，最短時間 $T^*(\boldsymbol{\xi})$ よりも大きい T が与えられているとする。このとき

$$\boldsymbol{x}(T) = \boldsymbol{0}$$

を達成する制御 $u(t), t \in [0, T]$ で

$$|u(t)| \leqq 1, \quad \forall t \in [0, T]$$

を満たし，かつ以下の L^1 目的関数

$$J_1(u) = \|u\|_1 = \int_0^T |u(t)|dt$$

を最小化するものを見つけよ。

この最適制御を **L^1 最適制御**（L^1 optimal control）と呼ぶ。この最適制御問題は 1960 年代から考察されている古典的な問題であり，**最小燃料制御**（minimum fuel control）とも呼ばれている†。

L^1 最適制御問題は目的関数が u に関して凸であり，凸最適化問題の一種である。ただし，変数が関数なので無限次元の最適化問題となり，そのままでは解くことが難しい。しかし，8 章で述べる離散化の手法を用いれば，最適制御問題は有限次元の凸最適化問題に帰着し，2 章の 2.3 節（33 ページ）で扱った

† 最小燃料制御の歴史については，106 ページの 5.4 節参照。

MATLAB の CVX や，3 章で勉強した各種の凸最適化アルゴリズムを使って解くことができる。動的スパースモデリングにおける数値最適化については 8 章を参照されたい。

7.4 L^0 最適制御と L^1 最適制御の等価性

L^1 最適制御問題の目的関数 (7.17) は L^0 ノルムを用いた目的関数 (7.16) の近似であるが，L^0 最適制御問題（L^0 OPT）の解と L^1 最適制御問題（L^1 OPT）の解が一致するかどうかは不明である。結論からいうと，一般には一致しないが，行列 A が正則なら一致する。すなわち，以下の定理が成り立つ。

定理 7.1（**L^0 最適制御と L^1 最適制御の等価性**） 制御対象 (7.13) は可制御とし，L^1 最適制御問題（L^1 OPT）に少なくとも一つ解が存在すると仮定する。行列 A が正則なら，L^0 最適制御問題（L^0 OPT）の解と L^1 最適制御問題（L^1 OPT）の解は一致する。

以下，順を追って定理 7.1 を証明する。

7.4.1 ポントリャーギンの最小原理

まず，ポントリャーギンの最小原理（定理 6.5）を用いて，L^1 最適制御解の必要条件を求めよう。

L^1 目的関数の被積分関数は $L(u)=|u|$ であるので，ハミルトニアン $H(\boldsymbol{x},\boldsymbol{p},u)$ は

$$H(\boldsymbol{x},\boldsymbol{p},u) = |u| + \boldsymbol{p}^\top(A\boldsymbol{x} + \boldsymbol{b}u) \tag{7.18}$$

となる。L^1 最適制御を u^* とおき，対応する状態および共状態をそれぞれ $\boldsymbol{x}^*$，$\boldsymbol{p}^*$ とおく。最小原理の式 (6.20) を満たす u^* を求めよう。

$$u^*(t) = \mathop{\arg\min}_{|u|\leqq 1}\bigl\{|u| + \boldsymbol{p}^*(t)^\top\bigl(A\boldsymbol{x}^*(t) + \boldsymbol{b}u\bigr)\bigr\} \tag{7.19}$$

ここで

$$|u|+\boldsymbol{p}^*(t)^\top\bigl(A\boldsymbol{x}^*(t)+\boldsymbol{b}u\bigr)=\begin{cases}\bigl(\boldsymbol{p}^*(t)^\top\boldsymbol{b}+1\bigr)u+\boldsymbol{p}^*(t)^\top A\boldsymbol{x}^*(t), & u \geqq 0\\ \bigl(\boldsymbol{p}^*(t)^\top\boldsymbol{b}-1\bigr)u+\boldsymbol{p}^*(t)^\top A\boldsymbol{x}^*(t), & u<0\end{cases} \tag{7.20}$$

と場合分けして考えれば，式 (7.19) の最小化問題の解は

$$u^*(t) = -\mathrm{dez}\bigl(\boldsymbol{p}^*(t)^\top\boldsymbol{b}\bigr) \tag{7.21}$$

で与えられることが簡単な計算からわかる。ただし，$\mathrm{dez}(\cdot)$ は**不感帯関数**（dead-zone function）であり，次式で定義される。

$$\mathrm{dez}(w) \triangleq \begin{cases}-1, & w<-1\\ 0, & -1<w<1\\ 1, & 1<w\end{cases} \tag{7.22}$$
$$\mathrm{dez}(w) \in [-1,0], \quad w=-1$$
$$\mathrm{dez}(w) \in [0,1], \quad w=1$$

図 7.4 に不感帯関数のグラフを示す。

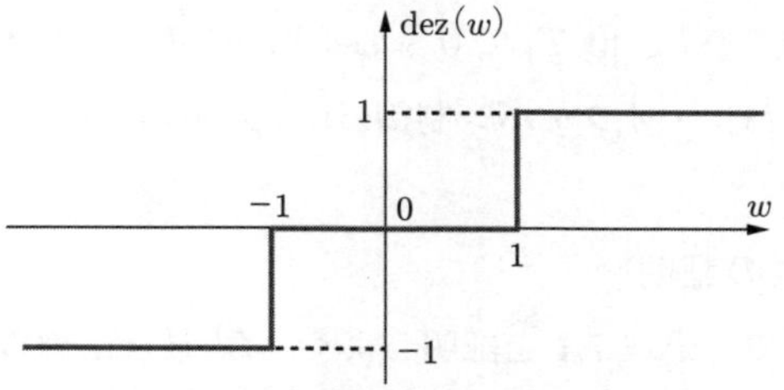

図 7.4 不感帯関数 dez(w)

演習問題 7.1 式 (7.19) の最小化問題の解が式 (7.21) で与えられることを示せ。

7.4.2 正　　規　　性

もし，ある時間区間上で恒等的に $\boldsymbol{p}^*(t)^\top\boldsymbol{b} \equiv \pm 1$ が成り立つとすると，不感

帯関数の定義 (7.22) から，その区間上で最適制御 $u^*(t)$ が一意に確定できない。このような区間を**特異区間**（singular interval）と呼び，長さが正の特異区間が存在するような L^1 最適制御問題は**特異である**（singular）という。逆に正の長さの特異区間が存在しない，すなわち

$$\mu\bigl(\{t \in [0,T] : |\boldsymbol{p}^*(t)^\top \boldsymbol{b}| = 1\}\bigr) = 0 \tag{7.23}$$

が成り立つような L^1 最適制御問題は**正規である**（normal）という。L^1 最適制御問題が正規であるための十分条件はつぎの補題で与えられる。

補題 7.1　制御対象 (7.13) が可制御かつ行列 A が正則ならば，L^1 最適制御問題（L^1 OPT）は正規である。

演習問題 7.2　補題 7.1 を証明せよ。

もし, L^1 最適制御問題が正規であれば, ほとんどすべての $t \in [0,T]$ で $\boldsymbol{p}^*(t)^\top \boldsymbol{b}$ は ± 1 の値をとらない。すると，式 (7.21) および式 (7.22) より，最適制御入力は，ほとんどすべての $t \in [0,T]$ で 0 もしくは ± 1 の値だけをとることになる。このような制御を**バン・オフ・バン制御**（bang-off-bang control）と呼ぶ。

7.4.3　定理7.1の証明

以上の準備の下で，定理 7.1 を証明しよう。L^1 最適制御の集合を $\mathcal{U}_1^*$, L^0 最適制御の集合を $\mathcal{U}_0^*$ とおく。仮定より，集合 $\mathcal{U}_1^*$ は空ではないので，実行可能制御の集合 $\mathcal{U}(T,\boldsymbol{\xi})$ も空ではない。また $\mathcal{U}_0^* \subset \mathcal{U}(T,\boldsymbol{\xi})$ が成り立つ。まず初めに，$\mathcal{U}_0^*$ が空ではないことを示し，つぎに $\mathcal{U}_0^* = \mathcal{U}_1^*$ であることを証明しよう。

まず，任意の $u \in \mathcal{U}(T,\boldsymbol{\xi})$ に対して

$$J_1(u) = \int_0^T |u(t)|dt = \int_{\mathrm{supp}(u)} |u(t)|dt \leq \int_{\mathrm{supp}(u)} 1dt = J_0(u) \tag{7.24}$$

が成り立つ。

つぎに任意に $u_1^* \in \mathcal{U}_1^*$ をとり固定する。定理の仮定と補題 7.1 より，L^1 最適制御問題は正規であり，式 (7.21), (7.22) より L^1 最適制御 $u_1^*(t)$ は，ほとんどすべての $t \in [0, T]$ に対して，0 か ±1 の値しかとらない。これより

$$J_1(u_1^*) = \int_0^T |u_1^*(t)|dt = \int_{\mathrm{supp}(u_1^*)} 1dt = J_0(u_1^*) \tag{7.25}$$

が成り立つ。

式 (7.24) と式 (7.25) より

$$J_0(u_1^*) \leqq J_0(u), \quad \forall u \in \mathcal{U}(T, \boldsymbol{\xi}) \tag{7.26}$$

が成り立ち，u_1^* は $J_0(u)$ を最小にすることがわかる。すなわち，$u_1^* \in \mathcal{U}_0^*$ が成り立つことがわかる。したがって，集合 $\mathcal{U}_0^*$ は少なくとも一つ要素を持ち，さらに $\mathcal{U}_1^* \subset \mathcal{U}_0^*$ であることがわかる。

逆に $u_0^* \in \mathcal{U}_0^* \subset \mathcal{U}(T, \boldsymbol{\xi})$ とし，u_0^* とは独立に $u_1^* \in \mathcal{U}_1^* \subset \mathcal{U}(T, \boldsymbol{\xi})$ を選ぶ。式 (7.25) と u_1^* の最適性より

$$J_0(u_1^*) = J_1(u_1^*) \leqq J_1(u_0^*) \tag{7.27}$$

が成り立つ。一方，式 (7.24) と u_0^* の最適性より

$$J_1(u_0^*) \leqq J_0(u_0^*) \leqq J_0(u_1^*) \tag{7.28}$$

となることがわかる。したがって，式 (7.27) と式 (7.28) より $J_1(u_1^*) = J_1(u_0^*)$ が成り立ち，u_0^* は J_1 を最小化することがわかる。すなわち，$u_0^* \in \mathcal{U}_1^*$ であり，$\mathcal{U}_0^* \subset \mathcal{U}_1^*$ が成り立つ（証明終わり）。

7.5　スパースモデリングとの関係

4 章までで勉強したスパースモデリングと動的スパースモデリングとの関係をここで調べてみよう。

まず，制御対象の状態方程式 (7.13) および境界条件

$$\boldsymbol{x}(0) = \boldsymbol{\xi}, \quad \boldsymbol{x}(T) = \boldsymbol{0} \tag{7.29}$$

は，制御信号 u に関する（無限次元の）線形制約として定式化されることを示す。微分方程式 (7.13) の一般解は行列指数関数 e^{At} を用いて

$$\boldsymbol{x}(t) = e^{At}\boldsymbol{x}(0) + \int_0^t e^{A(t-\tau)}\boldsymbol{b}u(\tau)d\tau \tag{7.30}$$

と表される（演習問題 6.1 参照)。これと境界条件 (7.29) より

$$\boldsymbol{\xi} = -\int_0^T e^{-A\tau}\boldsymbol{b}u(\tau)d\tau \tag{7.31}$$

が成り立つ。ここで作用素 Φ を

$$\Phi : L^1[0,T] \to \mathbb{R}^d, \quad \Phi u \triangleq -\int_0^T e^{-A\tau}\boldsymbol{b}u(\tau)d\tau \tag{7.32}$$

で定義すると，式 (7.31) より線形制約条件

$$\boldsymbol{\xi} = \Phi u \tag{7.33}$$

が得られる。また u に最大値制約

$$\|u\|_\infty \leqq 1 \tag{7.34}$$

を課す。Φ は無限次元空間 $L^1[0,T]$ から有限次元空間 $\mathbb{R}^d$ への線形作用素であり，$T > T^*(\boldsymbol{\xi})$ ならば定理 6.4 より式 (7.33) と式 (7.34) を満たす実行可能制御 u が少なくとも一つ存在する。実際，一般には実行可能制御は無数に存在する。このことは，線形作用素 Φ が「無限に横長の」行列と解釈すれば，4 章まででで学んだスパースモデリングの場合と同様に理解できるだろう†。

いろいろな最適制御問題を無限次元の最適化問題として記述してみよう。

L^0 最適制御（スパース最適制御）　　L^0 最適制御問題（L^0 OPT）は以下で記述される。

$$\underset{u \in L^\infty}{\text{minimize}} \|u\|_0 \ \text{ subject to } \ \Phi u = \boldsymbol{\xi}, \ \|u\|_\infty \leqq 1 \tag{7.35}$$

† なお，$u \in L^1[0,T]$ を**フーリエ級数**（Fourier series）に展開すれば，線形作用素 Φ は無限に横長の行列として表現することができる。

L^1 最適制御（最小燃料制御）　L^1 最適制御問題（L^1 OPT）は以下で記述される。

$$\underset{u \in L^\infty}{\text{minimize}} \|u\|_1 \quad \text{subject to} \quad \Phi u = \boldsymbol{\xi}, \ \|u\|_\infty \leqq 1 \tag{7.36}$$

L^2 最適制御（最小エネルギー制御）　実行可能制御のうち最小の L^2 ノルムを持つものを求める最適制御問題を **L^2 最適制御問題**（L^2 optimal control problem）と呼び，以下で記述される。

$$\underset{u \in L^\infty}{\text{minimize}} \|u\|_2^2 \quad \text{subject to} \quad \Phi u = \boldsymbol{\xi}, \ \|u\|_\infty \leqq 1 \tag{7.37}$$

L^2 ノルムは機械システムや電気回路においてエネルギーに相当する量であるので，この L^2 最適制御を**最小エネルギー制御**（minimum energy control）とも呼ぶ[2, 6-18 節)]。

L^1/L^2 最適制御　もし L^1 最適制御問題が正規であれば，7.4 節より L^1 最適制御（$= L^0$ 最適制御）は 0 および ± 1 だけの値をとる区分的定数関数となり，不連続である。しかし，現実のアクチュエータでこのような不連続性を実現することは多くの場合，難しい。そのようなときは連続な制御信号を用いる必要がある。スパースかつ連続な制御を得るために，**L^1/L^2 最適制御**（L^1/L^2 optimal control）と呼ばれるつぎの最適制御が提案されている[58)]。

$$\underset{u \in L^\infty}{\text{minimize}} \|u\|_1 + \lambda \|u\|_2^2 \quad \text{subject to} \quad \Phi u = \boldsymbol{\xi}, \ \|u\|_\infty \leqq 1 \tag{7.38}$$

ただし，$\lambda > 0$ はスパース性と連続性を調整するパラメータであり，λ を大きくすれば，最適制御はより滑らかとなる。

7.6 ロケットのスパース最適制御

例題 6.1 のロケットの制御対象でスパース最適制御（L^1 最適制御）を計算してみよう。簡単のためロケットの質量を $m = 1$ とする。

まず，ハミルトニアンは式 (7.18) より，以下で与えられる。

$$H(\boldsymbol{x}, \boldsymbol{p}, u) = |u| + \boldsymbol{p}^\top \left(\begin{bmatrix} 0 & 1 \\ 0 & 0 \end{bmatrix} \boldsymbol{x} + \begin{bmatrix} 0 \\ 1 \end{bmatrix} u \right) = |u| + p_1 x_1 + p_2 u \tag{7.39}$$

ここで，$\boldsymbol{p} = (p_1, p_2)$ である。L^1 最適制御を u^* とおき，対応する状態および共状態をそれぞれ $\boldsymbol{x}^* = (x_1^*, x_2^*), \boldsymbol{p}^* = (p_1^*, p_2^*)$ とおく。いま，$\boldsymbol{p}^*(t)^\top \boldsymbol{b} = p_2^*(t)$ であるので，式 (7.21) より L^1 最適制御 $u^*(t)$ は

$$u^*(t) = -\mathrm{dez}\big(p_2^*(t)\big) \tag{7.40}$$

を満たす。ただし，$\mathrm{dez}(\cdot)$ は式 (7.22) で定義した不感帯関数である（図 7.4 参照）。

つぎにポントリャーギンの最小原理の式 (6.19) より，共状態 $\boldsymbol{p}^*(t)$ は以下の正準方程式を満たす。

$$\begin{bmatrix} \dot{p}_1^*(t) \\ \dot{p}_2^*(t) \end{bmatrix} = - \begin{bmatrix} 0 & 1 \\ 0 & 0 \end{bmatrix}^\top \begin{bmatrix} p_1^*(t) \\ p_2^*(t) \end{bmatrix} = \begin{bmatrix} 0 \\ -p_1^*(t) \end{bmatrix} \tag{7.41}$$

この正準方程式を解けば

$$p_1^*(t) = \pi_1, \quad p_2^*(t) = \pi_2 - \pi_1 t \tag{7.42}$$

$$\pi_1 = p_1^*(0), \quad \pi_2 = p_2^*(0) \tag{7.43}$$

が得られる。式 (7.42) より，$\pi_1 \neq 0$ であれば $p_2^*(t)$ は t の 1 次式であるので，$p_2^*(t)$ は単調である。したがって，式 (7.40) と不感帯関数の定義 (7.22) より，切替えは高々 2 回であり，また切替えは -1 と 0 の間，もしくは 0 と 1 の間でしか起こり得ないことがわかる。切替えのパターンによって場合分けして最適制御を求めてみよう（導出は文献 2) の 8.5 節を参照のこと）。

つぎの各領域を定義する（図 **7.5** 参照）。

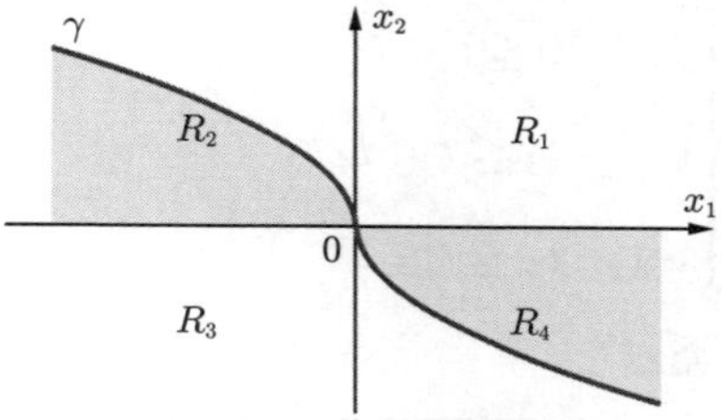

図 7.5 曲線 γ（太実線）および領域 R_1, R_2, R_3, R_4

$$\left.\begin{aligned}
\gamma &= \left\{(x_1,x_2)\in\mathbb{R}^2 : x_1 = -x_2|x_2|/2\right\}\\
R_1 &= \left\{(x_1,x_2)\in\mathbb{R}^2 : x_1 > -x_2^2/2,\ x_2 \geqq 0\right\}\\
R_2 &= \left\{(x_1,x_2)\in\mathbb{R}^2 : x_1 < -x_2^2/2,\ x_2 > 0\right\}\\
R_3 &= \left\{(x_1,x_2)\in\mathbb{R}^2 : x_1 < x_2^2/2,\ x_2 \leqq 0\right\}\\
R_4 &= \left\{(x_1,x_2)\in\mathbb{R}^2 : x_1 > x_2^2/2,\ x_2 < 0\right\}\\
V_- &= \left\{(x_1,x_2)\in\mathbb{R}^2 : -x_2/2 - x_1/x_2 \geqq T\right\}\\
V_+ &= \left\{(x_1,x_2)\in\mathbb{R}^2 : x_2/2 - x_1/x_2 \geqq T\right\}
\end{aligned}\right\} \tag{7.44}$$

このとき，以下が成り立つ。

1. 初期値 $(\xi_1,\xi_2)\in R_1$ のとき，または $(\xi_1,\xi_2)\in R_4\cap V_-$ のとき，最適制御は

$$u^*(t) = \begin{cases} -1, & 0 \leqq t < t_1 \\ 0, & t_1 \leqq t < t_2 \\ 1, & t_2 \leqq t \leqq T \end{cases} \tag{7.45}$$

で与えられる。ただし

$$\left.\begin{aligned}
t_1 &= \frac{T+\xi_2-\sqrt{(T-\xi_2)^2-4\xi_1-2\xi_2^2}}{2}\\
t_2 &= \frac{T+\xi_2+\sqrt{(T-\xi_2)^2-4\xi_1-2\xi_2^2}}{2}
\end{aligned}\right\} \tag{7.46}$$

である。

2. 初期値 $(\xi_1,\xi_2)\in R_3$ のとき，または $(\xi_1,\xi_2)\in R_2\cap V_+$ のとき，最適制御は

$$u^*(t) = \begin{cases} 1, & 0 \leqq t < t_3 \\ 0, & t_3 \leqq t < t_4 \\ -1, & t_4 \leqq t \leqq T \end{cases} \tag{7.47}$$

で与えられる。ただし

$$\left. \begin{aligned} t_3 &= \frac{T - \xi_2 - \sqrt{(T+\xi_2)^2 + 4\xi_1 - 2\xi_2^2}}{2} \\ t_4 &= \frac{T - \xi_2 + \sqrt{(T+\xi_2)^2 + 4\xi_1 - 2\xi_2^2}}{2} \end{aligned} \right\} \tag{7.48}$$

である。

3. 初期値 $(\xi_1, \xi_2) \in \gamma$ のとき，最適制御は

$$u^*(t) = \begin{cases} -\mathrm{sgn}(\xi_2), & 0 \leqq t < |\xi_2| \\ 0, & |\xi_2| \leqq t \leqq T \end{cases} \tag{7.49}$$

で与えられる。

4. 初期値 $(\xi_1, \xi_2) \in R_4 \cap (V_-)^c$ のとき，または $(\xi_1, \xi_2) \in R_2 \cap (V_+)^c$ のとき†，最適制御問題は特異であり，最適制御は一意に定まらない。

終端時刻を $T = 5$，初期値を $(\xi_1, \xi_2) = (1, 1) \in R_1$ としたときの L^1 最適制御を**図 7.6** に，また対応する状態の軌跡 $\{(x_1(t), x_2(t)) : 0 \leqq t \leqq 5\}$ を**図 7.7** に示す。なお，比較のために，式 (7.37) の L^2 最適制御（最小エネルギー制御）と対応する状態の軌跡をそれぞれ図 7.6 と図 7.7 に示してある。

図 7.6 より L^1 最適制御はスパースであるが，L^2 最適制御はスパースでないことがわかる。実際，図 7.6 において，最適制御が 0 の値をとる区間は，式 (7.46) より

$$[t_1, t_2] = [3 - \sqrt{10}/2, 3 + \sqrt{10}/2] \approx [1.418\,9, 4.581\,1] \tag{7.50}$$

であり，その区間の幅，すなわち最適制御 u^* の L^0 ノルムは $\|u^*\|_0 = \sqrt{10} \approx 3.162\,3$ となる。この区間における状態 $(x_1(t), x_2(t))$ の軌跡は，図 7.7 からわ

† $(\cdot)^c$ は補集合を表す。

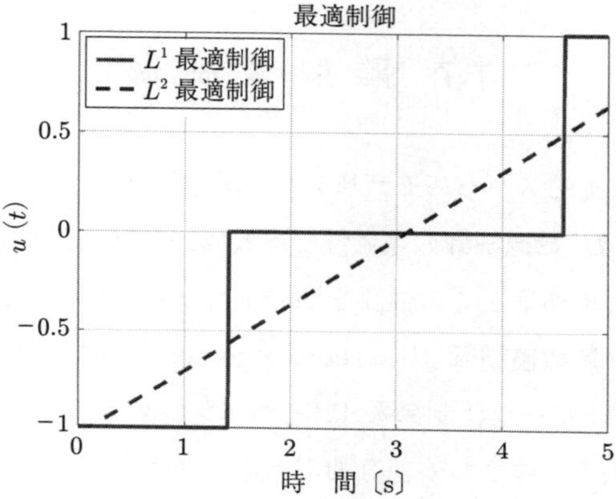

図 7.6　L^1 最適制御（実線）と L^2 最適制御（破線）

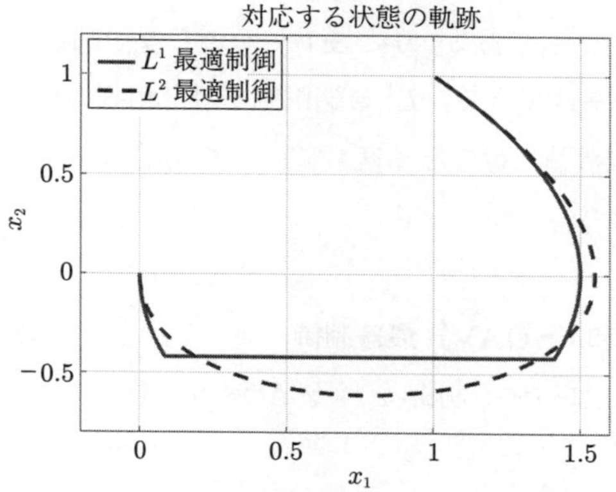

図 7.7　状態 $(x_1(t), x_2(t))$ の軌跡：L^1 最適制御（実線），L^2 最適制御（破線）

かるように x_1 軸に平行な軌跡となり，x_1 を位置，x_2 を速度とすれば，この区間では等速運動をしていることがわかる。7.2 節で述べたように，制御を 0 にすることによって燃料消費や CO_2 排出などを抑えることができ，省エネルギーを達成することができる。一方，L^2 最適制御には，このような良い性質はない。

7.7　離散値制御

本章の最後に，動的スパースモデリングの離散値制御への応用を紹介しよう。

L^1 最適制御と L^0 最適制御の等価性の本質は，最適制御が 0 または ±1 の値しかとらないことにある。この性質を別の視点から見れば，制御が有限個の離散値しかとらない**離散値制御**（discrete-valued control）となることがわかる。5 章で述べた**ネットワーク化制御系**（108 ページの図 5.6 参照）においては，制御が離散値であることはきわめて有利である。なぜなら，ネットワーク化制御系では，無線通信のような限られた帯域の通信ネットワークを介して制御信号を送受信する必要があり，できるだけ小さなデータサイズで制御信号を表現しなければならないからである。0 と ±1 しかとらない制御信号なら，非常にコンパクトに信号を表現できる。L^1 最適制御が離散値制御になることにヒントを得て，有限個の離散値だけをとる離散値制御を動的スパースモデリングの枠組みで導出してみよう。

7.7.1　絶対値和（SOAV）最適制御

制御対象 (7.13) に対する制御 $u(t)$ が N 個の実数

$$U_1 < U_2 < \cdots < U_N \tag{7.51}$$

だけをとる離散値制御を考える（図 **7.8** 参照）。初期状態 $\boldsymbol{x}(0) = \boldsymbol{\xi}$ と制御時間

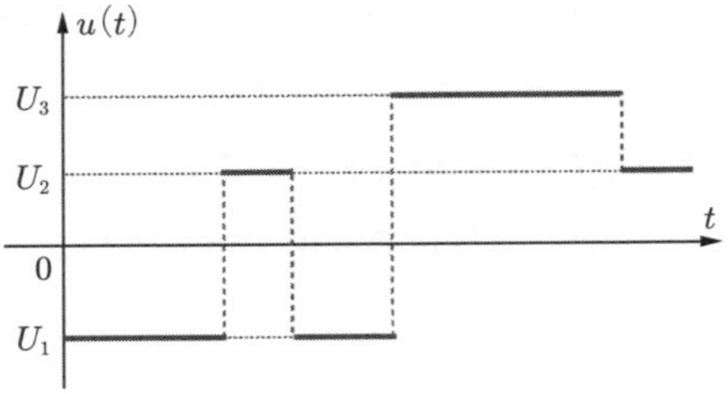

図 **7.8**　U_1, U_2, U_3 の 3 値をとる離散値制御の例

$T > 0$ が与えられたときに，$\boldsymbol{x}(T) = \boldsymbol{0}$ を実現する離散値制御を求めたい。

離散値制御を求める標準的な手法は，制御問題を混合整数計画問題に帰着させて解く手法である[6)]。しかし，この方法では制御対象のサイズが大きくなるにつれて計算量が指数関数的に増大するため，計算時間がシビアなリアルタイム制御に使うことは難しい。そこで，L^1 最適制御のような凸最適化に緩和して高速に解く方法を考えてみる。

まず，初期状態 $\boldsymbol{x}(0) = \boldsymbol{\xi}$ から時間 $T > 0$ で原点へ状態を移動させる制御で

$$U_1 \leqq u(t) \leqq U_N, \quad \forall t \in [0, T] \tag{7.52}$$

を満たすものを L^1 最適制御の場合と同様に実行可能制御と呼び，実行可能制御の集合を $\mathcal{U}(T, \boldsymbol{\xi})$ と表すことにしよう。実行可能制御 $u \in \mathcal{U}(T, \boldsymbol{\xi})$ に対して，つぎの目的関数を考える。

$$J_0(u) \triangleq \sum_{j=1}^{N} w_j \|u - U_j\|_0 \tag{7.53}$$

ただし，w_j は重みであり

$$w_j > 0, \quad w_1 + w_2 + \cdots + w_N = 1 \tag{7.54}$$

を満たすとする。

目的関数 (7.53) の意味は以下のとおりである。もし，ある時間区間で $u(t)$ が一定値 U_j をとり続けた場合，$u(t) - U_j$ の値はその区間でゼロとなる。したがって，その L^0 ノルム $\|u - U_j\|_0$ の値は，区間の長さ T よりも短くなる。各 U_j の重要度に従って重み w_j を設定し，目的関数 $J_0(u)$ を最小化する実行可能制御を求めれば，離散値制御が得られることが期待できる。

しかし，L^0 最適制御の場合と同様に，目的関数 (7.53) は不連続かつ非凸であり，その最小化はきわめて難しい。そこで，(7.53) の L^0 ノルムを L^1 ノルムに緩和したつぎの目的関数を考える。

$$J_1(u) \triangleq \sum_{j=1}^{N} w_j \|u - U_j\|_1 = \sum_{j=1}^{N} w_j \int_0^T |u(t) - U_j| dt \tag{7.55}$$

この目的関数を**絶対値和**（sum of absolute values; SOAV）と呼ぶ。

この絶対値和を目的関数とする最適制御を**絶対値和最適制御**（sum-of-absolute-values optimal control）または略して **SOAV 最適制御**（SOAV optimal control）と呼ぶ。本節で考える SOAV 最適制御問題を以下に記す。

SOAV 最適制御問題（SOAV OPT）

可制御の制御対象

$$\dot{\boldsymbol{x}}(t) = A\boldsymbol{x}(t) + \boldsymbol{b}u(t), \quad t \geqq 0, \quad \boldsymbol{x}(0) = \boldsymbol{\xi} \in \mathbb{R}^d$$

に対して，最短時間 $T^*(\boldsymbol{\xi})$ よりも大きい T が与えられているとする。このとき

$$\boldsymbol{x}(T) = \boldsymbol{0}$$

を達成する制御 $u(t), t \in [0, T]$ で

$$U_1 \leqq u(t) \leqq U_N, \quad \forall t \in [0, T]$$

を満たし，かつ以下の目的関数

$$J_1(u) = \sum_{j=1}^{N} w_j \|u - U_j\|_1 = \sum_{j=1}^{N} w_j \int_0^T |u(t) - U_j| dt$$

を最小化するものを見つけよ。

7.7.2　ポントリャーギンの最小原理

目的関数 (7.55) を最小化する SOAV 最適制御を $u^* \in \mathcal{U}(T, \boldsymbol{\xi})$ とおく。すなわち

$$u^* = \arg\min_{u} \ J_1(u) \ \text{ subject to } \ u \in \mathcal{U}(T, \boldsymbol{\xi}) \tag{7.56}$$

とおく。SOAV 最適制御の性質をポントリャーギンの最小原理を用いて調べよう。

まず式 (7.55) の目的関数はつぎのように書ける。

$$J_1(u) = \int_0^T L\bigl(u(t)\bigr)dt, \quad L(u) = \sum_{j=1}^{N} w_j|u - U_j| \tag{7.57}$$

図 7.9 に関数 $L(u)$ の例を示す。図 7.9 からわかるように，$L(u)$ は連続な区分的線形関数となる。この $L(u)$ を用いて，最適制御問題に対応するハミルトニアン H を定義する。

$$H(\boldsymbol{x}, \boldsymbol{p}, u) = L(u) + \boldsymbol{p}^\top(A\boldsymbol{x} + \boldsymbol{b}u) \tag{7.58}$$

ここで，$\boldsymbol{p}$ は状態 $\boldsymbol{x}$ に対する共状態である。最適制御 u^* に対応する状態および共状態をそれぞれ $\boldsymbol{x}^*$, $\boldsymbol{p}^*$ とおくと，最小原理より

$$u^*(t) = \underset{u \in [U_1, U_N]}{\arg\min} \left\{L(u) + \boldsymbol{p}^*(t)^\top\bigl(A\boldsymbol{x}^*(t) + \boldsymbol{b}u\bigr)\right\} \tag{7.59}$$

が成り立つ。具体的に式 (7.59) の最小化解 u^* を求めてみよう。

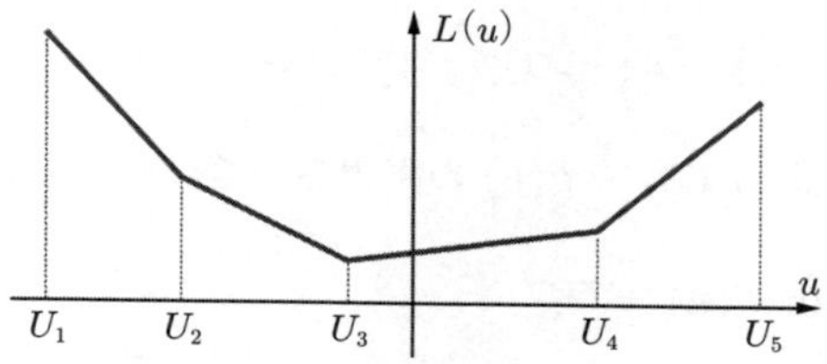

図 7.9 区分的線形関数 $L(u)$

まず，関数 $L(u)$ は区分的線形関数であり

$$L(u) = \begin{cases} a_1 u + b_1, & u \in [U_1, U_2] \\ a_2 u + b_2, & u \in [U_2, U_3] \\ & \vdots \\ a_{N-1} u + b_{N-1}, & u \in [U_{N-1}, U_N] \end{cases} \tag{7.60}$$

と書ける。ただし

$$a_k = \sum_{j=1}^{k} w_j - \sum_{j=k+1}^{N} w_j, \quad b_k = -\sum_{j=1}^{k} w_j U_j + \sum_{j=k+1}^{N} w_j U_j \tag{7.61}$$

である。いま，$L(u)$ は連続であり，さらに

$$a_1 < a_2 < \cdots < a_{N-1} \tag{7.62}$$

が成り立つことに注意すると，$\alpha \triangleq \boldsymbol{p}^*(t)^\top \boldsymbol{b} \in \mathbb{R}$ として関数

$$h(u) \triangleq L(u) + \alpha u = \begin{cases} (a_1+\alpha)u + b_1, & u \in [U_1, U_2] \\ (a_2+\alpha)u + b_2, & u \in [U_2, U_3] \\ & \vdots \\ (a_{N-1}+\alpha)u + b_{N-1}, & u \in [U_{N-1}, U_N] \end{cases} \tag{7.63}$$

の $u \in [U_1, U_N]$ での最小値は以下のように求められる。

(a)　$a_1 + \alpha > 0$ のとき，式 (7.62) から

$$0 < a_1 + \alpha < a_2 + \alpha < \cdots < a_{N-1} + \alpha \tag{7.64}$$

となるので，式 (7.63) の $h(u)$ の直線の傾きはすべて正となる。これより

$$\mathop{\arg\min}_{u \in [U_1, U_N]} h(u) = U_1 \tag{7.65}$$

が成り立つ（図 **7.10**(a) 参照）。

(b)　$a_k + \alpha < 0$ かつ $a_{k+1} + \alpha > 0$ のとき $(k = 1, \cdots, N-2)$，式 (7.62) より

$$a_1 + \alpha < a_2 + \alpha < \cdots < a_k + \alpha < 0 \tag{7.66}$$

かつ

$$0 < a_{k+1} + \alpha < a_{k+2} + \alpha < \cdots < a_{N-1} + \alpha \tag{7.67}$$

となるので，式 (7.63) の直線の傾きは $u = U_{k+1}$ を境に負から正に変わる。これより

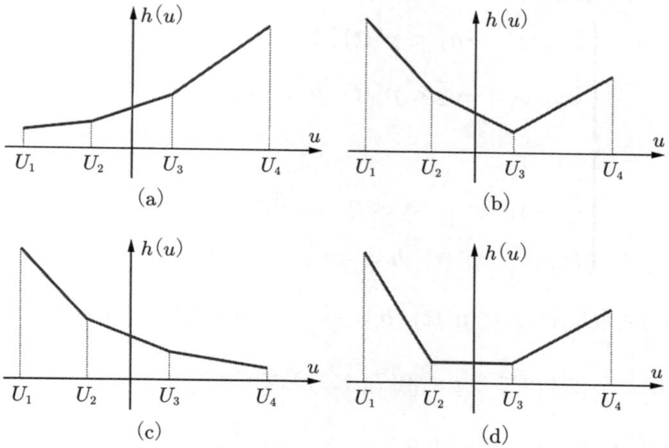

図 7.10 区分的線形関数 $h(u) = L(u) + \alpha u$ の 4 パターン

$$\underset{u\in[U_1,U_N]}{\arg\min}\ h(u) = U_{k+1} \tag{7.68}$$

が成り立つ（図 7.10(b) 参照）。

(c) $a_{N-1} + \alpha < 0$ のとき

$$a_1 + \alpha < a_2 + \alpha < \cdots < a_{N-1} + \alpha < 0 \tag{7.69}$$

となるので，式 (7.63) の $h(u)$ の直線の傾きはすべて負となる。これより

$$\underset{u\in[U_1,U_N]}{\arg\min}\ h(u) = U_N \tag{7.70}$$

が成り立つ（図 7.10(c) 参照）。

(d) ある $k \in \{1, 2, \cdots, N-1\}$ が存在して，$a_k + \alpha = 0$ となるとき，区間 $[U_k, U_{k+1}]$ 上で $h(u)$ の傾きはゼロとなる。これより

$$\underset{u\in[U_1,U_N]}{\arg\min}\ h(u) = [U_k, U_{k+1}] \tag{7.71}$$

となり，不定である（図 7.10(d) 参照）。

以上より，不等式 (7.59) の右辺を最小にする制御，すなわち SOAV 最適制御 $u^*(t)$ は以下を満たすことがわかる。

$$u^*(t) = \begin{cases} U_1, & -a_1 < \boldsymbol{p}^*(t)^\top \boldsymbol{b} \\ U_2, & -a_2 < \boldsymbol{p}^*(t)^\top \boldsymbol{b} < -a_1 \\ & \vdots \\ U_{N-1}, & -a_{N-1} < \boldsymbol{p}^*(t)^\top \boldsymbol{b} < -a_{N-2} \\ U_N, & \boldsymbol{p}^*(t)^\top \boldsymbol{b} < -a_{N-1} \end{cases} \tag{7.72}$$

$$u^*(t) \in [U_k, U_{k+1}],\ \boldsymbol{p}^*(t)^\top \boldsymbol{b} = -a_k,\ k = 1, 2, \cdots, N-1 \tag{7.73}$$

さて，ほとんどすべての $t \in [0, T]$ に対して

$$\boldsymbol{p}^*(t)^\top \boldsymbol{b} \neq -a_k, \quad k = 1, 2, \cdots, N-1 \tag{7.74}$$

が成り立つとする。言い換えると，任意の $k = 1, 2, \cdots, N-1$ で

$$\mu\bigl(\{t \in [0, T] : \boldsymbol{p}^*(t)^\top \boldsymbol{b} = -a_k\}\bigr) = 0 \tag{7.75}$$

が成り立つと仮定する。この仮定が成り立つとき，L^1 最適制御の場合と同様に，SOAV 最適制御問題は正規であるという。上の計算より，正規性の条件 (7.75) が成り立てば SOAV 最適制御は式 (7.72) の形だけとなり，ほとんどすべての $t \in [0, T]$ で離散値 $U_1, U_2, \cdots, U_N$ をとる区分的定数関数となることがわかる。

以上の結果を定理としてまとめる。

定理 7.2　SOAV 最適制御問題は正規，すなわち式 (7.75) が成り立つと仮定する。このとき，ほとんどすべての $t \in [0, T]$ に対して，最適制御 $u^*(t)$ は $U_1, U_2, \cdots, U_N$ のいずれかの値だけをとる。

なお，式 (7.57) または式 (7.60) で与えられる関数 $L(u)$ は凸関数 $|u - U_j|$, $j = 1, \cdots, N$ の凸結合であるので，$L(u)$ は凸関数となる（図 7.9 参照）。すなわち，SOAV 最適制御問題は凸最適化問題であることがわかる。

SOAV 最適制御問題の正規性については，以下の定理が成り立つ。

定理 7.3　制御対象 (7.13) は可制御とし，行列 A は正則と仮定する。また，

任意の $k = 1, 2, \cdots, N-1$ に対して

$$\sum_{j=1}^{k} w_j \neq \sum_{j=k+1}^{N} w_j \tag{7.76}$$

が成り立つとする。このとき，式 (7.75) が成り立ち，SOAV 最適制御問題は正規となる。

演習問題 7.3 定理 7.3 を証明せよ。

なお，定理 7.3 の条件 (7.76) は，区分的線形関数の各直線の傾きがゼロにならないための必要十分条件である。

7.8 さらに勉強するために

L^1 最適制御については，古典的な教科書[2)] に詳細な記述があり，たいへん参考になる。L^0 最適制御と L^1 最適制御との等価性は文献 56), 58) で初めて示された。本書では制御対象を線形システムに限定したが，この等価性についてはつぎの形の非線形システム

$$\dot{\boldsymbol{x}}(t) = f\bigl(\boldsymbol{x}(t)\bigr) + g\bigl(\boldsymbol{x}(t)\bigr)u(t), \quad t \geqq 0 \tag{7.77}$$

においても成り立つことが示されている[56),58)]。L^p 空間や線形作用素など無限次元空間について勉強したい人は文献 77), 104), 105) などを参照されたい。離散値制御を求めるための SOAV 最適制御は文献 38) で提案された。SOAV 最適化は有限次元ベクトルに対する離散値信号の復元問題[53)] において初めて提案されたものである。

【コラム：電車の自動運転】

動的スパースモデリングの最も身近な例は，電車の運転であろう。

電車はある程度まで加速してスピードを出すと，モータへの電力を遮断して，あとは惰性で進む。モータなどの動力により電車を加速させることを力行，動力を

切って惰性で運行することを惰行と呼ぶ。また，力行から惰行に移すことをノッチオフと呼ぶ。電車の運転では，停車駅間においてはじめに力行を一度行った後にノッチオフをし，つぎの駅まで惰行するのが通常である。ここで，走行距離のうち力行を行う距離を力行率と呼び，平坦な区間の場合，力行率は 25%〜50%程度になる[86)]。質量が大きく，転がり摩擦が小さい鉄道ならではの運転方法である。

この運転方法はまさに本書で述べたスパース最適制御である。通常，ノッチオフのタイミングは電車の運転手の技量に任されるが，本書で述べた動的スパースモデリングを用いれば，最適なタイミングが計算できる。しかし，7 章で述べたように L^1 最適制御はバン・オフ・バン制御（± 1 と 0 しかとらない制御）である。この制御を電車にそのまま使えば急加速および急減速の運転となってしまう。電車の目的は乗客を安全・快適に運ぶことであるから，急な加減速は控えなければならない。そこで，制御 $u(t)$ の L^1 ノルムを最小化するだけでなく，加速度（制御の変化率）も小さくするようなつぎの目的関数を導入することが考えられる。

$$J(u) = \|u\|_1 + \lambda \left\| \frac{du}{dt} \right\|_\infty$$

ここで，$\lambda > 0$ は省エネルギー（$\|u\|_1$ を小さくする）と乗り心地（du/dt の L^∞ ノルムを小さくする）を調整する最適化パラメータである。

電車の運行における加減速の様子をグラフに表したものを**運転曲線**（run curve）と呼ぶ。運転曲線は停車駅間における電車の走行距離と速度との関係をグラフ化したものである。パラメータ λ を変化させて $J(u)$ を最小化する制御を求め，運転曲線を描いたのが以下の図である。

パラメータ λ が小さいと運転の始めと終わりで急加速・急減速している様子が

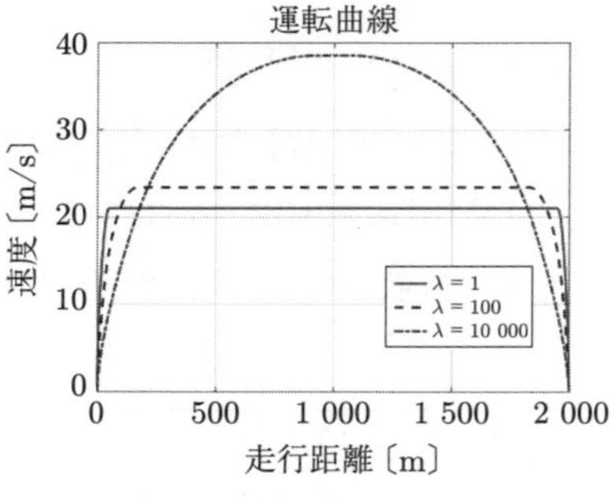

図

わかる。運転曲線が平坦な部分が惰行の部分である。パラメータ λ だけを調整することによって，さまざまな曲線が描かれることがわかるだろう。詳細は文献 95) を参照されたい。

8 動的スパースモデリングのための数値最適化

制御対象が例題 6.1 のロケットのように単純な微分方程式で表されている場合は，前章の 7.6 節（143 ページ）で示したとおり，スパース最適制御（L^1 最適制御）は最小原理を用いて閉形式で求められる。しかし，一般の線形微分方程式

$$\dot{\boldsymbol{x}}(t) = A\boldsymbol{x}(t) + \boldsymbol{b}u(t), \quad t \geqq 0, \quad \boldsymbol{x}(0) = \boldsymbol{\xi} \in \mathbb{R}^d \tag{8.1}$$

に対しては，このようにうまく最適制御が計算できるとは限らない。一般の場合にスパース最適制御を求めるには数値最適化が必要となる。本章では，時間離散化の方法を用いてスパース最適制御（または L^1 最適制御）を求める手法を紹介する。

8 章の要点

- 時間軸の離散化により，最適制御問題は有限次元の最適化問題に帰着する。
- L^1 最適制御は時間離散化により ℓ^1 最適化に近似される。
- 近似された ℓ^1 最適化は ADMM により高速に解が求まる。

8.1 時間軸の離散化

まず，時間区間 $[0,T]$ を n 個の部分区間に分割する。すなわち

$$[0,T] = [0,h) \cup [h,2h) \cup \cdots \cup [nh-h, nh] \tag{8.2}$$

と分割する。ここで h は時間離散化の幅であり，$T = nh$ が成り立つように選ぶ。そして，制御信号 $u(t)$ がこれら小区間上で一定であると仮定して近似を行う。

微分方程式 (8.1) の一般解は演習問題 6.1（111 ページ）の結果を少し一般化して，

$$\boldsymbol{x}(t_1) = e^{A(t_1-t_0)}\boldsymbol{x}(t_0) + \int_{t_0}^{t_1} e^{A(t_1-\tau)}\boldsymbol{b}u(\tau)d\tau \tag{8.3}$$

と表される。ただし，$0 \leqq t_0 \leqq t_1$ とする。ここで

$$t_0 = jh, \quad t_1 = jh + h, \quad j \in \{0, 1, 2, \cdots, n-1\} \tag{8.4}$$

とおくと，式 (8.3) より

$$\begin{aligned}\boldsymbol{x}(jh+h) &= e^{Ah}\boldsymbol{x}(jh) + \int_{jh}^{jh+h} e^{A(jh+h-\tau)}\boldsymbol{b}u(\tau)d\tau \\ &= e^{Ah}\boldsymbol{x}(jh) + \int_0^h e^{A(h-t)}\boldsymbol{b}u(t+jh)dt\end{aligned} \tag{8.5}$$

となる。ここで，j を非負の整数として

$$\boldsymbol{x}_{\mathrm{d}}[j] \triangleq \boldsymbol{x}(jh), \quad u_{\mathrm{d}}[j] \triangleq u(jh) \tag{8.6}$$

とおき，小区間 $[jh, jh+h)$ 上で $u(t)$ は $u_{\mathrm{d}}[j] = u(jh)$ の一定値をとると仮定する（**図 8.1** 参照）と，式 (8.5) より

$$\boldsymbol{x}_{\mathrm{d}}[j+1] = e^{Ah}\boldsymbol{x}_{\mathrm{d}}[j] + \left(\int_0^h e^{A(h-t)}\boldsymbol{b}\,dt\right)u_{\mathrm{d}}[j] \tag{8.7}$$

となる。これより，微分方程式 (8.1) は以下の差分方程式として記述される。

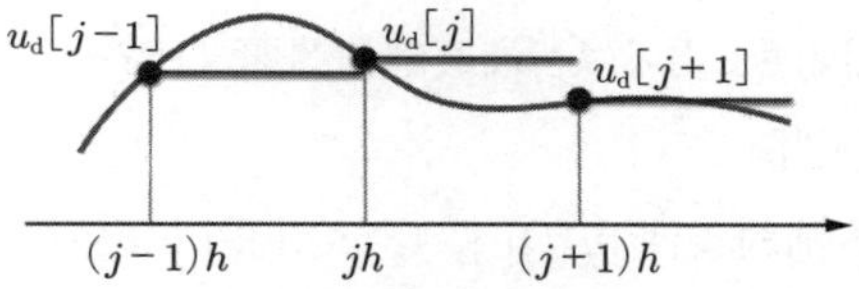

図 8.1　連続時間信号 $u(t)$ の時間離散化による近似

$$\boldsymbol{x}_{\mathrm{d}}[j+1] = A_{\mathrm{d}}\boldsymbol{x}_{\mathrm{d}}[j] + \boldsymbol{b}_{\mathrm{d}}u_{\mathrm{d}}[j], \quad j = 0, 1, \cdots, n-1 \tag{8.8}$$

ただし

$$A_{\mathrm{d}} \triangleq e^{Ah}, \quad \boldsymbol{b}_{\mathrm{d}} \triangleq \int_0^h e^{At}\boldsymbol{b}\,dt \tag{8.9}$$

である。

つぎに，制御ベクトル

$$\boldsymbol{u} \triangleq \begin{bmatrix} u_{\mathrm{d}}[0] \\ u_{\mathrm{d}}[1] \\ \vdots \\ u_{\mathrm{d}}[n-1] \end{bmatrix} \in \mathbb{R}^n \tag{8.10}$$

を定義する。このとき，終端状態 $\boldsymbol{x}(T)$ はつぎのように記述される。

$$\boldsymbol{x}(T) = \boldsymbol{x}_{\mathrm{d}}[n] = -\boldsymbol{\zeta} + \Phi\boldsymbol{u}. \tag{8.11}$$

ここで

$$\Phi \triangleq \begin{bmatrix} A_{\mathrm{d}}^{n-1}\boldsymbol{b}_{\mathrm{d}} & A_{\mathrm{d}}^{n-2}\boldsymbol{b}_{\mathrm{d}} & \cdots & \boldsymbol{b}_{\mathrm{d}} \end{bmatrix}, \quad \boldsymbol{\zeta} \triangleq -A_{\mathrm{d}}^n\boldsymbol{\xi} \tag{8.12}$$

である。

演習問題 8.1 差分方程式 (8.8) を解くことにより，等式 (8.11) が成り立つことを示せ。

8.2 有限次元最適化問題への帰着

無限次元の最適化問題である L^1 最適制御問題（137 ページ）を上記の時間離散化により有限次元化してみよう。

制御 $u(t)$ に関する制約条件 $|u(t)| \leqq 1$, $t \in [0, T]$ は近似的に

$$|u_{\mathrm{d}}[j]| \leqq 1, \quad \forall j \in \{0, 1, 2, \cdots, n-1\} \tag{8.13}$$

または等価的に

$$\|\boldsymbol{u}\|_\infty \leqq 1 \tag{8.14}$$

と表される。ここで $\|\cdot\|_\infty$ は有限次元ベクトルに対する ℓ^∞ ノルム（7 ページの式 (1.23) を参照）である。また，L^1 ノルムの目的関数は

$$\begin{aligned} J_1(u) &= \int_0^T |u(t)|dt \\ &= \sum_{j=0}^{n-1} \int_{jh}^{(j+1)h} |u(t)|dt \\ &\approx \sum_{j=0}^{n-1} \int_{jh}^{(j+1)h} |u_{\mathrm{d}}[j]|dt \\ &= \sum_{j=0}^{n-1} |u_{\mathrm{d}}[j]|h \\ &= h\|\boldsymbol{u}\|_1 \end{aligned} \tag{8.15}$$

と近似される。

以上より L^1 最適制御問題（L^1 OPT）はつぎの有限次元ベクトル $\boldsymbol{u}$ に対する ℓ^1 最適化問題として近似される。

$$\underset{\boldsymbol{u}\in\mathbb{R}^n}{\text{minimize}} \ \ \|\boldsymbol{u}\|_1 \ \ \text{subject to} \ \ \Phi\boldsymbol{u} = \boldsymbol{\zeta}, \ \|\boldsymbol{u}\|_\infty \leqq 1 \tag{8.16}$$

この最適化問題 (8.16) は目的関数が凸関数であり，また制約条件を満たす集合，すなわち

$$\mathcal{C} \triangleq \{\boldsymbol{u} \in \mathbb{R}^n : \Phi\boldsymbol{u} = \boldsymbol{\zeta}, \ \|\boldsymbol{u}\|_\infty \leqq 1\} \tag{8.17}$$

が凸集合であるので凸最適化問題となる。2.3 節 (33 ページ) で述べた MATLAB の CVX などの数値計算ソフトウェアを使えば効率的に最適解が計算できる。以下に，CVX を用いて ℓ^1 最適化問題 (8.16) を解く MATLAB プログラムを示す。

CVX を用いて $\boldsymbol{\ell^1}$ 最適化問題 (8.16) を解く MATLAB プログラム

```
clear
```

```
%% System model
% Plant matrices
A = [0,1;0,0];
b = [0;1];
d = length(b); %system size
% initial states
x0 = [1;1];
% Horizon length
T = 5;
%% Time discretization
% Discretization size
n = 10000; % grid size
h = T/n; % discretization interval
% System discretization
[Ad,bd] = c2d(A,b,h);
% Matrix Phi
Phi = zeros(d,n);
v = bd;
Phi(:,end) = v;
for j = 1:n-1
    v = Ad*v;
    Phi(:,end-j) = v;
end
% Vector zeta
zeta = -Ad^n*x0;
%% Convex optimizaiton via CVX
cvx_begin
 variable u(n)
 minimize norm(u,1)
 subject to
   Phi*u == zeta;
   norm(u,inf) <= 1;
cvx_end
%% Plot
figure;
plot(0:T/n:T-T/n,u);
title('Sparse control');
```

制御対象の次数 d がそれほど大きくなく，また離散化の分割数 n も大きくない場合は CVX でも十分速く最適制御を求めることが可能である。しかし，大規模な問題やフィードバックループの中で最適制御問題をリアルタイムに解く必要がある場合は，CVX のような汎用的な凸最適化ソフトウェアではなく，ℓ^1

最適化に特化した高速なアルゴリズムを導入する必要がある。3 章で学んだ凸最適化のアルゴリズム，特に 3.5 節で勉強した ADMM（交互方向乗数法）を用いて式 (8.16) の ℓ^1 最適化問題を解く方法を次節で示す。

8.3 ADMM による高速アルゴリズム

ここでは，ℓ^1 最適化問題 (8.16) の解を高速に導出するために ADMM（交互方向乗数法）のアルゴリズムを導出する。

まず集合 $\mathcal{C}_1 \subset \mathbb{R}^n$ を ℓ^∞ ノルムに対する単位円板（$\mathbb{R}^n$ の超立方体），すなわち

$$\mathcal{C}_1 \triangleq \{\boldsymbol{u} \in \mathbb{R}^n : \|\boldsymbol{u}\|_\infty \leqq 1\} \tag{8.18}$$

とおく。また集合 $\mathcal{C}_2$ を一点 $\boldsymbol{\zeta} \in \mathbb{R}^d$ だけの集合，すなわち

$$\mathcal{C}_2 \triangleq \{\boldsymbol{\zeta}\} \tag{8.19}$$

とする。集合 $\mathcal{C}_1, \mathcal{C}_2$ に対する指示関数（49 ページ参照）を

$$I_{\mathcal{C}_1}(\boldsymbol{u}) \triangleq \begin{cases} 0, & \text{if } \|\boldsymbol{u}\|_\infty \leqq 1 \\ \infty, & \text{if } \|\boldsymbol{u}\|_\infty > 1 \end{cases} \tag{8.20}$$

$$I_{\mathcal{C}_2}(\boldsymbol{x}) \triangleq \begin{cases} 0, & \text{if } \boldsymbol{x} = \boldsymbol{\zeta} \\ \infty, & \text{if } \boldsymbol{x} \neq \boldsymbol{\zeta} \end{cases} \tag{8.21}$$

とおく。このとき，最適化問題 (8.16) は以下のように書き換えられる。

$$\underset{\boldsymbol{u} \in \mathbb{R}^n}{\text{minimize}} \ \left\{\|\boldsymbol{u}\|_1 + I_{\mathcal{C}_1}(\boldsymbol{u}) + I_{\mathcal{C}_2}(\Phi \boldsymbol{u})\right\} \tag{8.22}$$

つぎに，新しい変数 $\boldsymbol{z}_0, \boldsymbol{z}_1 \in \mathbb{R}^n, \boldsymbol{z}_2 \in \mathbb{R}^d$ を

$$\boldsymbol{z}_0 = \boldsymbol{z}_1 = \boldsymbol{u}, \quad \boldsymbol{z}_2 = \Phi \boldsymbol{u} \tag{8.23}$$

として導入すれば，式 (8.22) の最適化問題は

$$\underset{\boldsymbol{u}\in\mathbb{R}^n,\boldsymbol{z}\in\mathbb{R}^\mu}{\text{minimize}} \ \left\{\|\boldsymbol{z}_0\|_1+I_{\mathcal{C}_1}(\boldsymbol{z}_1)+I_{\mathcal{C}_2}(\boldsymbol{z}_2)\right\} \ \text{subject to} \ \boldsymbol{z}=\Psi\boldsymbol{u} \tag{8.24}$$

と等価的に変換できる。ただし，$\mu \triangleq 2n+d$ とし

$$\boldsymbol{z} \triangleq \begin{bmatrix} \boldsymbol{z}_0 \\ \boldsymbol{z}_1 \\ \boldsymbol{z}_2 \end{bmatrix} \in \mathbb{R}^\mu, \quad \Psi \triangleq \begin{bmatrix} I \\ I \\ \Phi \end{bmatrix} \in \mathbb{R}^{\mu\times n} \tag{8.25}$$

とする。さらに

$$f_1(\boldsymbol{u}) \triangleq 0, \quad f_2(\boldsymbol{z}) \triangleq \|\boldsymbol{z}_0\|_1 + I_{\mathcal{C}_1}(\boldsymbol{z}_1) + I_{\mathcal{C}_2}(\boldsymbol{z}_2) \tag{8.26}$$

とおくことにより，最適化問題 (8.24) は最終的に式 (3.73) の ADMM の標準形（62 ページ）に変換される。

つぎに，ADMM アルゴリズム (3.74)〜(3.76) の中の各関数の具体的な形を求める。まず，$f_1 = 0$ であるので，ADMM のアルゴリズムの第 1 ステップ (3.74) は 2 次関数の最小化となり，線形方程式に帰着する。すなわち

$$\begin{aligned}\boldsymbol{u}[k+1] &= \underset{\boldsymbol{u}\in\mathbb{R}^n}{\arg\min}\left\{\frac{1}{2\gamma}\left\|\Psi\boldsymbol{u}-\boldsymbol{z}[k]+\boldsymbol{v}[k]\right\|^2\right\} \\ &= (\Psi^\top\Psi)^{-1}\Psi^\top(\boldsymbol{z}[k]-\boldsymbol{v}[k])\end{aligned} \tag{8.27}$$

となる。ここで，行列 $\Psi^\top\Psi = 2I + \Phi^\top\Phi$ はつねに正則であり，行列

$$M \triangleq (\Psi^\top\Psi)^{-1}\Psi^\top \tag{8.28}$$

はオフラインで一度だけ計算すればよい。なお，行列 $\Psi^\top\Psi$ のサイズは $n\times n$ であり，分割数 n が大きいと逆行列の計算に結構時間がかかる。そこで，**逆行列補題**（matrix inversion lemma）

$$(X+UYV)^{-1} = X^{-1} - X^{-1}U(Y^{-1}+VX^{-1}U)^{-1}VX^{-1} \tag{8.29}$$

を使うと，逆行列 $(\Psi^\top\Psi)^{-1}$ は

$$(\Psi^\top\Psi)^{-1} = (2I+\Phi^\top\Phi)^{-1} = \frac{1}{2}I - \frac{1}{2}\Phi^\top(2I+\Phi\Phi^\top)^{-1}\Phi \tag{8.30}$$

となり，$d \times d$ の行列 $2I + \Phi\Phi^\top$ の逆行列を求める問題となる。もし $d \ll n$ ならば，逆行列補題を用いたほうが計算は速い。

ADMMアルゴリズムの第2ステップ (3.75) は各変数 $\boldsymbol{z}_0, \boldsymbol{z}_1, \boldsymbol{z}_2$ の最適化に分離できる。変数 $\boldsymbol{z}_0$ に対しては，ℓ^1 ノルムの近接作用素となり，これは，式 (3.35) のソフトしきい値作用素で与えられる。すなわち，$\mathrm{prox}_{\gamma\|\cdot\|_1}(\boldsymbol{u})$ の第 i 要素は

$$\left[\mathrm{prox}_{\gamma\|\cdot\|_1}(\boldsymbol{u})\right]_i = [S_\gamma(\boldsymbol{u})]_i \triangleq \begin{cases} u_i - \gamma, & u_i \geqq \gamma \\ 0, & |u_i| < \gamma \\ u_i + \gamma, & u_i \leqq -\gamma \end{cases} \tag{8.31}$$

となる。ただし，u_i はベクトル $\boldsymbol{u}$ の第 i 要素である（52ページの図3.8を参照）。変数 $\boldsymbol{z}_1$ および $\boldsymbol{z}_2$ に関しては，指示関数の近接作用素の計算が必要である。式 (3.27) より空でない閉凸集合 $\mathcal{C}$ に対する指示関数の近接作用素は，$\mathcal{C}$ への射影作用素 $\Pi_{\mathcal{C}}$ で与えられる。これより，ADMMアルゴリズムの第2ステップでの $\boldsymbol{z}_1$ および $\boldsymbol{z}_2$ の更新はそれぞれ $\Pi_{\mathcal{C}_1}$ および $\Pi_{\mathcal{C}_2}$ の計算に帰着することがわかる。

まず，射影作用素 $\Pi_{\mathcal{C}_1}$ は

$$\Pi_{\mathcal{C}_1}(\boldsymbol{u}) = \begin{bmatrix} \mathrm{sat}(u_1) \\ \mathrm{sat}(u_2) \\ \vdots \\ \mathrm{sat}(u_n) \end{bmatrix}, \quad \mathrm{sat}(u) \triangleq \mathrm{sgn}(u) \min\{|u|, 1\} \tag{8.32}$$

で与えられる。ここで関数 $\mathrm{sat}(\cdot)$ を**飽和関数**（saturation function）と呼ぶ。飽和関数のグラフを図**8.2**に示す。

一方，射影作用素 $\Pi_{\mathcal{C}_2} = \Pi_{\{\boldsymbol{\zeta}\}}$ は

$$\Pi_{\mathcal{C}_2}(\boldsymbol{z}) \triangleq \boldsymbol{\zeta} \tag{8.33}$$

となる。

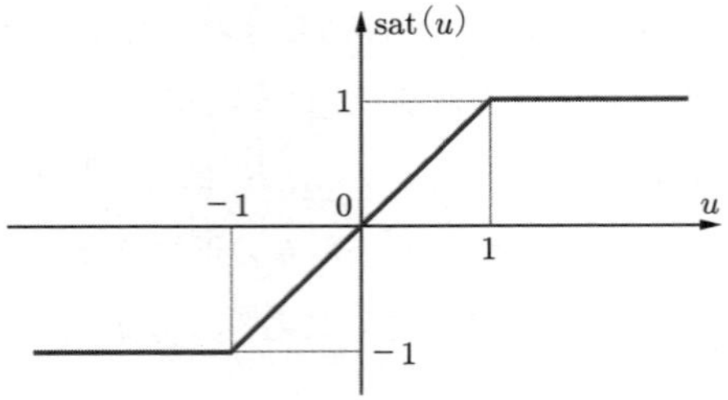

図 **8.2**　飽和関数 $\mathrm{sat}(u) = \mathrm{sgn}(u)\min\{|u|, 1\}$

以上より，変数 $\boldsymbol{z}$ に関する更新は

$$\boldsymbol{z}[k+1] = \begin{bmatrix} S_\gamma(\boldsymbol{u}[k+1] + \boldsymbol{v}_0[k]) \\ \Pi_{\mathcal{C}_1}(\boldsymbol{u}[k+1] + \boldsymbol{v}_1[k]) \\ \boldsymbol{\zeta} \end{bmatrix} \tag{8.34}$$

となる。ただし，式 (8.25) の $\boldsymbol{z}$ の分割に合わせて $\boldsymbol{v} = [\boldsymbol{v}_0^\top, \boldsymbol{v}_1^\top, \boldsymbol{v}_2^\top]^\top$ とする。

以下に ℓ^1 最適化問題 (8.16) を解く ADMM アルゴリズムを示す。

$\boldsymbol{\ell^1}$ 最適化問題 (8.16) を解くための ADMM アルゴリズム

初期ベクトル $\boldsymbol{z}[0]$, $\boldsymbol{v}[0] \in \mathbb{R}^\mu$ および正数 $\gamma > 0$ を与えて，以下を繰り返す。

$$\boldsymbol{u}[k+1] = M(\boldsymbol{z}[k] - \boldsymbol{v}[k]) \tag{8.35}$$

$$\boldsymbol{z}[k+1] = \begin{bmatrix} S_\gamma(\boldsymbol{u}[k+1] + \boldsymbol{v}_0[k]) \\ \Pi_{\mathcal{C}_1}(\boldsymbol{u}[k+1] + \boldsymbol{v}_1[k]) \\ \boldsymbol{\zeta} \end{bmatrix} \tag{8.36}$$

$$\boldsymbol{v}[k+1] = \boldsymbol{v}[k] + \Psi\boldsymbol{u}[k+1] - \boldsymbol{z}[k+1], \quad k = 0, 1, 2, \cdots \tag{8.37}$$

ただし，第 1 ステップ (8.35) の行列 M は式 (8.28) で与えられる。

文献 11) で示されているように，ADMM アルゴリズムは数十回の反復で解の近くに収束する傾向がある。本章で述べたスパース最適制御を用いてモデル予測制御系[48] を構成しフィードバック制御を行う場合には，リアルタイム性が重視されるため ADMM のこのような性質はきわめて重要である。

最後に ADMM を用いて ℓ^1 最適化問題 (8.16) を解く MATLAB プログラムを以下に示す。

ADMM を用いて ℓ^1 最適化問題 (8.16) を解く MATLAB プログラム

```
clear
%% System model
% Plant matrices
A = [0,1;0,0];
b = [0;1];
d = length(b); %system size
% initial states
x0 = [1;1];
% Horizon length
T = 5;
%% Time discretization
% Discretization size
n = 1000; % grid size
h = T/n; % discretization interval
% System discretization
[Ad,bd] = c2d(A,b,h);
% Matrix Phi
Phi = zeros(d,n);
v = bd;
Phi(:,end) = v;
for j = 1:n-1
    v = Ad*v;
    Phi(:,end-j) = v;
end
% Vector zeta
zeta = -Ad^n*x0;
%% Convex optimizaiton via ADMM
mu = 2*n+d;
Psi = [eye(n);eye(n);Phi];
M = (0.5*eye(n) - 0.5*Phi'*inv(2*eye(d)+Phi*Phi')*Phi)*Psi';
sat = @(x) sign(x).*min(abs(x),1);
EPS = 1e-5;
MAX_ITER = 100000;
z = [zeros(2*n,1);zeta]; v = zeros(mu,1);
r = zeta;
k = 0;
gamma = 0.05;
while (norm(r)>EPS) & (k < MAX_ITER)
    u = M*(z-v);
```

```
    z0 = soft_thresholding(gamma,u+v(1:n));
    z1 = sat(u+v(n+1:2*n));
    z2 = zeta;
    z = [z0;z1;z2];
    v = v + Psi*u - z;
    r = Phi*u - zeta;
    k = k + 1;
end
```

8.4　さらに勉強するために

最適制御問題の数値計算は，本章で述べた時間離散化の方法だけでなく，さまざまな方法がある。最適制御問題における離散化については，文献88),89)を参照せよ。

引用・参考文献

1) M. Aldridge, L. Baldassini, and O. Johnson, "Group testing algorithms: Bounds and simulations," *IEEE Trans. Inf. Theory*, vol. 60, no. 6, pp. 3671–3687, Jun. 2014.

2) M. Athans and P. L. Falb, *Optimal Control*, Dover Publications, 2007, an unabridged republication of the work published by McGraw-Hill in 1966.

3) G. K. Atia and V. Saligrama, "Boolean compressed sensing and noisy group testing," *IEEE Trans. Inf. Theory*, vol. 58, no. 3, pp. 1880–1901, Mar. 2012.

4) H. H. Bauschke and P. L. Combettes, *Convex Analysis and Monotone Operator Theory in Hilbert Spaces*, Springer, 2011.

5) A. Beck and M. Teboulle, "Gradient-based algorithms with applications to signal-recovery problems," in *Convex optimization*, Cambridge University Press, 2010.

6) A. Bemporad and M. Morari, "Control of systems integrating logic, dynamics, and constraints," *Automatica*, vol. 35, pp. 407–427, 1999.

7) D. Bertsekas, *Convex Optimization Algorithms*, Athena Scientific, 2015.

8) S. Bhattacharya and T. Başar, "Sparsity based feedback design: a new paradigm in opportunistic sensing," in *Proc. Amer. Contr. Conf.*, pp. 3704–3709, Jun.–Jul. 2011.

9) C. M. Bishop, *Pattern Recognition and Machine Learning*, Springer, 2006, 「パターン認識と機械学習」というタイトルで日本語訳が丸善より出版されている.

10) T. Blumensath and M. E. Davies, "Iterative thresholding for sparse approximations," *Journal of Fourier Analysis and Applications*, vol. 14, no. 5, pp. 629–654, 2008.

11) S. Boyd, N. Parikh, E. Chu, B. Peleato, and J. Eckstein, "Distributed optimization and statistical learning via the alternating direction method of multipliers," *Foundations and Trends in Machine Learning*, vol. 3, no. 1, pp. 1–122, 2011.

12) S. Boyd and L. Vandenberghe, *Convex Optimization*, Cambridge University Press, 2004.

13) P. Bühlmann and S. van de Geer, *Statistics for High-Dimensional Data*, Springer, 2011.

14) E. J. Candès and T. Tao, "Near-optimal signal recovery from random projections: Universal encoding strategies?" *IEEE Trans. Inf. Theory*, vol. 52, no. 12, pp. 5406–5425, Dec. 2006.

15) E. J. Candès and Y. Plan, "Near-ideal model selection by ℓ^1 minimization," *Ann. Statist.*, vol. 37, no. 5A, pp. 2145–2177, Oct. 2009.

16) C. Chan, "The state of the art of electric, hybrid, and fuel cell vehicles," *Proc. IEEE*, vol. 95, no. 4, pp. 704–718, Apr. 2007.

17) S. Chen and D. Donoho, "Basis pursuit," in *Signals, Systems and Computers, Conference Record of the Twenty-Eighth Asilomar Conference on*, vol. 1, pp. 41–44, Oct. 1994.

18) S. Chen, D. Donoho, and M. Saunders, "Atomic decomposition by basis pursuit," *SIAM J. Sci. Comput.*, vol. 20, no. 1, pp. 33–61, Aug. 1998.

19) T. Chen, M. S. Andersen, L. Ljung, A. Chiuso, and G. Pillonetto, "System identification via sparse multiple kernel-based regularization using sequential convex optimization techniques," *IEEE Trans. Autom. Control*, vol. 59, no. 11, pp. 2933–2945, Nov. 2014.

20) J. F. Claerbout and F. Muir, "Robust modeling with erratic data," *Geophysics*, vol. 38, no. 5, pp. 826–844, 1973.

21) P. L. Combettes and J.-C. Pesquet, *Proximal Splitting Methods in Signal Processing*, New York, NY: Springer New York, pp. 185–212, 2011.

22) T. H. Cormen, C. E. Leiserson, R. L. Rivest, and C. Stein, *Introduction to Algorithms*, 3rd ed., MIT Press, 2009, 「アルゴリズムイントロダクション」というタイトルで日本語訳が近代科学社より出版されている．

23) G. M. Davis, S. G. Mallat, and Z. Zhang, "Adaptive time-frequency decompositions," *Optical Engineering*, vol. 33, no. 7, pp. 2183–2191, 1994.

24) D. L. Donoho, "Compressed sensing," *IEEE Trans. Inf. Theory*, vol. 52, no. 4, pp. 1289–1306, Apr. 2006.

25) D. L. Donoho and P. B. Stark, "Uncertainty principles and signal recovery," *SIAM Journal on Applied Mathematics*, vol. 49, no. 3, pp. 906–931, 1989.

26) R. Dorfman, "The detection of defective members of large populations,"

Ann. Math. Statist., vol. 14, no. 4, pp. 436–440, 12 1943.

27) B. Dunham, "Automatic on/off switching gives 10-percent gas saving," *Popular Science*, vol. 205, no. 4, p. 170, Oct. 1974.

28) J. Eckstein and D. Bertsekas, "On the Douglas-Rachford splitting method and proximal point algorithm for maximal monotone operators," *Math. Program.*, vol. 55, pp. 293–318, 1992.

29) M. Elad, *Sparse and Redundant Representations*. Springer, 2010, 「スパースモデリング」というタイトルで日本語訳が共立出版より出版されている.

30) M. Fardad, L. Fu, and M. R. Jovanovic, "Sparsity-promoting optimal control for a class of distributed systems," in *Proc. Amer. Contr. Conf.*, pp. 2050–2055, Jun.–Jul. 2011.

31) S. Foucart and H. Rauhut, *A Mathematical Introduction to Compressive Sensing*, Birkhäuser, 2013.

32) M. Gallieri and J. M. Maciejowski, "ℓ_{asso} MPC: Smart regulation of over-actuated systems," in *Proc. Amer. Contr. Conf.*, pp. 1217–1222, Jun. 2012.

33) C. Giraud, *Introduction to High-Dimensional Statistics*, CRC Press, 2015.

34) D. A. Harville, *Matrix Algebra From a Statistician's Perspective*, Springer, 1997, 「統計のための行列代数」というタイトルで日本語訳が丸善より出版されている.

35) T. Hastie, R. Tibshirani, and J. Friedman, *The Elements of Statistical Learning*, second edition, Springer, 2009, 「統計的学習の基礎」というタイトルで日本語訳が共立出版より出版されている.

36) T. Hastie, R. Tibshirani, and M. Wainwright, *Statistical Learning with Sparsity: The Lasso and Generalizations*, CRC Press, 2015.

37) H. Hermes and J. P. Lasalle, *Functional Analysis and Time Optimal Control*, Academic Press, 1969.

38) T. Ikeda, M. Nagahara, and S. Ono, "Discrete-valued control of linear time-invariant systems by sum-of-absolute-values optimization," *IEEE Trans. Autom. Control*, vol. 62, no. 6, pp. 2750–2763, 2017.

39) M. Ishikawa, "Structural learning with forgetting," *Neural Netw.*, vol. 9, no. 3, pp. 509–521, Apr. 1996.

40) D. Jeong and W. Jeon, "Performance of adaptive sleep period control for wireless communications systems," *IEEE Trans. Wireless Commun.*, vol. 5, no. 11, pp. 3012–3016, Nov. 2006.

41) N. Karumanchi, *Data Structures and Algorithms Made Easy*, 2nd ed. CareerMonk, 2011, 「入門データ構造とアルゴリズム」というタイトルで日本語訳がオライリー・ジャパンより出版されている.
42) L. Kong, G. Wong, and D. Tsang, "Performance study and system optimization on sleep mode operation in IEEE 802.16e," *IEEE Trans. Wireless Commun.*, vol. 8, no. 9, pp. 4518–4528, Sep. 2009.
43) O. I. Kostyukova, E. A. Kostina, and N. M. Fedortsova, "Parametric optimal control problems with weighted l_1-norm in the cost function," *Automatic Control and Computer Sciences*, vol. 44, no. 4, pp. 179–190, 2010.
44) J. N. Kutz, S. L. Brunton, B. W. Brunton, and J. L. Proctor, *Dynamic Mode Decomposition*, SIAM, 2016.
45) D. Liberzon, *Calculus of Variations and Optimal Control Theory: A Concise Introduction*, Princeton University Press, 2012.
46) B. F. Logan, "Properties of high-pass signals," Ph.D. dissertation, Columbia University, 1965.
47) M. Lustig, D. L. Donoho, J. M. Santos, and J. M. Pauly, "Compressed sensing MRI," *IEEE Signal Process. Mag.*, vol. 25, no. 2, pp. 72–82, Mar. 2008.
48) J. M. Maciejowski, *Predictive Control with Constraints*, Prentice-Hall, 2002.
49) S. Mallat and Z. Zhang, "Matching pursuits with time-frequency dictionaries," *IEEE Trans. Signal Process.*, vol. 41, no. 12, pp. 3397–3415, Nov. 1993.
50) S. Mallat, *A Wavelet Tour of Signal Processing: The Sparse Way*, 3rd ed. Academic Press, 2008.
51) L. Mathelin, L. Pastur, and L. Maitre, "A compressed-sensing approach for closed-loop optimal control of nonlinear systems," *Theoretical and computational fluid dynamics*, vol. 26, no. 1-4, pp. 319–337, 2012.
52) M. Mesbahi and G. P. Papavassilopoulos, "On the rank minimization problem over a positive semidefinite linear matrix inequality," *IEEE Trans. Autom. Control*, vol. 42, no. 2, pp. 239–243, Feb. 1997.
53) M. Nagahara, "Discrete signal reconstruction by sum of absolute values," *IEEE Signal Process, Lett.*, vol. 22, no. 10, pp. 1575–1579, Oct. 2015.
54) M. Nagahara, T. Matsuda, and K. Hayashi, "Compressive sampling for remote control systems," *IEICE Trans. on Fundamentals*, vol. E95-A, no. 4,

pp. 713–722, Apr. 2012.

55) M. Nagahara and D. E. Quevedo, "Sparse representations for packetized predictive networked control," in *IFAC 18th World Congress*, pp. 84–89, Aug.–Sept. 2011.

56) M. Nagahara, D. E. Quevedo, and D. Nešić, "Maximum hands-off control and L^1 optimality," in *52nd IEEE Conference on Decision and Control (CDC)*, pp. 3825–3830, Dec. 2013.

57) M. Nagahara, D. E. Quevedo, and D. Nešić, "Hands-off control as green control," in *SICE Control Division Multi Symposium 2014*, Mar. 2014. [Online]. Available: http://arxiv.org/abs/1407.2377

58) M. Nagahara, D. E. Quevedo, and D. Nešić, "Maximum hands-off control: a paradigm of control effort minimization," *IEEE Trans. Autom. Control*, vol. 61, no. 3, pp. 735–747, 2016.

59) M. Nagahara, D. Quevedo, and J. Østergaard, "Sparse packetized predictive control for networked control over erasure channels," *IEEE Trans. Autom. Control*, vol. 59, no. 7, pp. 1899–1905, Jul. 2014.

60) D. Needell and J. A. Tropp, "CoSaMP: iterative signal recovery from incomplete and inaccurate samples," *Appl. Comput. Harmonic Anal.*, vol. 26, no. 3, pp. 301–321, 2008.

61) H. Ohlsson, F. Gustafsson, L. Ljung, and S. Boyd, "Trajectory generation using sum-of-norms regularization," in *Proc. 49th IEEE CDC*, pp. 540–545, Dec. 2010.

62) N. Parikh and S. Boyd, "Proximal algorithms," *Foudations and Trends in Optimization*, vol. 1, no. 3, pp. 123–231, 2013.

63) Y. C. Pati, R. Rezaiifar, and P. S. Krishnaprasad, "Orthogonal matching pursuit: Recursive function approximation with applications to wavelet decomposition," in *Proc. the 27th Annual Asilomar Conf. on Signals, Systems and Computers*, pp. 40–44, Nov. 1993.

64) L. S. Pontryagin, *Mathematical Theory of Optimal Processes.* CRC Press, 1987, vol. 4, 「最適過程の数学的理論」というタイトルで日本語訳（関根訳）が総合図書より出版されていたが，すでに絶版である.

65) L. I. Rudin, S. Osher, and E. Fatemi, "Nonlinear total variation based noise removal algorithms," *Physica D*, vol. 60, p. 259–268, 1992.

66) W. Rudin, *Princeples of Mathematical Analysis*, 3rd ed. McGraw-Hill, 1976.

67) W. Rudin, *Real and Complex Analysis*, 3rd ed. McGraw-Hill, 2005.

68) F. Santosa and W. W. Symes, "Linear inversion of band-limited reflection seismograms," *SIAM Journal on Scientific and Statistical Computing*, vol. 7, no. 4, pp. 1307–1330, 1986.

69) S. Schuler, C. Ebenbauer, and F. Allgöwer, "ℓ_0-system gain and ℓ_1-optimal control," in *IFAC 18th World Congress*, pp. 9230–9235, Aug.–Sept. 2011.

70) N. Srivastava, G. Hinton, A. Krizhevsky, I. Sutskever, and R. Salakhutdinov, "Dropout: A simple way to prevent neural networks from overfitting," *Journal of Machine Learning Research*, vol. 15, pp. 1929–1958, 2014. [Online]. Available: http://jmlr.org/papers/v15/srivastava14a.html

71) G. Strang and T. Nguyen, *Wavelets and Filter Banks*, 2nd ed. Wellesley-Cambridge Press, 1996, 「ウェーブレット解析とフィルタバンク I, II」というタイトルで日本語訳が培風館より出版されている.

72) H. L. Taylor, S. C. Banks, and J. F. McCoy, "Deconvolution with the ℓ_1 norm," *Geophysics*, vol. 44, no. 1, pp. 39–52, 1979.

73) R. Tibshirani, "Regression shrinkage and selection via the LASSO," *J. R. Statist. Soc. Ser. B*, vol. 58, no. 1, pp. 267–288, 1996.

74) I. Tosic and P. Frossard, "Dictionary learning," *IEEE Signal Process. Mag.*, vol. 28, no. 2, pp. 27–38, Mar. 2011.

75) M. Wakin, B. Sanandaji, and T. Vincent, "On the observability of linear systems from random, compressive measurements," in *Proc. 49th IEEE CDC*, pp. 4447–4454, Dec. 2010.

76) G. K. Wallace, "The JPEG still picture compression standard," *Commun. ACM*, vol. 34, no. 4, pp. 30–44, Apr. 1991.

77) Y. Yamamoto, *From Vector Spaces to Function Spaces: Introduction to Functional Analysis with Applications*. SIAM, 2012.

78) M. Yuan and Y. Lin, "Model selection and estimation in regression with grouped variables," *Journal of the Royal Statistical Society: Series B (Statistical Methodology)*, vol. 68, no. 1, p. 49–67, Feb. 2006.

79) K. Zhou, J. C. Doyle, and K. Glover, *Robust and Optimal Control*, Pearson, 1995.

80) M. Zibulevsky and M. Elad, "L1-L2 optimization in signal and image processing," *IEEE Signal Process. Mag.*, vol. 27, pp. 76–88, May 2010.

81) H. Zou and T. Hastie, "Regularization and variable selection via the elastic

net," *Journal of the Royal Statistical Society: Series B (Statistical Methodology)*, vol. 67, no. 2, pp. 301–320, Apr. 2005.
82) 足立修一, 制御のためのシステム同定, 東京電機大学出版局, 1996.
83) 足立修一・廣田幸嗣, バッテリマネジメント工学, 東京電機大学出版局, 2015.
84) 石川真澄, コネクショニストモデルの忘却を用いた構造化学習, 信学技報 MBE88-144, 1989.
85) 石川真澄, 忘却を用いたコネクショニストモデルの構造学習アルゴリズム, 人工知能学会誌, vol. 5, no. 5, pp. 595–603, 1990.
86) 宇田賢吉, 電車の運転, 中公新書, 2008.
87) 蛯原義雄, LMI によるシステム制御, 森北出版, 2012.
88) 大塚敏之, 非線形最適制御入門, コロナ社, 2011.
89) 大塚敏之編著, 実時間最適化による制御の実応用, コロナ社, 2015.
90) 岡谷貴之, 深層学習, 講談社, 2015.
91) 川田昌克・東俊一・市原裕之・浦久保孝光・大塚敏之・甲斐健也・國松禎明・澤田賢治・永原正章・南裕樹, 倒立振子で学ぶ制御工学, 森北出版, 2017.
92) 小郷寛・美多勉, システム制御理論入門, 実教出版, 1980.
93) 今野浩・山下浩, 非線形計画法, 日科技連出版社, 1978.
94) 篠原広行・橋本雄幸, 圧縮センシング MRI の基礎, 医療科学社, 2016.
95) 菅大地, スパース最適制御を用いた電車の運転曲線の設計, 2016, 京都大学工学部情報学科数理工学コース特別研究報告書.
96) 鈴木大慈, 確率的最適化, 講談社, 2015.
97) 田中利幸, 圧縮センシングの数理, *IEICE Fundamentals Review*, vol. 4, no. 1, pp. 39–47, Jul. 2010.
98) 福島雅夫, 非線形最適化の基礎, 朝倉書店, 2001.
99) 藤本晃司・田中利幸, スパースモデリングと医用 MRI, 応用数理, vol. 25, no. 1, pp. 10–14, Mar. 2015.
100) ポントリャーギン著・坂本實訳, 最適制御理論における最大値原理, 森北出版, 2000.
101) 村山正・常本秀幸, 自動車エンジン工学, 東京電機大学出版局, 2008.
102) 吉川恒夫・井村順一, 現代制御論, コロナ社, 2014.
103) 柳井晴夫・竹内啓, 射影行列・一般逆行列・特異値分解, 東京大学出版会, 1983.
104) 山田功, 工学のための関数解析, 数理工学社, 2009.
105) 山本裕, システムと制御の数学, 朝倉書店, 1998.

演習問題解答

1章

【1.1】 基底 $\boldsymbol{\phi}_1, \boldsymbol{\phi}_2, \boldsymbol{\phi}_3$ は1次独立より，つぎの行列

$$\Phi \triangleq \begin{bmatrix} \boldsymbol{\phi}_1 & \boldsymbol{\phi}_2 & \boldsymbol{\phi}_3 \end{bmatrix} \tag{1}$$

は正則である。この行列を用いれば式 (1.5) は

$$\boldsymbol{y} = \Phi\boldsymbol{\beta}, \quad \boldsymbol{\beta} \triangleq \begin{bmatrix} \beta_1 \\ \beta_2 \\ \beta_3 \end{bmatrix} \tag{2}$$

と表すことができる。これより，係数 $\beta_1, \beta_2, \beta_3$ は

$$\boldsymbol{\beta} = \Phi^{-1}\boldsymbol{y} \tag{3}$$

より求めることができる。

【1.2】 式 (1.17) のベクトル $\boldsymbol{x}$ に左から行列 Φ を掛けると

$$\Phi\boldsymbol{x} = \Phi\boldsymbol{x}_0 + \Phi\boldsymbol{z} = \Phi\boldsymbol{x}_0 \tag{1}$$

ここで，二つ目の等式では，$\boldsymbol{z}$ が Φ のカーネルの元であるため $\Phi\boldsymbol{z} = \boldsymbol{0}$ となることを用いた。ベクトル $\boldsymbol{x}_0$ は方程式 (1.14) の解であるので，$\Phi\boldsymbol{x}_0 = \boldsymbol{y}$ となり，したがって

$$\Phi\boldsymbol{x} = \Phi\boldsymbol{x}_0 = \boldsymbol{y} \tag{2}$$

が成り立つ。すなわち，$\boldsymbol{x}$ は方程式 (1.14) の解である。

【1.3】

1. 斉次性を証明する。任意の $\boldsymbol{x} \in \mathbb{R}^n$ と任意の実数 α をとり，固定する。このとき，式 (1.20) より

$$\|\alpha\boldsymbol{x}\|_2 = \sqrt{\langle \alpha\boldsymbol{x}, \alpha\boldsymbol{x} \rangle} = |\alpha|\sqrt{\langle \boldsymbol{x}, \boldsymbol{x} \rangle} = |\alpha|\|\boldsymbol{x}\|_2 \tag{1}$$

が成り立つ。

2. 三角不等式を証明する。まず，**コーシー・シュワルツの不等式**（Cauchy-Schwarz inequality）と呼ばれるつぎの不等式を証明する。

$$|\langle \boldsymbol{x}, \boldsymbol{y} \rangle| \leqq \|\boldsymbol{x}\|_2 \|\boldsymbol{y}\|_2, \quad \forall \boldsymbol{x}, \boldsymbol{y} \in \mathbb{R}^n \tag{2}$$

もし，$\boldsymbol{x}$ もしくは $\boldsymbol{y}$ のいずれかが $\boldsymbol{0}$ であれば，上の不等式は明らかに成り立つ。そこで，$\boldsymbol{x} \neq \boldsymbol{0}$ かつ $\boldsymbol{y} \neq \boldsymbol{0}$ と仮定する。また

$$c \triangleq \frac{\langle \boldsymbol{x}, \boldsymbol{y} \rangle}{\|\boldsymbol{y}\|_2^2} \tag{3}$$

とおく。このとき

$$\begin{aligned}
0 &\leqq \|\boldsymbol{x} - c\boldsymbol{y}\|_2^2 \\
&= \langle \boldsymbol{x} - c\boldsymbol{y}, \boldsymbol{x} - c\boldsymbol{y} \rangle \\
&= \|\boldsymbol{x}\|_2^2 - 2c\langle \boldsymbol{x}, \boldsymbol{y} \rangle + c^2 \|\boldsymbol{y}\|_2^2 \\
&= \|\boldsymbol{x}\|_2^2 - 2\frac{|\langle \boldsymbol{x}, \boldsymbol{y} \rangle|^2}{\|\boldsymbol{y}\|_2^2} + \frac{|\langle \boldsymbol{x}, \boldsymbol{y} \rangle|^2}{\|\boldsymbol{y}\|_2^2} \\
&= \|\boldsymbol{x}\|_2^2 - \frac{|\langle \boldsymbol{x}, \boldsymbol{y} \rangle|^2}{\|\boldsymbol{y}\|_2^2}
\end{aligned} \tag{4}$$

したがって

$$|\langle \boldsymbol{x}, \boldsymbol{y} \rangle|^2 \leqq \|\boldsymbol{x}\|_2^2 \|\boldsymbol{y}\|_2^2 \tag{5}$$

が成り立つ。すなわち，コーシー・シュワルツの不等式 (2) が成り立つことがわかる。この不等式を使えば，任意の $\boldsymbol{x}, \boldsymbol{y} \in \mathbb{R}^n$ に対して

$$\begin{aligned}
\|\boldsymbol{x} + \boldsymbol{y}\|_2^2 &= \langle \boldsymbol{x} + \boldsymbol{y}, \boldsymbol{x} + \boldsymbol{y} \rangle \\
&= \|\boldsymbol{x}\|_2^2 + 2\langle \boldsymbol{x}, \boldsymbol{y} \rangle + \|\boldsymbol{y}\|_2^2 \\
&\leqq \|\boldsymbol{x}\|_2^2 + 2|\langle \boldsymbol{x}, \boldsymbol{y} \rangle| + \|\boldsymbol{y}\|_2^2 \\
&\leqq \|\boldsymbol{x}\|_2^2 + 2\|\boldsymbol{x}\|_2 \|\boldsymbol{y}\|_2 + \|\boldsymbol{y}\|_2^2 \\
&= \left(\|\boldsymbol{x}\|_2 + \|\boldsymbol{y}\|_2\right)^2
\end{aligned} \tag{6}$$

すなわち

$$\|\boldsymbol{x} + \boldsymbol{y}\|_2 \leqq \|\boldsymbol{x}\|_2 + \|\boldsymbol{y}\|_2 \tag{7}$$

が成り立つことがわかる。

3. 独立性を証明する。まず $\boldsymbol{x} = \boldsymbol{0}$ のとき，明らかに $\|\boldsymbol{x}\|_2 = 0$ が成り立つ。逆に $\boldsymbol{x} \neq \boldsymbol{0}$ とすると，ベクトル $\boldsymbol{x}$ は非ゼロ要素を持ち，これを x_i とすると

$$\|\boldsymbol{x}\|_2 = \sqrt{x_1^2 + x_2^2 + \cdots + x_n^2} \geqq \sqrt{x_i^2} > 0 \tag{8}$$

が成り立つ。すなわち，$\|\boldsymbol{x}\|_2 \neq 0$ となる。

【1.4】 $\|\boldsymbol{x}\|_0 = k$ であるような m 次元ベクトルの非ゼロ要素の位置の組合せの数は $\binom{m}{k}$ である。したがって，最悪ケース（解の非ゼロ要素の数が m の場合）の繰返し回数は

$$\binom{m}{0} + \binom{m}{1} + \binom{m}{2} + \cdots + \binom{m}{m} = 2^m \tag{1}$$

となる。$m = 100$ のとき，この繰返し回数は

$$2^{100} \approx 1.3 \times 10^{30} \tag{2}$$

となり，1 ステップの計算に 10^{-15} 秒しかかからないコンピュータでも，最悪ケースで

$$1.3 \times 10^{30} \times 10^{-15} = 1.3 \times 10^{15}\text{秒} \approx 3000\text{ 万年} \tag{3}$$

かかる。

2 章

【2.1】 最小ノルム解の公式 (2.15) を用いる。行列 Φ と変数ベクトル $\boldsymbol{x}$ を

$$\Phi \triangleq \begin{bmatrix} a_1 & a_2 \end{bmatrix}, \quad \boldsymbol{x} \triangleq \begin{bmatrix} x_1 \\ x_2 \end{bmatrix} \tag{1}$$

とおくと，式 (2.16) の方程式は

$$\Phi \boldsymbol{x} = 1 \tag{2}$$

と書ける。公式 (2.15) より，最小ノルム解 $\boldsymbol{x}^*$ は

$$\begin{aligned} \boldsymbol{x}^* &= \Phi^\top (\Phi\Phi^\top)^{-1} \times 1 \\ &= \begin{bmatrix} a_1 \\ a_2 \end{bmatrix} \left(\begin{bmatrix} a_1 & a_2 \end{bmatrix} \begin{bmatrix} a_1 \\ a_2 \end{bmatrix} \right)^{-1} \times 1 \\ &= \frac{1}{a_1^2 + a_2^2} \begin{bmatrix} a_1 \\ a_2 \end{bmatrix} \end{aligned} \tag{3}$$

すなわち

$$x_1^* = \frac{a_1}{a_1^2 + a_2^2}, \quad x_2^* = \frac{a_2}{a_1^2 + a_2^2} \tag{4}$$

となる。

【2.2】 まず，行列 Φ が列フルランクのとき，$\Phi^\top\Phi$ が正則となることを背理法により示す。行列 $\Phi^\top\Phi$ が正則でないとすると，あるベクトル $\boldsymbol{v} \neq \boldsymbol{0}$ が存在して，$(\Phi^\top\Phi)\boldsymbol{v} = \boldsymbol{0}$ が成り立つ。両辺に左から $\boldsymbol{v}^\top$ をかけると，$\boldsymbol{v}^\top(\Phi^\top\Phi)\boldsymbol{v} = 0$ となり，$\|\Phi\boldsymbol{v}\|_2^2 = 0$ が成り立つことがわかる。ノルムの定義より，これは $\Phi\boldsymbol{v} = \boldsymbol{0}$ と等価である。ここで，$\Phi = [\boldsymbol{\phi}_1, \cdots, \boldsymbol{\phi}_n], \boldsymbol{v} = [v_1, \cdots, v_n]^\top$ とおくと，$\boldsymbol{v} \neq \boldsymbol{0}$ より，ある $v_i \neq 0$ が存在して

$$v_1\boldsymbol{\phi}_1 + \cdots + v_i\boldsymbol{\phi}_i + \cdots + v_n\boldsymbol{\phi}_n = 0 \tag{1}$$

が成り立つことがわかる。これは Φ の列ベクトルが1次従属であることを示しているが，Φ が列フルランクであることに矛盾する。したがって，$\Phi^\top\Phi$ は正則であることがわかる。

式 (2.24) の目的関数を変形する。$\mathbb{R}^n$ における ℓ^2 ノルムと ℓ^2 内積の関係式 (1.20) および式 (1.19) より

$$\begin{aligned}
\frac{1}{2}\|\Phi\boldsymbol{x} - \boldsymbol{y}\|_2^2 &= \frac{1}{2}\langle\Phi\boldsymbol{x} - \boldsymbol{y}, \Phi\boldsymbol{x} - \boldsymbol{y}\rangle \\
&= \frac{1}{2}(\Phi\boldsymbol{x} - \boldsymbol{y})^\top(\Phi\boldsymbol{x} - \boldsymbol{y}) \\
&= \frac{1}{2}(\boldsymbol{x}^\top\Phi^\top\Phi\boldsymbol{x} - 2\boldsymbol{y}^\top\Phi\boldsymbol{x} + \boldsymbol{y}^\top\boldsymbol{y}) \\
&= \frac{1}{2}(\boldsymbol{x} - (\Phi^\top\Phi)^{-1}\Phi^\top\boldsymbol{y})^\top\Phi^\top\Phi(\boldsymbol{x} - (\Phi^\top\Phi)^{-1}\Phi^\top\boldsymbol{y}) \\
&\quad -\boldsymbol{y}^\top\Phi(\Phi^\top\Phi)^{-1}\Phi^\top\boldsymbol{y} + \boldsymbol{y}^\top\boldsymbol{y}
\end{aligned} \tag{2}$$

行列 $\Phi^\top\Phi$ は正則であるので，正定値である。すなわち，任意の非ゼロベクトル $\boldsymbol{v}$ に対して，$\boldsymbol{v}^\top(\Phi^\top\Phi)\boldsymbol{v} > 0$ が成り立ち，さらに $\boldsymbol{v} = \boldsymbol{0} \iff \boldsymbol{v}^\top(\Phi^\top\Phi)\boldsymbol{v} = \boldsymbol{0}$ が成り立つ。これより，目的関数を最小化する $\boldsymbol{x}^*$ は

$$\boldsymbol{x}^* = (\Phi^\top\Phi)^{-1}\Phi^\top\boldsymbol{y} \tag{3}$$

で与えられることがわかる。

【2.3】 最小二乗解は

$$\boldsymbol{x}^* = (\Phi^\top\Phi)^{-1}\Phi^\top\boldsymbol{y} \tag{1}$$

で与えられるので，残差は

$$\boldsymbol{r} = \boldsymbol{y} - \Phi\boldsymbol{x}^* = \boldsymbol{y} - \Phi(\Phi^\top\Phi)^{-1}\Phi^\top\boldsymbol{y} \tag{2}$$

となる。これより

$$\Phi^\top \boldsymbol{r} = \Phi^\top \boldsymbol{y} - \Phi^\top \Phi(\Phi^\top \Phi)^{-1}\Phi^\top \boldsymbol{y} = \Phi^\top \boldsymbol{y} - \Phi^\top \boldsymbol{y} = \boldsymbol{0} \tag{3}$$

となることがわかる。$\Phi = [\boldsymbol{\phi}_1\ \boldsymbol{\phi}_2\ \ldots \boldsymbol{\phi}_n]$ であったので，式 (3) より

$$\boldsymbol{\phi}_i^\top \boldsymbol{r} = 0, \quad \forall i \in \{1, 2, \cdots, n\} \tag{4}$$

すなわち

$$\langle \boldsymbol{\phi}_i, \boldsymbol{r} \rangle = 0, \quad \forall i \in \{1, 2, \cdots, n\} \tag{5}$$

が成り立つ。また

$$\Phi \boldsymbol{x}^* = \sum_{i=1}^{n} x_i^* \boldsymbol{\phi}_i \tag{6}$$

より

$$\langle \Phi \boldsymbol{x}^*, \boldsymbol{r} \rangle = \left\langle \sum_{i=1}^{n} x_i^* \boldsymbol{\phi}_i, \boldsymbol{r} \right\rangle = \sum_{i=1}^{n} x_i^* \langle \boldsymbol{\phi}_i, \boldsymbol{r} \rangle = 0 \tag{7}$$

したがって，$\Phi \boldsymbol{x}^*$ と $\boldsymbol{r}$ は直交することがわかる。

【2.4】 式 (2.32) の目的関数を変形する。$\mathbb{R}^n$ における ℓ^2 ノルムと ℓ^2 内積の関係式 (1.20) および式 (1.19) より

$$\begin{aligned}
\frac{1}{2}\|\Phi \boldsymbol{x} - \boldsymbol{y}\|_2^2 + \frac{\lambda}{2}\|\boldsymbol{x}\|_2^2 &= \frac{1}{2}\langle \Phi \boldsymbol{x} - \boldsymbol{y}, \Phi \boldsymbol{x} - \boldsymbol{y} \rangle + \frac{\lambda}{2}\langle \boldsymbol{x}, \boldsymbol{x} \rangle \\
&= \frac{1}{2}\bigl(\Phi \boldsymbol{x} - \boldsymbol{y}\bigr)^\top \bigl(\Phi \boldsymbol{x} - \boldsymbol{y}\bigr) + \frac{\lambda}{2}\boldsymbol{x}^\top \boldsymbol{x} \\
&= \frac{1}{2}\bigl(\boldsymbol{x}^\top (\lambda I + \Phi^\top \Phi)\boldsymbol{x} - 2\boldsymbol{y}^\top \Phi \boldsymbol{x} + \boldsymbol{y}^\top \boldsymbol{y}\bigr) \\
&= \frac{1}{2}\bigl(\boldsymbol{x} - (\lambda I + \Phi^\top \Phi)^{-1}\Phi^\top \boldsymbol{y}\bigr)^\top (\lambda I + \Phi^\top \Phi) \\
&\quad \times \bigl(\boldsymbol{x} - (\lambda I + \Phi^\top \Phi)^{-1}\Phi^\top \boldsymbol{y}\bigr) \\
&\quad - \boldsymbol{y}^\top \Phi(\lambda I + \Phi^\top \Phi)^{-1}\Phi^\top \boldsymbol{y} + \boldsymbol{y}^\top \boldsymbol{y}
\end{aligned} \tag{1}$$

いま，$\lambda > 0$ より $\lambda I + \Phi^\top \Phi$ は（$\Phi^\top \Phi$ が正則でなくても）正則となる。したがって，演習問題 2.2 の解答と同様にして，正則化最小二乗法の解 $\boldsymbol{x}^*$ は

$$\boldsymbol{x}^* = (\lambda I + \Phi^\top \Phi)^{-1}\Phi^\top \boldsymbol{y} \tag{2}$$

で与えられることがわかる。

3章

【3.1】 任意に $\boldsymbol{x}, \boldsymbol{y} \in \mathcal{C} \cap \mathcal{D}$ と $\lambda \in [0,1]$ をとる。このとき，$\boldsymbol{x}, \boldsymbol{y} \in \mathcal{C}$ かつ $\boldsymbol{x}, \boldsymbol{y} \in \mathcal{D}$ である。$\mathcal{C}$ と $\mathcal{D}$ は凸集合より，$\lambda\boldsymbol{x} + (1-\lambda)\boldsymbol{y} \in \mathcal{C}$ かつ $\lambda\boldsymbol{x} + (1-\lambda)\boldsymbol{y} \in \mathcal{D}$ が成り立つ。すなわち，$\lambda\boldsymbol{x} + (1-\lambda)\boldsymbol{y} \in \mathcal{C} \cap \mathcal{D}$ が成り立ち，$\mathcal{C} \cap \mathcal{D}$ は凸集合であることがわかる。

【3.2】 関数 f と g を凸関数とすると，任意の $\boldsymbol{x}, \boldsymbol{y} \in \mathbb{R}^n$ と任意の $\lambda \in [0,1]$ に対して

$$\left.\begin{aligned} f(\lambda\boldsymbol{x} + (1-\lambda)\boldsymbol{y}) &\leqq \lambda f(\boldsymbol{x}) + (1-\lambda) f(\boldsymbol{y}) \\ g(\lambda\boldsymbol{x} + (1-\lambda)\boldsymbol{y}) &\leqq \lambda g(\boldsymbol{x}) + (1-\lambda) g(\boldsymbol{y}) \end{aligned}\right\} \tag{1}$$

が成り立つ。$h = f + g$ とおくと

$$\begin{aligned} h(\lambda\boldsymbol{x} + (1-\lambda)\boldsymbol{y}) &= f(\lambda\boldsymbol{x} + (1-\lambda)\boldsymbol{y}) + g(\lambda\boldsymbol{x} + (1-\lambda)\boldsymbol{y}) \\ &\leqq \bigl(\lambda f(\boldsymbol{x}) + (1-\lambda) f(\boldsymbol{y})\bigr) + \bigl(\lambda g(\boldsymbol{x}) + (1-\lambda) g(\boldsymbol{y})\bigr) \\ &= \lambda\bigl(f(\boldsymbol{x}) + g(\boldsymbol{x})\bigr) + (1-\lambda)\bigl(f(\boldsymbol{y}) + g(\boldsymbol{y})\bigr) \\ &= \lambda h(\boldsymbol{x}) + (1-\lambda) h(\boldsymbol{y}) \end{aligned} \tag{2}$$

となる。したがって，関数 $h = f + g$ は凸関数であることがわかる。

【3.3】 関数 f はプロパーであるので，$\mathrm{dom}(f)$ は空集合ではなく，ある $\boldsymbol{x} \in \mathrm{dom}(f)$ が存在する。また，関数 $\frac{1}{2\gamma}\|\boldsymbol{x} - \boldsymbol{v}\|_2^2$ の実効定義域は $\mathbb{R}^n$ である。したがって，近接作用素の定義式 (3.13) の中の目的関数

$$f(\boldsymbol{x}) + \frac{1}{2\gamma}\|\boldsymbol{x} - \boldsymbol{v}\|_2^2 \tag{1}$$

は $\mathrm{dom}(f)$ の上で有限値をとる。したがって，任意の $\boldsymbol{v} \in \mathrm{dom}(f)$ に対して，$\mathrm{prox}_{\gamma f}(\boldsymbol{v}) \in \mathrm{dom}(f)$ が成り立つ。すなわち，$\mathrm{dom}(f)$ は近接作用素 $\mathrm{prox}_{\gamma f}$ の不変集合であることがわかる。

【3.4】 集合 $\mathcal{C}$ を $-\boldsymbol{v}$ だけ平行移動したものを $\mathcal{D}$ とおく。すなわち

$$\mathcal{D} \triangleq \mathcal{C} - \boldsymbol{v} = \{\boldsymbol{x} - \boldsymbol{v} : \boldsymbol{x} \in \mathcal{C}\}. \tag{1}$$

このとき

$$\Pi_{\mathcal{C}}(\boldsymbol{v}) = \mathop{\arg\min}_{\boldsymbol{x} \in \mathcal{C}} \|\boldsymbol{x} - \boldsymbol{v}\|_2^2 = \mathop{\arg\min}_{\boldsymbol{x} \in \mathcal{D}} \|\boldsymbol{x}\|_2^2 \tag{2}$$

が成り立つ。すなわち，$\Pi_{\mathcal{C}}(\boldsymbol{v})$ は集合 $\mathcal{D}$ の中で最も ℓ^2 ノルムが小さいものとなる。ここで，定数 $\delta \geqq 0$ を

$$\delta \triangleq \inf\{\|\boldsymbol{x}\|_2 : \boldsymbol{x} \in \mathcal{D}\} \tag{3}$$

とおく。まずは，$\|\boldsymbol{x}\|_2 = \delta$ となるような $\boldsymbol{x} \in \mathcal{D}$ が存在することを示す。集合 $\mathcal{D}$ の二つのベクトル $\boldsymbol{x}, \boldsymbol{y} \in \mathcal{D}$ をとる。$\mathcal{D}$ は凸集合であるから

$$\frac{1}{2}\boldsymbol{x} + \frac{1}{2}\boldsymbol{y} \in \mathcal{D} \tag{4}$$

が成り立つ。したがって式 (3) より

$$\left\|\frac{1}{2}\boldsymbol{x} + \frac{1}{2}\boldsymbol{y}\right\|_2^2 \geqq \delta^2 \tag{5}$$

となる。さらに，中線定理†より

$$\left\|\frac{1}{2}\boldsymbol{x} + \frac{1}{2}\boldsymbol{y}\right\|_2^2 + \left\|\frac{1}{2}\boldsymbol{x} - \frac{1}{2}\boldsymbol{y}\right\|_2^2 = 2\left(\left\|\frac{1}{2}\boldsymbol{x}\right\|_2^2 + \left\|\frac{1}{2}\boldsymbol{y}\right\|_2^2\right) \tag{6}$$

式 (5) と式 (6) より

$$\begin{aligned}\|\boldsymbol{x} - \boldsymbol{y}\|_2^2 &= 2\big(\|\boldsymbol{x}\|_2^2 + \|\boldsymbol{y}\|_2^2\big) - 4\left\|\frac{1}{2}\boldsymbol{x} + \frac{1}{2}\boldsymbol{y}\right\|_2^2 \\ &\leqq 2\big(\|\boldsymbol{x}\|_2^2 + \|\boldsymbol{y}\|_2^2\big) - 4\delta^2\end{aligned} \tag{7}$$

ここで，集合 $\mathcal{D}$ 上のベクトル列 $\{\boldsymbol{x}_0, \boldsymbol{x}_1, \boldsymbol{x}_2, \cdots\}$ を $\|\boldsymbol{x}_n\|_2 \to \delta$ となるようにとれば，式 (7) より

$$\|\boldsymbol{x}_l - \boldsymbol{x}_m\|_2^2 \leqq 2\big(\|\boldsymbol{x}_l\|_2^2 + \|\boldsymbol{x}_m\|_2^2\big) - 4\delta^2 \to 0 \tag{8}$$

すなわち，$\{\boldsymbol{x}_l\}$ は $\mathbb{R}^n$ のコーシー列であり，$\mathcal{D}$ が閉集合という仮定から

$$\boldsymbol{x}_\infty \triangleq \lim_{l\to\infty} \boldsymbol{x}_l \in \mathcal{D} \tag{9}$$

となり，かつ $\|\boldsymbol{x}_\infty\|_2 = \delta$ となる。すなわち，$\Pi_{\mathcal{C}}(\boldsymbol{v})$ が任意の $\boldsymbol{v} \in \mathbb{R}^n$ に対して存在することがわかる。

つぎに $\boldsymbol{x}_\infty \in \mathcal{D}$ と $\boldsymbol{y}_\infty \in \mathcal{D}$ が $\|\boldsymbol{x}_\infty\|_2 = \|\boldsymbol{y}_\infty\|_2 = \delta$ を満たすとすると，式 (7) より

$$\|\boldsymbol{x}_\infty - \boldsymbol{y}_\infty\|_2^2 \leqq 2\big(\|\boldsymbol{x}_\infty\|_2^2 + \|\boldsymbol{y}_\infty\|_2^2\big) - 4\delta^2 = 0 \tag{10}$$

---

† **中線定理**（parallelogram law）とは，任意のベクトル $\boldsymbol{x}, \boldsymbol{y} \in \mathbb{R}^n$ に対して

$$\|\boldsymbol{x} + \boldsymbol{y}\|_2^2 + \|\boldsymbol{x} - \boldsymbol{y}\|_2^2 = 2\big(\|\boldsymbol{x}\|_2^2 + \|\boldsymbol{y}\|_2^2\big)$$

が成り立つことをいう。

したがって，$\boldsymbol{x}_\infty = \boldsymbol{y}_\infty$ となり，一意性もいえる。

【3.5】 式 (3.33) の目的関数の両辺に $\gamma > 0$ を掛けて，$g(x) \triangleq \gamma f(x)$ とおくと，$f(x)$ の最小化と $g(x)$ の最小化は同じである。したがって，$g(x)$ を最小化する x を求める。

まず，$x \geqq 0$ と $x < 0$ の二つに場合分けをすれば

$$g(x) = \begin{cases} \dfrac{1}{2}(x-v)^2 + \gamma x, & x \geqq 0 \\ \dfrac{1}{2}(x-v)^2 - \gamma x, & x < 0 \end{cases} \tag{1}$$

と書ける。

$$g_1(x) \triangleq \frac{1}{2}(x-v)^2 + \gamma x, \quad g_2(x) \triangleq \frac{1}{2}(x-v)^2 - \gamma x \tag{2}$$

とおく。

- <u>$x \geqq 0$ のとき</u>

$$g_1(x) = \frac{1}{2}(x-v)^2 + \gamma x = \frac{1}{2}(x-v+\gamma)^2 + \gamma v - \frac{\gamma^2}{2} \tag{3}$$

より，$v - \gamma < 0$ の場合と $v - \gamma \geqq 0$ の場合で**解図 3.1** のようなグラフが描かれる。

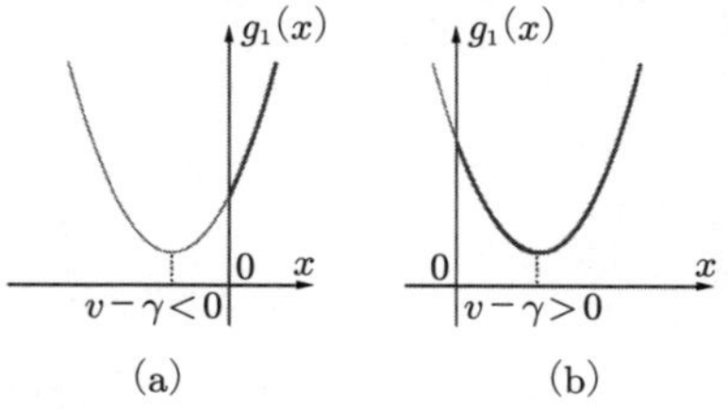

解図 3.1　$x \geqq 0$ のときの関数 $g_1(x)$

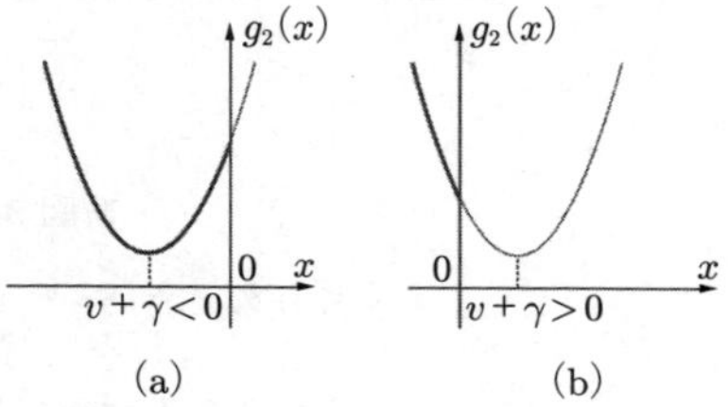

解図 3.2　$x < 0$ のときの関数 $g_2(x)$

- <u>$x < 0$ のとき</u>

$$g_2(x) = \frac{1}{2}(x-v)^2 - \gamma x = \frac{1}{2}(x-v-\gamma)^2 - \gamma v - \frac{\gamma^2}{2} \tag{4}$$

より，$v + \gamma \leqq 0$ の場合と $v + \gamma > 0$ の場合で**解図 3.2** のようなグラフが描かれる。

以上の準備の下

1. $v-\gamma \geqq 0$ のとき
2. $v+\gamma \leqq 0$ のとき
3. $v-\gamma < 0$ かつ $v+\gamma > 0$ のとき

の三つの場合に分けて考える。

1. $v-\gamma \geqq 0$ のとき。$\gamma > 0$ より

$$0 \leqq v-\gamma < v+\gamma \tag{5}$$

が成り立つ。また

$$\gamma v - \frac{\gamma^2}{2} > -\gamma v - \frac{\gamma^2}{2} \tag{6}$$

以上より，$v-\gamma \geqq 0$ のときの関数 $g(x)$ のグラフは解図 **3.3**(a) のようになり，$x=v-\gamma$ で最小値 $\gamma v - \dfrac{\gamma^2}{2}$ をとることがわかる。

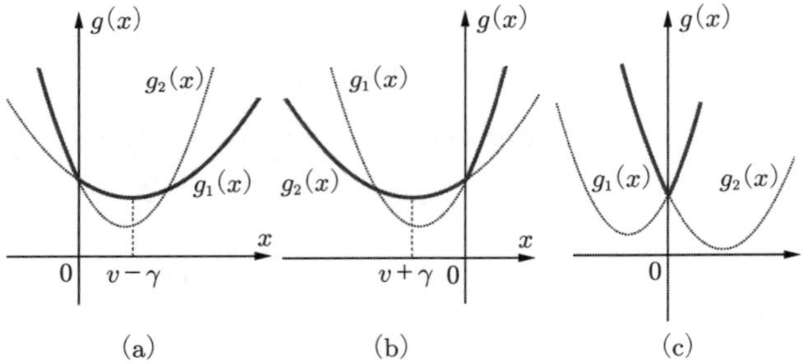

解図 3.3　関数 $g(x)$

2. $v+\gamma \leqq 0$ のとき。$\gamma > 0$ より

$$v-\gamma < v+\gamma < 0 \tag{7}$$

が成り立つ。また

$$\gamma v - \frac{\gamma^2}{2} < -\gamma v - \frac{\gamma^2}{2} \tag{8}$$

以上より，$v+\gamma \leqq 0$ のときの関数 $g(x)$ のグラフは解図 3.3(b) のようになり，$x=v+\gamma$ で最小値 $-\gamma v - \dfrac{\gamma^2}{2}$ をとることがわかる。

3. $v-\gamma < 0$ かつ $v+\gamma > 0$ のとき。このときは $-\gamma < v < \gamma$ であり，関数 $g(x)$ のグラフは解図 3.3(c) のようになる。これより，$x=0$ で最小値 $\dfrac{v^2}{2}$ をとることがわかる。

【3.6】 最適化問題は以下で与えられる。

$$\underset{\boldsymbol{x}\in\mathbb{R}^n}{\text{minimize}}\ \frac{1}{2}\|Q\boldsymbol{x}-\boldsymbol{y}\|_2^2+\lambda\|\boldsymbol{x}\|_1 \tag{1}$$

行列 Q は直交行列であるので，任意のベクトル $\boldsymbol{x}\in\mathbb{R}^n$ に対して

$$\|\boldsymbol{x}\|_2^2=\boldsymbol{x}^\top\boldsymbol{x}=\boldsymbol{x}^\top Q^\top Q\boldsymbol{x}=\|Q\boldsymbol{x}\|_2^2=\|Q^\top\boldsymbol{x}\|_2^2 \tag{2}$$

が成り立ち，これより

$$\begin{aligned}\|Q\boldsymbol{x}-\boldsymbol{y}\|_2^2&=\|Q^\top(Q\boldsymbol{x}-\boldsymbol{y})\|_2^2\\&=\|Q^\top Q\boldsymbol{x}-Q^\top\boldsymbol{y}\|_2^2\\&=\|\boldsymbol{x}-Q^\top\boldsymbol{y}\|_2^2\end{aligned} \tag{3}$$

となる。ここで $\boldsymbol{v}\triangleq Q^\top\boldsymbol{y}$ とおくと，最適化問題 (1) の目的関数 $f(\boldsymbol{x})$ は

$$\begin{aligned}f(\boldsymbol{x})&\triangleq\frac{1}{2}\|Q\boldsymbol{x}-\boldsymbol{y}\|_2^2+\lambda\|\boldsymbol{x}\|_1\\&=\frac{1}{2}\|\boldsymbol{x}-\boldsymbol{v}\|_2^2+\lambda\|\boldsymbol{x}\|_1\\&=\sum_{i=1}^n\left\{\frac{1}{2}(x_i-v_i)^2+\lambda|x_i|\right\}\\&=\sum_{i=1}^n f_i(x_i)\end{aligned} \tag{4}$$

と書き換えることができる。ただし

$$f_i(x_i)\triangleq\frac{1}{2}(x_i-v_i)^2+\lambda|x_i| \tag{5}$$

であり，v_i, x_i はそれぞれベクトル $\boldsymbol{v}$ および $\boldsymbol{x}$ の第 i 要素を表す。これより，式 (1) の ℓ^1 正則化問題は

$$\underset{x_1,\ldots,x_n}{\text{minimize}}\ \sum_{i=1}^n f_i(x_i) \tag{6}$$

と書ける。各変数 x_i は独立に選べるので，この最適化はスカラの ℓ^1 正則化 (3.31) に帰着し，つぎの最適化問題

$$\underset{x\in\mathbb{R}}{\text{minimize}}\ \frac{1}{2}(x-v_i)^2+\lambda|x|,\quad i=1,2,\ldots,n \tag{7}$$

を各 i について独立に解けばよい。最適化問題 (7) の解は，式 (3.31) と式 (3.32) より，ソフトしきい値関数を用いて

$$x_i^* = S_\lambda(v_i) \tag{8}$$

と表される。これを用いれば

$$\min_{x_1,\ldots,x_n} \sum_{i=1}^n f_i(x_i) = \sum_{i=1}^n \min_{x_i} f_i(x_i) = \sum_{i=1}^n f_i(x_i^*) \tag{9}$$

が得られる。

最後に，式 (3.35) のようなソフトしきい値関数のベクトル表現を用いると，行列 Φ が直交行列 Q の場合の ℓ^1 正則化 (1) の解はつぎの閉形式で得られることがわかる。

$$\boldsymbol{x}^* = S_\lambda(\boldsymbol{v}) = S_\lambda(Q^\top \boldsymbol{y}) \tag{10}$$

ソフトしきい値作用素のグラフの形（図 3.8 参照）より，ベクトル $Q^\top \boldsymbol{y}$ の要素のうち，絶対値が λ より小さいものはすべてゼロとなる。これより，正則化パラメータ λ が大きければ大きいほど，ℓ^1 正則化問題 (1) の解はゼロを多く含み，スパースとなることがわかる。

【3.7】 式 (3.13) の目的関数を $g(\boldsymbol{x})$ とおく。$f(\boldsymbol{x})$ が ℓ^0 ノルム $\|\boldsymbol{x}\|_0$ のときの目的関数は

$$g(\boldsymbol{x}) = \|\boldsymbol{x}\|_0 + \frac{1}{2\gamma}\|\boldsymbol{x} - \boldsymbol{v}\|_2^2 = \sum_{i=1}^n \left\{ \theta(x_i) + \frac{1}{2\gamma}(x_i - v_i)^2 \right\} \tag{1}$$

と書き換えられる。ここで $\theta(x)$ は以下で定義される。

$$\theta(x) \triangleq \begin{cases} 0, & x = 0 \\ 1, & x \neq 0 \end{cases} \tag{2}$$

これより，各 x_i について最小化すればよく，つぎのスカラ関数の最小化問題に帰着する。

$$\underset{x \in \mathbb{R}}{\text{minimize}} \quad \theta(x) + \frac{1}{2\gamma}(x - v)^2 \tag{3}$$

ここで，$x = 0$ と $x \neq 0$ とで場合分けすれば，式 (3) の目的関数は

$$g(x) = \begin{cases} \dfrac{v^2}{2\gamma}, & x = 0 \\ 1 + \dfrac{1}{2\gamma}(x - v)^2, & x \neq 0 \end{cases} \tag{4}$$

となる。この関数のグラフを $v^2/(2\gamma) > 1$ と $v^2/(2\gamma) \leqq 1$ との場合で分けて，**解図 3.4** に示す。これより，もし $v^2/(2\gamma) \leqq 1$ ならば，$x = 0$ のとき最小値

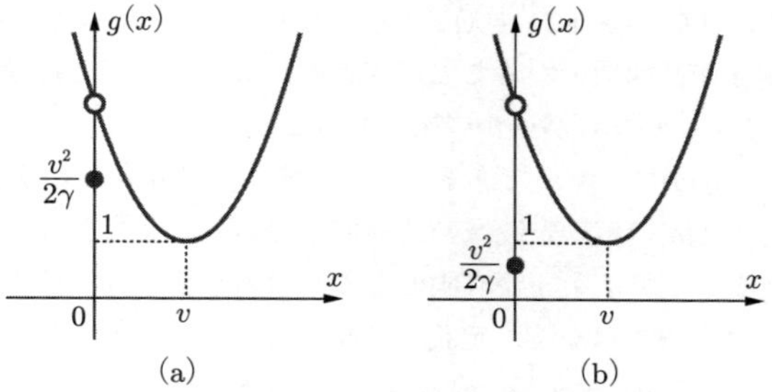

解図 3.4　関数 $g(x)$: $v^2/(2\gamma) > 1$ の場合（図 (a)）と $v^2/(2\gamma) \leqq 1$ の場合（図 (b)）

$v^2/(2\gamma)$ をとり，$v^2/(2\gamma) > 1$ ならば，$x = v$ のとき最小値 1 をとることがわかる。すなわち，式 (3) の最小化問題の解は

$$x^* = \begin{cases} 0, & -\sqrt{2\gamma} \leqq v \leqq \sqrt{2\gamma} \\ v, & \text{otherwise} \end{cases} \tag{5}$$

と表される。この右辺は $\lambda = \sqrt{2\gamma}$ としたときのハードしきい値作用素 $H_\lambda(v)$ にほかならない。

【3.8】 まず，$\|\boldsymbol{x}\|_1$ がプロパーかつ閉であることは明らかであるので，凸関数であることを示す。任意のベクトル $\boldsymbol{x}, \boldsymbol{z} \in \mathbb{R}^n$ と任意のスカラ $\lambda \in [0,1]$ に対して，ノルムの性質より

$$\|\lambda\boldsymbol{x} + (1-\lambda)\boldsymbol{z}\|_1 \leqq \|\lambda\boldsymbol{x}\|_1 + \|(1-\lambda)\boldsymbol{z}\|_1 = \lambda\|\boldsymbol{x}\|_1 + (1-\lambda)\|\boldsymbol{z}\|_1 \tag{1}$$

が成り立つので，$\|\boldsymbol{x}\|_1$ は凸関数である。

つぎに，集合 $\mathcal{C} \triangleq \{\boldsymbol{x} \in \mathbb{R}^n : \Phi\boldsymbol{x} = \boldsymbol{y}\}$ が閉であることを示す。集合 $\mathcal{C}$ 上のベクトル列 $\{\boldsymbol{x}_l\}$ を考え，$\boldsymbol{x}_l \to \boldsymbol{x}_\infty \in \mathbb{R}^n$ $(l \to \infty)$ とする。$\boldsymbol{x}_\infty \in \mathcal{C}$ であることを示せばよい。いま，$\boldsymbol{x}_l$ は $\mathcal{C}$ 上の点であるので，$\Phi\boldsymbol{x}_l = \boldsymbol{y}$ を満たす。これより

$$\lim_{l\to\infty} \Phi\boldsymbol{x}_l = \Phi\left(\lim_{l\to\infty} \boldsymbol{x}_l\right) = \Phi\boldsymbol{x}_\infty = \boldsymbol{y} \tag{2}$$

が成り立つので，$\boldsymbol{x}_\infty \in \mathcal{C}$ であり，集合 $\mathcal{C}$ は閉集合であることがわかる。また，任意のベクトル $\boldsymbol{x}, \boldsymbol{z} \in \mathcal{C}$ と任意のスカラ $\lambda \in [0,1]$ に対して

$$\Phi\bigl(\lambda\boldsymbol{x} + (1-\lambda)\boldsymbol{z}\bigr) = \lambda\Phi\boldsymbol{x} + (1-\lambda)\Phi\boldsymbol{z} = \lambda\boldsymbol{y} + (1-\lambda)\boldsymbol{y} = \boldsymbol{y} \tag{3}$$

が成り立つので，$\lambda\boldsymbol{x}+(1-\lambda)\boldsymbol{z}\in\mathcal{C}$ となり，$\mathcal{C}$ は凸集合であることもわかる。

【3.9】 関数 $f+g$ が凸関数となることは演習問題 3.2 の証明とほぼ同じである。ここでは，$f+g$ がプロパーかつ閉であることを示す。

まず $f+g$ がプロパーであることを示す。関数 $f+g$ の実効定義域は f の実効定義域と g の実効定義域の共通部分である。なぜなら，f と g の両方が有限となることが $f+g$ が有限となるための必要十分条件であるからである（$\infty-\infty$ は有限ではなく，定義されないことに注意する。すなわち，ある $\boldsymbol{x}$ が存在して，$f(\boldsymbol{x})=\infty,\, g(\boldsymbol{x})=-\infty$ となったとすると，$\boldsymbol{x}$ は $f+g$ の実効定義域には入らない）。仮定より $\mathrm{dom}(f)\cap\mathrm{dom}(g)\neq\emptyset$ であるので，$f+g$ はプロパーである。

つぎに，$f+g$ のエピグラフ $\mathrm{epi}(f+g)$ が閉集合であることを示す。これは，集合 $\mathrm{epi}(f+g)$ の補集合 $\mathrm{epi}(f+g)^c$ が開集合であることと同値である。任意に $(\boldsymbol{x}_0,t_0)\in\mathrm{epi}(f+g)^c$ を取り固定する。$h=f+g$ とおく。このとき

$$h(\boldsymbol{x}_0)=f(\boldsymbol{x}_0)+g(\boldsymbol{x}_0)>t_0 \tag{1}$$

まず，$g(\boldsymbol{x}_0)<\infty$ とする。このとき，式 (1) より，ある $d>0$ が存在して

$$f(\boldsymbol{x}_0)>t_0-g(\boldsymbol{x}_0)+d \tag{2}$$

が成り立つ。

これより，$(\boldsymbol{x}_0,t_0-g(\boldsymbol{x}_0)+d)$ は集合 $\mathrm{epi}(f)^c$ の要素である。仮定から $\mathrm{epi}(f)$ は閉集合だから，集合 $\mathrm{epi}(f)^c$ は開集合となるので，ある $\varepsilon_1>0$ が存在して

$$f(\boldsymbol{x})>t_0-g(t_0)+d,\quad \forall\boldsymbol{x}\in B_{\varepsilon_1}(\boldsymbol{x}_0)\triangleq\{\boldsymbol{x}\in\mathbb{R}^n:\|\boldsymbol{x}-\boldsymbol{x}_0\|_2<\varepsilon_1\} \tag{3}$$

が成り立つ。また，$d>0$ より

$$g(\boldsymbol{x}_0)>g(\boldsymbol{x}_0)-d \tag{4}$$

これより，$(\boldsymbol{x}_0,g(\boldsymbol{x}_0)-d)\in\mathrm{epi}(g)^c$ であり，仮定より $\mathrm{epi}(g)^c$ は開集合であるから，ある $\varepsilon_2>0$ が存在して

$$g(\boldsymbol{x})>g(t_0)-d,\quad \forall\boldsymbol{x}\in B_{\varepsilon_2}(\boldsymbol{x}_0) \tag{5}$$

が成り立つ。式 (3) と式 (5) より，$\varepsilon=\min(\varepsilon_1,\varepsilon_2)$ とおくと

$$f(\boldsymbol{x})+g(\boldsymbol{x})>t_0,\quad \forall\boldsymbol{x}\in B_{\varepsilon}(\boldsymbol{x}_0) \tag{6}$$

さらに，この不等式から，ある $\delta > 0$ が存在して

$$f(\boldsymbol{x}) + g(\boldsymbol{x}) > t, \quad \forall \boldsymbol{x} \in B_\varepsilon(\boldsymbol{x}_0), \forall t \in (t_0 - \delta, t_0 + \delta) \tag{7}$$

が成り立つ。$(\boldsymbol{x}_0, t_0)$ は $\mathrm{epi}(f+g)^c$ から任意にとってきたものであるので，$\mathrm{epi}(f+g)^c$ は開集合であることがわかる。

【3.10】 集合 $\mathcal{C} = \{\boldsymbol{x} \in \mathbb{R}^n : \Phi\boldsymbol{x} = \boldsymbol{y}\}$ への射影作用素 $\Pi_{\mathcal{C}}(\boldsymbol{v})$ はつぎの最適化問題の解である。

$$\underset{\boldsymbol{x} \in \mathbb{R}^n}{\text{minimize}} \ \|\boldsymbol{x} - \boldsymbol{v}\|_2^2 \ \text{ subject to } \ \Phi\boldsymbol{x} = \boldsymbol{y} \tag{1}$$

この最適化問題を解くためにラグランジュ関数

$$L(\boldsymbol{x}, \boldsymbol{\lambda}) = \|\boldsymbol{x} - \boldsymbol{v}\|_2^2 + \boldsymbol{\lambda}^\top(\boldsymbol{y} - \Phi\boldsymbol{x}) \tag{2}$$

を考える。ラグランジュ関数 L を $\boldsymbol{x}$ で微分し，ゼロとおくと

$$\frac{\partial L}{\partial \boldsymbol{x}} = 2(\boldsymbol{x} - \boldsymbol{v}) - \Phi^\top \boldsymbol{\lambda} = \boldsymbol{0} \tag{3}$$

これより

$$\boldsymbol{x} = \boldsymbol{v} + \frac{1}{2}\Phi^\top \boldsymbol{\lambda} \tag{4}$$

これを制約条件 $\Phi\boldsymbol{x} = \boldsymbol{y}$ に代入し整理すれば

$$\Phi\Phi^\top \boldsymbol{\lambda} = 2(\boldsymbol{y} - \Phi\boldsymbol{v}) \tag{5}$$

ここで，行列 Φ が行フルランクだとすると，行列 $\Phi\Phi^\top$ は逆行列を持ち

$$\boldsymbol{\lambda} = 2(\Phi\Phi^\top)^{-1}(\boldsymbol{y} - \Phi\boldsymbol{v}) \tag{6}$$

となる。これを式 (4) へ代入すると，式 (1) の最適解は

$$\boldsymbol{x} = \boldsymbol{v} + \Phi^\top(\Phi\Phi^\top)^{-1}(\boldsymbol{y} - \Phi\boldsymbol{v}) \tag{7}$$

となる。

【3.11】 近接作用素は

$$\mathrm{prox}_{\gamma f}(\boldsymbol{v}) = \underset{\boldsymbol{x} \in \mathbb{R}^n}{\arg\min}\left\{\frac{1}{2}(\Phi\boldsymbol{x} - \boldsymbol{y})^\top(\Phi\boldsymbol{x} - \boldsymbol{y}) + \frac{1}{2\gamma}(\boldsymbol{x} - \boldsymbol{v})^\top(\boldsymbol{x} - \boldsymbol{v})\right\} \tag{1}$$

で与えられる。最適化する関数を

$$f(\boldsymbol{x}) = \frac{1}{2}(\Phi\boldsymbol{x} - \boldsymbol{y})^\top(\Phi\boldsymbol{x} - \boldsymbol{y}) + \frac{1}{2\gamma}(\boldsymbol{x} - \boldsymbol{v})^\top(\boldsymbol{x} - \boldsymbol{v}) \tag{2}$$

とおき，f を $\boldsymbol{x}$ で微分してゼロとおくと

$$\begin{aligned}\frac{\partial f}{\partial \boldsymbol{x}} &= \Phi^\top \Phi \boldsymbol{x} - \Phi^\top \boldsymbol{y} + \frac{1}{\gamma}(\boldsymbol{x} - \boldsymbol{v}) \\ &= \left(\Phi^\top \Phi + \frac{1}{\gamma} I\right)\boldsymbol{x} - \Phi^\top \boldsymbol{y} - \frac{1}{\gamma}\boldsymbol{v} \\ &= \boldsymbol{0}\end{aligned} \tag{3}$$

これより，式 (1) の最適解は

$$\boldsymbol{x} = \left(\Phi^\top \Phi + \frac{1}{\gamma} I\right)^{-1}\left(\Phi^\top \boldsymbol{y} + \frac{1}{\gamma}\boldsymbol{v}\right) \tag{4}$$

で与えられる。

【3.12】 写像 $\boldsymbol{\phi}$ の連続性より

$$\lim_{k\to\infty} \boldsymbol{\phi}(\boldsymbol{x}[k]) = \boldsymbol{\phi}\left(\lim_{k\to\infty} \boldsymbol{x}[k]\right) \tag{1}$$

が成り立つ。これより

$$\boldsymbol{x}^* = \lim_{k\to\infty} \boldsymbol{x}[k+1] = \lim_{k\to\infty} \boldsymbol{\phi}(\boldsymbol{x}[k]) = \boldsymbol{\phi}\left(\lim_{k\to\infty} \boldsymbol{x}[k]\right) = \boldsymbol{\phi}(\boldsymbol{x}^*) \tag{2}$$

となり，$\boldsymbol{x}^*$ は写像 $\boldsymbol{\phi}$ の不動点であることがわかる。

【3.13】 式 (3.74) と式 (3.79) との等価性を示す。式 (3.79) に関して

$$\begin{aligned}\boldsymbol{x}[k+1] &= \arg\min_{\boldsymbol{x}\in\mathbb{R}^n} L_\rho(\boldsymbol{x}, \boldsymbol{z}[k], \boldsymbol{\lambda}[k]) \\ &= \arg\min_{\boldsymbol{x}\in\mathbb{R}^n} \left\{ f_1(\boldsymbol{x}) + \boldsymbol{\lambda}[k]^\top(\Psi\boldsymbol{x} - \boldsymbol{z}[k]) + \frac{\rho}{2}\|\Psi\boldsymbol{x} - \boldsymbol{z}[k]\|_2^2 \right\}\end{aligned} \tag{1}$$

が成り立つ。ここで，$\gamma = \rho^{-1}$, $\boldsymbol{v}[k] = \gamma\boldsymbol{\lambda}[k]$ とすると

$$\begin{aligned}\boldsymbol{\lambda}[k]^\top(\Psi\boldsymbol{x} - \boldsymbol{z}[k]) + \frac{\rho}{2}\|\Psi\boldsymbol{x} - \boldsymbol{z}[k]\|_2^2 &= \frac{\rho}{2}\left\|\Psi\boldsymbol{x} - \boldsymbol{z}[k] + \frac{1}{\rho}\boldsymbol{\lambda}[k]\right\|_2^2 - \frac{1}{2\rho}\|\boldsymbol{\lambda}[k]\|_2^2 \\ &= \frac{1}{2\gamma}\|\Psi\boldsymbol{x} - \boldsymbol{z}[k] + \boldsymbol{v}[k]\|_2^2 - \frac{1}{2\gamma}\|\boldsymbol{v}[k]\|_2^2\end{aligned} \tag{2}$$

が成り立つので

$$\begin{aligned}\boldsymbol{x}[k+1] &= \arg\min_{\boldsymbol{x}\in\mathbb{R}^n} L_\rho(\boldsymbol{x}, \boldsymbol{z}[k], \boldsymbol{\lambda}[k]) \\ &= \arg\min_{\boldsymbol{x}\in\mathbb{R}^n} \left\{ f_1(\boldsymbol{x}) + \frac{1}{2\gamma}\|\Psi\boldsymbol{x} - \boldsymbol{z}[k] + \boldsymbol{v}[k]\|_2^2 - \frac{1}{2\gamma}\|\boldsymbol{v}[k]\|_2^2 \right\}\end{aligned}$$

$$= \mathop{\arg\min}_{\boldsymbol{x}\in\mathbb{R}^n} \left\{ f_1(\boldsymbol{x}) + \frac{1}{2\gamma}\|\Psi\boldsymbol{x} - \boldsymbol{z}[k] + \boldsymbol{v}[k]\|_2^2 \right\} \tag{3}$$

となり，式 (3.74) に一致する。

【3.14】 つぎの関数を考える。

$$f(\boldsymbol{x}) = \frac{1}{2}\|\Phi\boldsymbol{x} - \boldsymbol{y}\|_2^2 + \frac{1}{2\gamma}\|\Psi\boldsymbol{x} - \boldsymbol{p}\|_2^2 \tag{1}$$

関数 f の勾配を計算すると

$$\begin{aligned} \frac{\partial f}{\partial \boldsymbol{x}} &= \Phi^\top(\Phi\boldsymbol{x} - \boldsymbol{y}) + \frac{1}{\gamma}\Psi^\top(\Psi\boldsymbol{x} - \boldsymbol{p}) \\ &= \left(\Phi^\top\Phi + \frac{1}{\gamma}\Psi^\top\Psi\right)\boldsymbol{x} - \left(\Phi^\top\boldsymbol{y} + \frac{1}{\gamma}\Psi^\top\boldsymbol{p}\right) \end{aligned} \tag{2}$$

となる。これより，$f(\boldsymbol{x})$ を最小化する $\boldsymbol{x} = \boldsymbol{x}^*$ は

$$\left(\Phi^\top\Phi + \frac{1}{\gamma}\Psi^\top\Psi\right)\boldsymbol{x}^* = \left(\Phi^\top\boldsymbol{y} + \frac{1}{\gamma}\Psi^\top\boldsymbol{p}\right) \tag{3}$$

を満たす。これより

$$\boldsymbol{x}^* = \left(\Phi^\top\Phi + \frac{1}{\gamma}\Psi^\top\Psi\right)^{-1}\left(\Phi^\top\boldsymbol{y} + \frac{1}{\gamma}\Psi^\top\boldsymbol{p}\right) \tag{4}$$

となり，$\boldsymbol{p} = \boldsymbol{z}[k] - \boldsymbol{v}[k]$ とおけば，式 (3.83) が得られる。

4 章

【4.1】 式 (4.12) と式 (4.13) より

$$\begin{aligned} \langle \boldsymbol{\phi}_{i[1]}, \boldsymbol{r}[1] \rangle &= \langle \boldsymbol{\phi}_{i[1]}, \boldsymbol{y} - x[1]\boldsymbol{\phi}_{i[1]} \rangle \\ &= \langle \boldsymbol{\phi}_{i[1]}, \boldsymbol{y} \rangle - x[1]\langle \boldsymbol{\phi}_{i[1]}, \boldsymbol{\phi}_{i[1]} \rangle \\ &= \langle \boldsymbol{\phi}_{i[1]}, \boldsymbol{y} \rangle - \frac{\langle \boldsymbol{\phi}_{i[1]}, \boldsymbol{y} \rangle}{\|\boldsymbol{\phi}_{i[1]}\|_2^2}\|\boldsymbol{\phi}_{i[1]}\|_2^2 \\ &= 0 \end{aligned} \tag{1}$$

これより，$\boldsymbol{\phi}_{i[1]}$ と $\boldsymbol{r}[1]$ は直交することがわかる。また，これより

$$\begin{aligned} \|\boldsymbol{y}\|_2^2 &= \|x[1]\boldsymbol{\phi}_{i[1]} + \boldsymbol{r}[1]\|_2^2 \\ &= \|x[1]\boldsymbol{\phi}_{i[1]}\|_2^2 + 2x[1]\langle \boldsymbol{\phi}_{i[1]}, \boldsymbol{r}[1] \rangle + \|\boldsymbol{r}[1]\|_2^2 \\ &= \|x[1]\boldsymbol{\phi}_{i[1]}\|_2^2 + \|\boldsymbol{r}[1]\|_2^2 \end{aligned} \tag{2}$$

が成り立つことがわかる。

【4.2】 数学的帰納法により示す。

まず $k=1$ のときは，演習問題 4.1 より

$$\|\boldsymbol{y}\|_2^2 = \|x[1]\boldsymbol{\phi}_{i[1]}\|_2^2 + \|\boldsymbol{r}[1]\|_2^2 \tag{1}$$

が成り立つ。

つぎに第 k ステップ目で

$$\|\boldsymbol{y}\|_2^2 = \sum_{j=1}^{k} \|x[j]\boldsymbol{\phi}_{i[j]}\|_2^2 + \|\boldsymbol{r}[k]\|_2^2 \tag{2}$$

が成り立つと仮定する。第 $k+1$ ステップ目において

$$\boldsymbol{y} = \sum_{j=1}^{k+1} \boldsymbol{\phi}_{i[j]} + \boldsymbol{r}[k+1] = \sum_{j=1}^{k} \boldsymbol{\phi}_{i[j]} + x[k+1]\boldsymbol{\phi}_{i[k+1]} + \boldsymbol{r}[k+1] \tag{3}$$

が得られ，式 (4.24) より

$$\boldsymbol{y} = \boldsymbol{y} - \boldsymbol{r}[k] + x[k+1]\boldsymbol{\phi}_{i[k+1]} + \boldsymbol{r}[k+1] \tag{4}$$

すなわち

$$\boldsymbol{r}[k] = x[k+1]\boldsymbol{\phi}_{i[k+1]} + \boldsymbol{r}[k+1] \tag{5}$$

が成り立つ。マッチング追跡アルゴリズムの性質より $\boldsymbol{\phi}_{i[k+1]}$ と $\boldsymbol{r}[k+1]$ は直交し，これより

$$\|\boldsymbol{r}[k]\|_2^2 = \|x[k+1]\boldsymbol{\phi}_{i[k+1]}\|_2^2 + \|\boldsymbol{r}[k+1]\|_2^2 \tag{6}$$

が成り立つ。式 (2) に式 (6) を代入すれば

$$\begin{aligned}\|\boldsymbol{y}\|_2^2 &= \sum_{j=1}^{k} \|x[j]\boldsymbol{\phi}_{i[j]}\|_2^2 + \|x[k+1]\boldsymbol{\phi}_{i[k+1]}\|_2^2 + \|\boldsymbol{r}[k+1]\|_2^2 \\ &= \sum_{j=1}^{k+1} \|x[j]\boldsymbol{\phi}_{i[j]}\|_2^2 + \|\boldsymbol{r}[k+1]\|_2^2\end{aligned} \tag{7}$$

が成り立ち，第 $k+1$ ステップ目でも関係式 (2) が成り立つことがわかる。

【4.3】 例えば，1-スパースなベクトル $\boldsymbol{x}_1$ と $\boldsymbol{x}_2$ を

$$\boldsymbol{x}_1 = (1, 0, \cdots, 0), \quad \boldsymbol{x}_2 = (0, 1, 0, \cdots, 0) \tag{1}$$

とおくと

$$\frac{1}{2}\boldsymbol{x}_1+\frac{1}{2}\boldsymbol{x}_2=\left(\frac{1}{2},\frac{1}{2},0,\cdots,0\right) \tag{2}$$

となり，1-スパースではなくなる。この例からわかるように，一般に，$\boldsymbol{x}_1,\boldsymbol{x}_2\in\Sigma_s$ としても，$\lambda\boldsymbol{x}_1+(1-\lambda)\boldsymbol{x}_2$ は Σ_s の元とは限らない（Σ_{2s} の元ではある）。したがって，Σ_s は凸集合ではない。

【4.4】 任意の $\boldsymbol{x}\in\Sigma_s$ に対して

$$\|\mathcal{H}_s(\boldsymbol{v})-\boldsymbol{v}\|_2^2\leqq\|\boldsymbol{x}-\boldsymbol{v}\|_2^2 \tag{1}$$

が成り立つことを示す。

$\boldsymbol{x}\in\Sigma_s$ とし，$\mathcal{S}=\mathrm{supp}(\boldsymbol{x})$ とおく[†1]。このとき，$|\mathcal{S}|=s$ である。また，$\mathcal{S}$ の補集合を

$$\mathcal{S}^c\triangleq\{1,2,\ldots,n\}\setminus\mathcal{S} \tag{2}$$

とおく。$\mathcal{S}\cap\mathcal{S}^c=\emptyset$, $\mathcal{S}\cup\mathcal{S}^c=\{1,2,\ldots,n\}$ となることに注意。このとき，$\boldsymbol{x}_{\mathcal{S}^c}=\boldsymbol{0}$ であるので[†2]

$$\begin{aligned}\|\boldsymbol{x}-\boldsymbol{v}\|_2^2&=\sum_{i\in\mathcal{S}}(x_i-v_i)^2+\sum_{i\in\mathcal{S}^c}(x_i-v_i)^2\\&=\sum_{i\in\mathcal{S}}(x_i-v_i)^2+\sum_{i\in\mathcal{S}^c}v_i^2\\&\geqq\min_{\substack{\mathcal{S}\subset\{1,\ldots,n\}\\|\mathcal{S}|\leqq s}}\left\{\sum_{i\in\mathcal{S}}(x_i-v_i)^2+\sum_{i\in\mathcal{S}^c}v_i^2\right\}\\&\geqq\min_{\substack{\mathcal{S}\subset\{1,\ldots,n\}\\|\mathcal{S}|\leqq s}}\sum_{i\in\mathcal{S}^c}v_i^2\end{aligned} \tag{3}$$

ここで，$\displaystyle\sum_{i\in\mathcal{S}^c}v_i^2$ が最小となるのは，$\boldsymbol{v}$ の要素を絶対値が大きい順に並べて，上から s 個取ってきたときのインデックスの集合を $\mathcal{S}$ としたときであり，この集合を $\mathcal{S}^*$ とおくと，上の不等式から，任意の $\boldsymbol{x}\in\Sigma_s$ に対して

$$\|\boldsymbol{x}-\boldsymbol{v}\|_2^2\geqq\sum_{i\in(\mathcal{S}^*)^c}v_i^2 \tag{4}$$

が成り立つことがわかる。また，等号が成立するのは $\boldsymbol{x}=\mathcal{H}_s(\boldsymbol{v})$ のときである。実際，$\boldsymbol{x}=\mathcal{H}_s(\boldsymbol{v})$ ならば，$x_i=v_i$ $(i\in\mathcal{S}^*)$ だから

---

†1　$\mathrm{supp}(\boldsymbol{x})$ はベクトル $\boldsymbol{x}$ の台である。8 ページの式 (1.24) を参照せよ。
†2　記号 $\boldsymbol{x}_{\mathcal{S}}$ の意味については，10 ページの式 (1.34), 式 (1.35) を参照せよ。

$$\|\mathcal{H}_s(\boldsymbol{v}) - \boldsymbol{v}\|_2^2 = \sum_{i \in \mathcal{S}^*} (v_i - v_i)^2 + \sum_{i \in (\mathcal{S}^*)^c} v_i^2 = \sum_{i \in (\mathcal{S}^*)^c} v_i^2 \tag{5}$$

となり，確かに等号が成立する。以上より，任意の $\boldsymbol{x} \in \Sigma_s$ に対して，式 (1) が成り立つことがわかる。

6 章

【6.1】 式 (6.2) の両辺を t で微分すると

$$\begin{aligned}\dot{\boldsymbol{x}}(t) &= \frac{d}{dt}\left\{e^{At}\left(\boldsymbol{\xi} + \int_0^t e^{-A\tau}\boldsymbol{b}u(\tau)d\tau\right)\right\} \\ &= Ae^{At}\left(\boldsymbol{\xi} + \int_0^t e^{-A\tau}\boldsymbol{b}u(\tau)d\tau\right) + e^{At} \cdot \frac{d}{dt}\left(\boldsymbol{\xi} + \int_0^t e^{-A\tau}\boldsymbol{b}u(\tau)d\tau\right) \\ &= A\left(e^{At}\boldsymbol{\xi} + \int_0^t e^{A(t-\tau)}\boldsymbol{b}u(\tau)d\tau\right) + e^{At}\left(e^{-At}\boldsymbol{b}u(t)\right) \\ &= A\boldsymbol{x}(t) + \boldsymbol{b}u(t)\end{aligned} \tag{1}$$

よって式 (6.2) の $\boldsymbol{x}(t)$ は微分方程式 (6.1) を満たし，解であることがわかる。

【6.2】 システム (6.1) が可制御なので，定理 6.1 より式 (6.7) の可制御性行列 M は正則である。つぎの行列を考える†。

$$G(T) \triangleq \int_0^T e^{-A\tau}\boldsymbol{b}\boldsymbol{b}^\top e^{-A^\top\tau}d\tau \tag{1}$$

まず，任意の $T > 0$ に対して，$G(T)$ は正定値，すなわち

$$\boldsymbol{v}^\top G(T)\boldsymbol{v} > 0, \quad \forall \boldsymbol{v} \neq \boldsymbol{0} \tag{2}$$

が成り立つことを示す。いま

$$\boldsymbol{v}^\top G(T)\boldsymbol{v} = \int_0^T \left(\boldsymbol{b}^\top e^{-A^\top\tau}\boldsymbol{v}\right)^\top\left(\boldsymbol{b}^\top e^{-A^\top\tau}\boldsymbol{v}\right)d\tau \geqq 0 \tag{3}$$

より，行列 $G(T)$ は準正定値であることがわかる。つぎに，行列 $G(T)$ が正定値でないとして矛盾を導く。$G(T)$ が正定値でないとすると，ある $\boldsymbol{w} \neq \boldsymbol{0}$ が存在して

$$\boldsymbol{w}^\top G(T)\boldsymbol{w} = 0 \tag{4}$$

が成り立つ。ゆえに，式 (3) より

† この行列 $G(T)$ は**可制御性グラミアン**（controllability Gramian）と呼ばれるものである。

$$\boldsymbol{b}^\top e^{-A^\top t}\boldsymbol{w} = 0, \quad \forall t \in [0, T] \tag{5}$$

が成り立つ。式 (5) で $t = 0$ とすると

$$\boldsymbol{b}^\top \boldsymbol{w} = 0 \tag{6}$$

また，式 (5) の両辺を t で微分すると

$$-\boldsymbol{b}^\top A^\top e^{-A^\top t}\boldsymbol{w} = 0 \tag{7}$$

この式で $t = 0$ とおいて整理すると

$$\boldsymbol{b}^\top A^\top \boldsymbol{w} = 0 \tag{8}$$

同様に，式 (7) の両辺を t で微分し，$t = 0$ とおいて整理すると

$$\boldsymbol{b}^\top (A^2)^\top \boldsymbol{w} = 0 \tag{9}$$

以下，同様のことを繰り返せば

$$\boldsymbol{b}^\top \boldsymbol{w} = \boldsymbol{b}^\top A^\top \boldsymbol{w} = \boldsymbol{b}^\top (A^2)^\top \boldsymbol{w} = \cdots = \boldsymbol{b}^\top (A^{d-1})^\top \boldsymbol{w} = 0 \tag{10}$$

が得られる。これより

$$\begin{bmatrix} \boldsymbol{b} & A\boldsymbol{b} & A^2\boldsymbol{b} & \ldots & A^{d-1}\boldsymbol{b} \end{bmatrix}^\top \boldsymbol{w} = M^\top \boldsymbol{w} = \boldsymbol{0} \tag{11}$$

$\boldsymbol{w} \neq \boldsymbol{0}$ であったので，これは可制御性行列 M が正則であることに矛盾する。したがって，$G(T)$ は正定値であり，正則であることがわかる。

つぎに，この $G(T)$ を使って，制御 $u(t)$ を

$$u(t) \triangleq -\boldsymbol{b}^\top e^{-A^\top t} G(T)^{-1}(\boldsymbol{\xi} - e^{-AT}\boldsymbol{\zeta}) \tag{12}$$

と定義し，微分方程式 (6.1) の解の公式 (6.2) に代入すると

$$\begin{aligned} \boldsymbol{x}(T) &= e^{AT}\boldsymbol{\xi} + \int_0^T e^{A(T-\tau)}\boldsymbol{b}\left[-\boldsymbol{b}^\top e^{-A^\top \tau} G(T)^{-1}(\boldsymbol{\xi} - e^{-AT}\boldsymbol{\zeta})\right] d\tau \\ &= e^{AT}\boldsymbol{\xi} - e^{AT} G(T) G(T)^{-1}(\boldsymbol{\xi} - e^{-AT}\boldsymbol{\zeta}) \\ &= \boldsymbol{\zeta} \end{aligned} \tag{13}$$

が成り立つ。したがって，式 (12) が求める制御である。

【6.3】 式 (6.12) の右辺の集合を $\mathcal{R}'(T)$ とおく。すなわち

$$\mathcal{R}'(T) \triangleq \left\{ \int_0^T e^{-At}\boldsymbol{b}u(t)dt : |u(t)| \leqq 1,\ \forall t \in [0, T] \right\} \tag{1}$$

とおく。

まず，$\mathcal{R}(T) \subset \mathcal{R}'(T)$ を示す。$\boldsymbol{\xi} \in \mathcal{R}(T)$ とする。このとき，制御制約 (6.9) を満たす $u(t)$ が存在して，$\boldsymbol{x}(T) = \boldsymbol{0}$ が成り立つ。微分方程式 (6.1) の解の公式 (6.2) より

$$\boldsymbol{x}(T) = e^{AT}\boldsymbol{\xi} + \int_0^T e^{A(T-\tau)}\boldsymbol{b}u(\tau)d\tau \tag{2}$$

であるので

$$e^{AT}\boldsymbol{\xi} + \int_0^T e^{A(T-\tau)}\boldsymbol{b}u(\tau)d\tau = \boldsymbol{0} \tag{3}$$

が成り立つ。これより

$$\boldsymbol{\xi} = -e^{-AT}\int_0^T e^{A(T-\tau)}\boldsymbol{b}u(\tau)d\tau = \int_0^T e^{-A\tau}\boldsymbol{b}\big(-u(\tau)\big)d\tau \tag{4}$$

ここで，$|-u(t)| = |u(t)|,\ \forall t \in [0,T]$ であるから，$\boldsymbol{\xi} \in \mathcal{R}'(T)$ となる。したがって，$\mathcal{R}(T) \subset \mathcal{R}'(T)$ であることがわかる。

逆に $\boldsymbol{\xi} \in \mathcal{R}'(T)$ とすると，制御制約 (6.9) を満たす $u'(t)$ が存在して

$$\boldsymbol{\xi} = \int_0^T e^{-A\tau}\boldsymbol{b}u'(\tau)d\tau \tag{5}$$

を満たす。この $u'(t)$ に対して

$$u(t) \triangleq -u'(t) \tag{6}$$

とおくと，この $u(t)$ も制御制約 (6.9) を満たす。さらに初期状態を $\boldsymbol{\xi}$ とし，制御を式 (6) の $u(t)$ とすると，微分方程式 (6.1) の解の公式 (6.2) より

$$\begin{aligned}\boldsymbol{x}(T) &= e^{AT}\boldsymbol{\xi} + \int_0^T e^{A(T-\tau)}\boldsymbol{b}u(\tau)d\tau \\ &= e^{AT}\left(\int_0^T e^{-A\tau}\boldsymbol{b}u'(\tau)d\tau\right) + \int_0^T e^{A(T-\tau)}\boldsymbol{b}\big(-u'(\tau)\big)d\tau \\ &= \boldsymbol{0}\end{aligned} \tag{7}$$

したがって，$\boldsymbol{\xi} \in \mathcal{R}(T)$ であり，$\mathcal{R}'(T) \subset \mathcal{R}(T)$ がいえた。

以上より，$\mathcal{R}(T) = \mathcal{R}'(T)$ であることが証明された。

【6.4】 まず可制御集合 $\mathcal{R}(T)$ が有界であることを示す。任意に $\boldsymbol{\xi} \in \mathcal{R}(T)$ をとる。式 (6.12) より，ある $u(t),\ 0 \leqq t \leqq T$ が存在して

$$|u(t)| \leqq 1, \quad \forall t \in [0,T] \tag{1}$$

かつ

$$\boldsymbol{\xi} = \int_0^T e^{-At}\boldsymbol{b}u(t)dt \tag{2}$$

を満たす。このとき

$$\|\boldsymbol{\xi}\|_2 \leqq \int_0^T \|e^{-At}\boldsymbol{b}\|_2|u(t)|dt \leqq \int_0^T \|e^{-At}\boldsymbol{b}\|_2 dt \tag{3}$$

が成り立つ。ここで，上の式の最右辺は $\boldsymbol{\xi}$ に無関係であり，これを M とおくと

$$\|\boldsymbol{\xi}\|_2 \leqq M, \quad \forall \boldsymbol{\xi} \in \mathcal{R}(T) \tag{4}$$

となる。これより，可制御集合 $\mathcal{R}(T)$ は有界である。

つぎに可制御集合 $\mathcal{R}(T)$ が凸であることを示す。可制御集合上の 2 点 $\boldsymbol{\xi}_1, \boldsymbol{\xi}_2 \in \mathcal{R}(T)$ とスカラ $\alpha \in [0,1]$ を任意にとる。まず，$\boldsymbol{\xi}_1, \boldsymbol{\xi}_2 \in \mathcal{R}(T)$ なので，式 (6.12) より，ある $u_1(t)$ と $u_2(t)$ が存在して

$$|u_1(t)| \leqq 1,\ |u_2(t)| \leqq 1, \quad \forall t \in [0,T] \tag{5}$$

かつ

$$\boldsymbol{\xi}_1 = \int_0^T e^{-At}\boldsymbol{b}u_1(t)dt, \quad \boldsymbol{\xi}_2 = \int_0^T e^{-At}\boldsymbol{b}u_2(t)dt \tag{6}$$

を満たす。このとき

$$\alpha\boldsymbol{\xi}_1 + (1-\alpha)\boldsymbol{\xi}_2 = \int_0^T e^{-At}\boldsymbol{b}\big(\alpha u_1(t) + (1-\alpha)u_2(t)\big)dt \tag{7}$$

が成り立ち，また式 (5) より

$$\begin{aligned}\big|\alpha u_1(t) + (1-\alpha)u_2(t)\big| &\leqq \alpha|u_1(t)| + (1-\alpha)|u_2(t)| \\ &\leqq \alpha + (1-\alpha) \\ &= 1\end{aligned} \tag{8}$$

となることがわかる。したがって $\alpha\boldsymbol{\xi}_1 + (1-\alpha)\boldsymbol{\xi}_2 \in \mathcal{R}(T)$ であり，可制御集合 $\mathcal{R}(T)$ は凸集合であることがわかる。

【6.5】 式 (6.13) の右辺を

$$\tilde{\mathcal{U}}(T,\boldsymbol{\xi}) \triangleq \left\{u : [0,T] \to \mathbb{R} : \boldsymbol{\xi} = \int_0^T e^{-At}\boldsymbol{b}u(t)dt,\ |u(t)| \leqq 1,\ \forall t \in [0,T]\right\} \tag{1}$$

とおく。$\mathcal{U}(T,\boldsymbol{\xi})=\tilde{\mathcal{U}}(T,\boldsymbol{\xi})$ であることを示す。以下，簡単のため，$\mathcal{U}(T,\boldsymbol{\xi})$ および $\tilde{\mathcal{U}}(T,\boldsymbol{\xi})$ をそれぞれ $\mathcal{U}, \tilde{\mathcal{U}}$ と書く。

まず $\mathcal{U}\subset\tilde{\mathcal{U}}$ を示す。$u\in\mathcal{U}$ とする。u は実行可能制御であるから，この制御により，時間 T で状態 $\boldsymbol{x}(t)$ が $\boldsymbol{x}(0)=\boldsymbol{\xi}$ から $\boldsymbol{x}(T)=\boldsymbol{0}$ に移動する。微分方程式 (6.1) の解の公式（111 ページ，演習問題 6.1）より

$$\boldsymbol{x}(T)=\boldsymbol{0}=e^{AT}\boldsymbol{\xi}+\int_0^T e^{A(T-\tau)}\boldsymbol{b}u(\tau)d\tau \tag{2}$$

となる。両辺に e^{-AT} を掛けて整理すると

$$\boldsymbol{\xi}=\int_0^T e^{-A\tau}\boldsymbol{b}u(\tau)d\tau \tag{3}$$

が成り立つ。また，$u(t)$ は実行可能制御より $|u(t)|\leqq 1,\ 0\leqq t\leqq T$ である。したがって，$u\in\tilde{\mathcal{U}}$ であることがわかる。

つぎに $\mathcal{U}\supset\tilde{\mathcal{U}}$ を示す。$u\in\tilde{\mathcal{U}}$ とする。このとき

$$\boldsymbol{x}(T)=\boldsymbol{0}=e^{AT}\boldsymbol{\xi}+\int_0^T e^{A(T-\tau)}\boldsymbol{b}u(\tau)d\tau \tag{4}$$

かつ $|u(t)|\leqq 1,\ 0\leqq t\leqq T$ が成り立つ。式 (4) を変形すると式 (2) が得られ，$u(t)$ は時間 T で状態 $\boldsymbol{x}(t)$ を $\boldsymbol{x}(0)=\boldsymbol{\xi}$ から $\boldsymbol{x}(T)=\boldsymbol{0}$ に移動させる制御であることがわかる。したがって $u(t)$ は実行可能制御であり，$u\in\mathcal{U}$ が成り立つ。

以上より，$\mathcal{U}\subset\tilde{\mathcal{U}}$ かつ $\mathcal{U}\supset\tilde{\mathcal{U}}$ がいえたので，$\mathcal{U}=\tilde{\mathcal{U}}$ が成り立つことがわかる。

【6.6】 初期状態 $\boldsymbol{\xi}\in\mathbb{R}^d$ に対して

$$T^*(\boldsymbol{\xi})\triangleq\inf\{T\geqq 0:\exists u, u\in\mathcal{U}(\boldsymbol{\xi},T)\} \tag{1}$$

とおく。この $T^*(\boldsymbol{\xi})$ は式 (6.12) および式 (6.13) より

$$T^*(\boldsymbol{\xi})=\inf\{T\geqq 0:\boldsymbol{\xi}\in\mathcal{R}(T)\} \tag{2}$$

と書ける。

仮定より，ある $T_0\geqq 0$ が存在して

$$\boldsymbol{\xi}\in\mathcal{R}(T_0) \tag{3}$$

が成り立つ。したがって，集合 $\{T\geqq 0:\boldsymbol{\xi}\in\mathcal{R}(T)\}$ は空集合ではなく，式 (2) の $T^*(\boldsymbol{\xi})$ は有限値となることがわかる。もし，$\boldsymbol{\xi}\in\mathcal{R}(T^*(\boldsymbol{\xi}))$ であれば，式 (2) より，この $T^*(\boldsymbol{\xi})$ は最短時間であり，式 (1) より最短時間制御が存在する。ゆえに，$\boldsymbol{\xi}\in\mathcal{R}(T^*(\boldsymbol{\xi}))$ であることを以下で証明する。

まず，inf の定義より，ある数列 $\{T_k\}$ が存在して

$$T_1 \geqq T_2 \geqq \cdots \geqq T_k \geqq \cdots \geqq T^*(\boldsymbol{\xi}), \quad \lim_{k\to\infty} T_k = T^*(\boldsymbol{\xi}) \tag{4}$$

および

$$\boldsymbol{\xi} \in \mathcal{R}(T_k), \quad k = 1, 2, \ldots \tag{5}$$

が成り立つ。このとき，可制御集合の定義より，各 k に対して

$$\boldsymbol{\xi} = \int_0^{T_k} e^{-At}\boldsymbol{b}u_k(t)dt \tag{6}$$

を満たす u_k が存在する。この u_k を用いて

$$\boldsymbol{\xi}_k \triangleq \int_0^{T^*(\boldsymbol{\xi})} e^{-At}\boldsymbol{b}u_k(t)dt \tag{7}$$

とおく。ここで, $T_k \geqq T^*(\boldsymbol{\xi})$ であることに注意。式 (7) より，$\boldsymbol{\xi}_k \in \mathcal{R}(T^*(\boldsymbol{\xi}))$ である。さらに

$$\begin{aligned}\boldsymbol{\xi} - \boldsymbol{\xi}_k &= \int_0^{T_k} e^{-At}\boldsymbol{b}u_k(t)dt - \int_0^{T^*(\boldsymbol{\xi})} e^{-At}\boldsymbol{b}u_k(t)dt \\ &= \int_{T^*(\boldsymbol{\xi})}^{T_k} e^{-At}\boldsymbol{b}u_k(t)dt\end{aligned} \tag{8}$$

が成り立つので

$$\begin{aligned}\|\boldsymbol{\xi} - \boldsymbol{\xi}_k\|_2 &\leqq \int_{T^*(\boldsymbol{\xi})}^{T_k} \|e^{-At}\boldsymbol{b}\|_2 |u_k(t)|dt \\ &\leqq (T_k - T^*(\boldsymbol{\xi})) \max_{t\in[T^*(\boldsymbol{\xi}),T_k]} \|e^{-At}\boldsymbol{b}\|_2\end{aligned} \tag{9}$$

これより，$k \to \infty$ で $\|\boldsymbol{\xi} - \boldsymbol{\xi}_k\|_2 \to 0$，すなわち，$\boldsymbol{\xi}_k \to \boldsymbol{\xi}$ となることがわかる。集合 $\mathcal{R}(T^*(\boldsymbol{\xi}))$ は閉集合であるので，$\boldsymbol{\xi} \in \mathcal{R}(T^*(\boldsymbol{\xi}))$ が成り立つ。

【6.7】 仮定より $\boldsymbol{\xi} \in \mathcal{R}(T)$ であるので, 演習問題 6.6 の結果より，最短時間制御 $u^*(t)$ が存在して，この制御により

$$\boldsymbol{x}(0) = \boldsymbol{\xi}, \quad \boldsymbol{x}(T^*(\boldsymbol{\xi})) = \boldsymbol{0}, \quad |u^*(t)| \leqq 1, \quad \forall t \in [0, T^*(\boldsymbol{\xi})] \tag{1}$$

が成り立つ。$T = T^*(\boldsymbol{\xi})$ のときは，この $u^*(t)$ が実行可能制御である。$T > T^*(\boldsymbol{\xi})$ のときは，つぎの制御

$$u(t) = \begin{cases} u^*(t), & t \in [0, T^*(\boldsymbol{\xi})] \\ 0, & t \in (T^*(\boldsymbol{\xi}), T] \end{cases} \tag{2}$$

を考えると，この制御により，$t = T^*(\boldsymbol{\xi})$ で $\boldsymbol{x}(t) = \boldsymbol{0}$ となり，その後，$u(t) = 0$ であるので，任意の $t \geqq T^*(\boldsymbol{\xi})$ で $\boldsymbol{x}(t) = \boldsymbol{0}$ となる。これより，$\boldsymbol{x}(T) = \boldsymbol{0}$ である。また明らかに $|u(t)| \leqq 1,\ \forall t \in [0, T]$ である。以上より，式 (1) の制御は実行可能制御であることがわかる。

【6.8】 式 (6.32) より，初期状態 $\boldsymbol{\xi} = (\xi_1, \xi_2)$ から一定値制御 $u(t) = \pm 1$ により状態 $\boldsymbol{x}(t) = (x_1(t), x_2(t))$ はつぎのように遷移する。

$$\left.\begin{aligned} x_1(t) &= \frac{1}{2}ct^2 + \xi_2 t + \xi_1 \\ x_2(t) &= ct + \xi_2 \end{aligned}\right\} \tag{1}$$

(i) まず，$(\xi_1, \xi_2) \in \gamma_+$ のとき，最短時間制御は $u^*(t) \equiv 1$ であり，最短時間を T^* とおくと，$\boldsymbol{x}(T^*) = \boldsymbol{0}$ より

$$\left.\begin{aligned} x_1(T^*) &= \frac{1}{2}(T^*)^2 + \xi_2 T^* + \xi_1 \\ x_2(T^*) &= T^* + \xi_2 \end{aligned}\right\} \tag{2}$$

が成り立ち，さらに $(\xi_1, \xi_2) \in \gamma_+$ より

$$\xi_1 = \frac{1}{2}\xi_2^2 \tag{3}$$

が成り立つ。これらの等式より

$$T^* = -\xi_2 \tag{4}$$

が得られる。

(ii) 初期状態が $(\xi_1, \xi_2) \in \gamma_-$ のときも，同様にして

$$T^* = \xi_2 \tag{5}$$

となる。

(iii) 初期状態が $(\xi_1, \xi_2) \in R_+$ のとき，制御が切り替わる時刻を T_s とおくと，最初の $u^*(t) \equiv 1$ の制御により

$$\begin{aligned} x_1(T_s) &= \frac{1}{2}T_s^2 + \xi_2 T_s + \xi_1 \\ x_2(T_s) &= T_s + \xi_2 \end{aligned} \tag{6}$$

切替え点 $(x_1(T_s), x_2(T_s))$ は曲線 γ_- 上にあるので

$$x_1(T_s) = -\frac{1}{2}x_2(T_s)^2 \tag{7}$$

式 (6) と式 (7) より，$x_1(T_s)$ と $x_2(T_s)$ を消去すれば

$$T_s^2 + 2\xi_2 T_s + \xi_1 + \frac{1}{2}\xi_2^2 = 0 \tag{8}$$

となり，これより

$$T_s = -\xi_2 \pm \sqrt{\xi_2^2/2 - \xi_1} \tag{9}$$

ここで，$T_s > 0$ より，切替え時刻は

$$T_s = -\xi_2 + \sqrt{\xi_2^2/2 - \xi_1} \tag{10}$$

となる。また，切替え点 $(x_1(T_s), x_2(T_s))$ から原点まで $u^*(t) \equiv -1$ で移動する時間は，(ii) の結果から

$$x_2(T_s) = T_s + \xi_2 = \sqrt{\xi_2^2/2 - \xi_1} \tag{11}$$

となる。以上より

$$T^* = -\xi_2 + 2\sqrt{\xi_2^2/2 - \xi_1} \tag{12}$$

(iv) 初期状態が $(\xi_1, \xi_2) \in R_+$ のときも，(iii) と同様にして

$$T^* = \xi_2 + 2\sqrt{\xi_2^2/2 + \xi_1} \tag{13}$$

となる。

7 章

【7.1】 つぎの関数 $f(u)$ を考える。

$$f(u) = |u| + au = \begin{cases} (a+1)u, & u \geqq 0 \\ (a-1)u, & u < 0 \end{cases} \tag{1}$$

この関数の $|u| \leqq 1$ における最小化を考える。

(a) $a < -1$ のとき。$a - 1 < a + 1 < 0$ であるので，$f(u)$ のグラフは**解図 7.1**(a) のグラフとなる。これより

$$\arg\min_{|u| \leqq 1} f(u) = 1 \tag{2}$$

となることがわかる。

(b) $-1 < a < 1$ のとき。$a - 1 < 0 < a + 1$ であるので，$f(u)$ のグラフは解図 7.1(b) のグラフとなる。これより

$$\arg\min_{|u| \leqq 1} f(u) = 0 \tag{3}$$

となることがわかる。

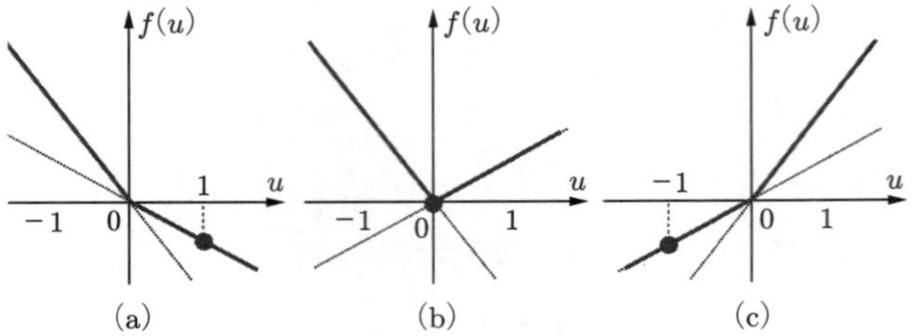

解図 **7.1**　関数 $f(u)$

(c)　$1 < a$ のとき。$0 < a-1 < a+1$ であるので，$f(u)$ のグラフは解図 7.1(c) のグラフとなる。これより

$$\mathop{\arg\min}_{|u| \leqq 1} f(u) = -1 \tag{4}$$

となることがわかる。

(d)　$a = -1$ のとき。$f(u)$ のグラフは解図 **7.2**(d) のグラフとなる。これより

$$\mathop{\arg\min}_{|u| \leqq 1} f(u) = [0, 1] \tag{5}$$

となることがわかる。

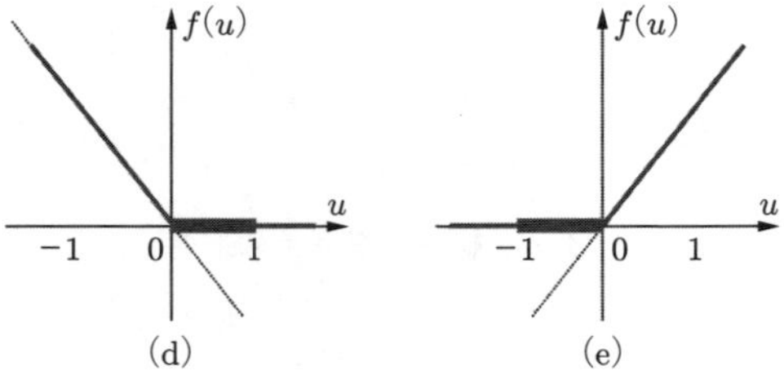

解図 **7.2**　関数 $f(u)$

(e)　$a = 1$ のとき。$f(u)$ のグラフは解図 7.2(e) のグラフとなる。これより

$$\mathop{\arg\min}_{|u| \leqq 1} f(u) = [-1, 0] \tag{6}$$

となることがわかる。

以上より，式 (1) の $f(u)$ を最小化する u は

$$\arg\min_{|u|\leqq 1} f(u) = -\mathrm{dez}(a) \tag{7}$$

となることがわかる。これより，$a = \boldsymbol{p}^*(t)^\top \boldsymbol{b}$ とすれば，式 (7.21) が成り立つ。

【7.2】 長さが正のある区間 $(t_1, t_2) \subset [0, T]$ 上で

$$\boldsymbol{p}^*(t)^\top \boldsymbol{b} = \pm 1, \quad \forall t \in (t_1, t_2) \tag{1}$$

となったと仮定して，矛盾を導く。まず，$\boldsymbol{p}^*(t)$ に関する正準方程式より

$$\dot{\boldsymbol{p}}^*(t) = -A^\top \boldsymbol{p}^*(t) \tag{2}$$

が成り立つ。つぎに，式 (1) の両辺を t で微分すると

$$\dot{\boldsymbol{p}}^*(t)^\top \boldsymbol{b} = 0, \quad \forall t \in (t_1, t_2) \tag{3}$$

となり，式 (2) を代入して整理すると

$$\boldsymbol{p}^*(t)^\top A\boldsymbol{b} = 0, \quad \forall t \in (t_1, t_2) \tag{4}$$

が得られる。さらにこれの両辺を t で微分し，式 (2) を代入して整理すると

$$\boldsymbol{p}^*(t)^\top A^2\boldsymbol{b} = 0, \quad \forall t \in (t_1, t_2) \tag{5}$$

以下，同様にして

$$\boldsymbol{p}^*(t)^\top A^i\boldsymbol{b} = 0, \quad i = 1, 2, \ldots, d, \quad \forall t \in (t_1, t_2) \tag{6}$$

が得られ，これより

$$\boldsymbol{p}^*(t)^\top A \begin{bmatrix} \boldsymbol{b} & A\boldsymbol{b} & A^2\boldsymbol{b} & \ldots & A^{d-1}\boldsymbol{b} \end{bmatrix} = 0, \quad \forall t \in (t_1, t_2) \tag{7}$$

が成り立つ。いま，式 (1) より

$$\boldsymbol{p}^*(t) \neq \boldsymbol{0}, \quad \forall t \in (t_1, t_2) \tag{8}$$

であるので，式 (7) より行列 $A[\boldsymbol{b}, A\boldsymbol{b}, \ldots, A^{d-1}\boldsymbol{b}]$ は正則ではない。仮定より A は正則であるので，行列

$$M \triangleq \begin{bmatrix} \boldsymbol{b} & A\boldsymbol{b} & \ldots & A^{d-1}\boldsymbol{b} \end{bmatrix} \tag{9}$$

が正則でないことになる。しかし，定理 6.1 より，これは制御対象 (7.13) の可制御性に矛盾する。したがって，$\boldsymbol{p}^*(t)^\top \boldsymbol{b}$ が恒等的に ± 1 になる時間区間の長さはゼロでなければならない。すなわち，式 (7.23) が成り立ち，L^1 最適制御問題は正規である。

【7.3】 式 (7.73) を満たす時間区間の長さを正と仮定して矛盾を導く。すなわち，長さが正のある区間 $(t_1, t_2) \subset [0, T]$ とある $k \in \{1, 2, \cdots, N-1\}$ が存在して，任意の $t \in (t_1, t_2)$ に対して

$$\boldsymbol{p}^*(t)^\top \boldsymbol{b} = -a_k \tag{1}$$

が成り立ったとする。正準方程式より，共状態 $\boldsymbol{p}^*(t)$ は

$$\dot{\boldsymbol{p}}^*(t) = -A^\top \boldsymbol{p}^*(t) \tag{2}$$

を満たす。式 (1) の両辺を t で微分し，式 (2) の関係を使えば，演習問題 7.2 の証明と同様にして

$$\begin{aligned} \boldsymbol{p}^*(t)^\top A\boldsymbol{b} &= 0 \\ \boldsymbol{p}^*(t)^\top A^2\boldsymbol{b} &= 0 \\ &\vdots \\ \boldsymbol{p}^*(t)^\top A^d\boldsymbol{b} &= 0 \end{aligned} \tag{3}$$

が任意の $t \in (t_1, t_2)$ に対して成り立つことがわかる。これより

$$\boldsymbol{p}^*(t)^\top AM = 0, \quad M \triangleq \begin{bmatrix} \boldsymbol{b} & A\boldsymbol{b} & \ldots & A^{d-1}\boldsymbol{b} \end{bmatrix} \tag{4}$$

となる。

ここで，式 (7.76) と式 (7.61) より，$a_k \neq 0$。よって，式 (1) より，ある $\tau \in (t_1, t_2)$ が存在して，$\boldsymbol{p}^*(\tau) \neq \boldsymbol{0}$ となる。したがって，式 (4) より $\det(MA) = \det(M)\det(A) = 0$ となることがわかる。仮定より行列 A は正則であるので $\det(A) \neq 0$。したがって，$\det(M) = 0$ となるが，これはシステム (7.13) が可制御であることに矛盾する。したがって，式 (1) を満たすような $t \in [0, T]$ は測度 0 の集合上にしかなく，ほとんどすべての $t \in [0, T]$ に対して，$\boldsymbol{p}^*(t)^\top \boldsymbol{b} \neq -a_k$ となる。すなわち，SOAV 最適制御問題は正規であることがわかる。

8 章

【8.1】 差分方程式

$$\boldsymbol{x}_{\rm d}[j+1] = A_{\rm d}\boldsymbol{x}_{\rm d}[j] + \boldsymbol{b}_{\rm d}u_{\rm d}[j], \quad j = 0, 1, \ldots, n-1 \tag{1}$$

の解は

$$\boldsymbol{x}_{\rm d}[j] = A_{\rm d}^j \boldsymbol{x}_{\rm d}[0] + \sum_{i=0}^{j-1} A_{\rm d}^{j-1-i}\boldsymbol{b}_{\rm d}u_{\rm d}[i], \quad j = 0, 1, \ldots, n-1 \tag{2}$$

で与えられる。これより

$$\begin{aligned}\boldsymbol{x}_\mathrm{d}[n] &= A_\mathrm{d}^n \boldsymbol{x}_\mathrm{d}[0] + \sum_{i=0}^{n-1} A_\mathrm{d}^{n-1-i} \boldsymbol{b}_\mathrm{d} u_\mathrm{d}[i] \\ &= A_\mathrm{d}^n \boldsymbol{\xi} + \begin{bmatrix} A_\mathrm{d}^{n-1}\boldsymbol{b}_\mathrm{d} & A_\mathrm{d}^{n-2}\boldsymbol{b}_\mathrm{d} & \ldots & \boldsymbol{b}_\mathrm{d} \end{bmatrix} \begin{bmatrix} u_\mathrm{d}[0] \\ u_\mathrm{d}[1] \\ \vdots \\ u_\mathrm{d}[n-1] \end{bmatrix} \qquad (3) \\ &= -\boldsymbol{\zeta} + \Phi \boldsymbol{u}\end{aligned}$$

が成り立つことがわかる。

索　　引

—— 著者略歴 ——

愛媛県生まれ。2003 年，京都大学大学院情報学研究科博士課程修了。博士（情報学）。京都大学助手，助教，講師，北九州市立大学教授を経て，2023 年より広島大学大学院教授。また，2016 年よりインド工科大学ムンバイ校（IIT Bombay）の客員教授を兼任。専門は自動制御と人工知能。IEEE 制御部門より国際賞である Transition to Practice Award（2012 年）および George S. Axelby Outstanding Paper Award（2018 年）を受賞。そのほか，計測自動制御学会や電子情報通信学会の論文賞など，受賞多数。IEEE の上級会員（Senior Member）。著書に「マルチエージェントシステムの制御」「ネットワーク化制御」「線形システム同定の基礎 –最小二乗推定と正則化の原理–」（ともにコロナ社，共著）などがある。

スパースモデリング — 基礎から動的システムの応用 —

Sparse Modeling — Fundamentals and Its Applications to Dynamical Systems —

2017 年 10 月 31 日　初版第 1 刷発行
2025 年 4 月 5 日　初版第 6 刷発行

検印省略

著　者　永原（ながはら）正章（まさあき）
発行者　株式会社　コロナ社
　　　　代表者　牛来真也
印刷所　三美印刷株式会社
製本所　有限会社　愛千製本所

112–0011　東京都文京区千石 4–46–10
発行所　株式会社　コロナ社
CORONA PUBLISHING CO., LTD.
Tokyo Japan
振替 00140–8–14844・電話(03)3941–3131(代)
ホームページ　https://www.coronasha.co.jp

ISBN 978–4–339–03222–2　C3053　Printed in Japan　（横尾）

次世代信号情報処理シリーズ

（各巻A5判）

■監　修　田中　聡久

配本順	書名	著者	頁	本体
1.（1回）	信号・データ処理のための行列とベクトル —複素数，線形代数，統計学の基礎—	田中聡久著	224	3300円
2.（2回）	音声音響信号処理の基礎と実践 —フィルタ，ノイズ除去，音響エフェクトの原理—	川村　新著	220	3300円
3.（3回）	線形システム同定の基礎 —最小二乗推定と正則化の原理—	藤本悠介・永原正章共著	256	3700円
4.（4回）	脳波処理とブレイン・コンピュータ・インタフェース —計測・処理・実装・評価の基礎—	東・中西・田中共著	218	3300円
5.（5回）	グラフ信号処理の基礎と応用 —ネットワーク上データのフーリエ変換，フィルタリング，学習—	田中雄一著	250	3800円
6.（6回）	通信の信号処理 —線形逆問題，圧縮センシング，確率推論，ウィルティンガー微分—	林　和則著	234	3500円
7.（7回）	テンソルデータ解析の基礎と応用 —テンソル表現，縮約計算，テンソル分解と低ランク近似—	横田達也著	264	4000円
	多次元信号・画像処理の基礎と展開	村松正吾著		
	Python信号処理	奥田・京地・杉本共著		
	音源分離のための音響信号処理	小野順貴著		
	高能率映像情報符号化の信号処理 —映像情報の特徴抽出と効率的表現—	坂東幸浩著		
	凸最適化とスパース信号処理	小野峻佑著		
	コンピュータビジョン時代の画像復元	宮田・小野・松岡共著		
	HDR信号処理	奥田正浩著		
	生体情報の信号処理と解析 —脳波・眼電図・筋電図・心電図—	小野弓絵著		
	適応信号処理	湯川正裕著		
	画像・音メディア処理のための深層学習 —信号処理から見た解釈—	高道・小泉・齋藤共著		

定価は本体価格+税です。
定価は変更されることがありますのでご了承下さい。

図書目録進呈◆